U0210548

科学的历史与哲学丛书

总顾问：曹效业 潘教峰

主 编：袁江洋

判决性实验：
拉瓦锡化学革命研究

冯 翔 袁江洋／著

科学出版社

北京

图书在版编目(CIP)数据

判决性实验：拉瓦锡化学革命研究/冯翔，袁江洋著 . —北京：科学出版社，2015

（科学的历史与哲学丛书）

ISBN 978-7-03-043401-2

Ⅰ . ①判… Ⅱ . ①冯… ②袁… Ⅲ . ①科学哲学–研究 Ⅳ . ①N02

中国版本图书馆 CIP 数据核字（2015）第 031583 号

丛书策划：侯俊琳

责任编辑：石 卉 陈会迎／责任校对：赵桂芬

责任印制：李 彤／封面设计：黄华斌 陈 敬

编辑部电话：010-64035853

E-mail：houjunlin@ mail. sciencep. com

斜 学 出 版 社 出版

北京东黄城根北街 16 号

邮政编码：100717

http://www.sciencep.com

北京厚诚则铭印刷科技有限公司 印刷

科学出版社发行 各地新华书店经销

2015 年 4 月第 一 版 开本：720×1000 1/16

2022 年 2 月第五次印刷 印张：16 3/4

字数：332 000

定价：88.00 元

（如有印装质量问题，我社负责调换）

总 序

　　这里呈现的是一个无形学院十余年持续进行的一系列研究及成果。这个无形学院的大本营是中国科学院自然科学史研究所科学文化研究中心，其成员现在分属不同的学术机构。有关工作始于这样一种构想：将哲学的思考与历史的探究密切结合在一起，在长时段的历史时空中理解科学及其历史。

　　在这种长时段的视角中，我们可以找到两条相互交织的研究线索，其一是科学思想的发展历程，其二是科学实践的制度化进程。在第一个维度上，我们可以在柯瓦雷（A. Koyrè）的科学思想史研究纲领、霍尔顿（J. Holton）的"基旨分析"，乃至在文德尔班（W. Windelband）关于"人类思想的永恒结构"的探讨中找到编史灵感；同时，也可以在默顿（R. K. Merton）社会学研究的"中层策略"中发见基于学科史的研究界面，如以物理学史、化学史等学科史为基础展开哲学思考，并将对于科学的哲学思考建立在这种思考之上。从科学编史学思考上升至科学哲学思考，这意味着，要回到原点重新思考一切问题，甚至有必要对科学哲学关于科学发现的概念框架进行系统更新。

　　在思想史中，我们尝试沟通思想史方法与社会史方法，探讨新的综合的进路。通过引入"SMV 分析"（S：Science；M：Metaphysics or Methodology；V：Value analysis），我们尝试解析个人、群体乃至整个文化的知识传统及相关的科学传统。无论是对于一个像牛顿这样的"完整的人"，还是对于完整的科学家群体或科学文化，通过比较不同的思想家、不同的群体及不同的文化之间在 S、M、V 这三个界面上的差异，理解相关的历史互动进程。这种做法实际上预设这样一个前提，任何人类社会均是知识社会，只是不同社会或文化在不同时期对知识的类型有不同偏好。西方的知识传统中历来容纳着一个具有系统和相对独立意义的科学传统，而在古代中国，科学技术缺乏这种系统性，不存在与西方自然哲学相对应的完整的自然知识体系。最近，我们做了一个科学文化史的系统研究方案，对"人文传统"进行分类，借鉴柏拉图情感、理性、意志三分法，识别三类人文传统。其中，以理性为特征的人文文化及相关传统，与我们通常所说的科学文化及科学传统，在本质上是完全一致的，如启蒙运动以科学为典范。在此意义上，科学本身即是一种人文。

越出思想史界面，从哲学思考角度重置思考与分析进路，需以库恩、哈金（Ian Hacking）这样的当代科学哲学家乃至后现代相对主义论者为参照，而不仅仅是在由霍尔顿、默顿、萨顿（G. Sarton）、柯瓦雷等史学思想家构成的学术语境中思考问题。当然，作为职业科学史学者，我们从来就不曾怀疑，在科学理论（指可演绎出可观察语句的理论）的背后，存在着一套形而上学的东西，这些东西，从科学史角度看，可谓根深蒂固、经久不变。它们是科学理论之母，可以保护理论，也可以孕育新理论。

转入科学史-科学哲学的综合思考，我们有以下一些明确的目标：

（1）它要为实验正名，因此需要分析实验在哲学思考中、在历史上兴起与失落的过程，需要探讨 20 世纪以"假说-演绎模式"为核心来发展的科学哲学思潮，探讨何以由此走向相对主义。

（2）它要回避简单回到逻辑经验主义老路的做法，因此，它从一开始便承认"观察渗透理论"，但却不认同"范式不可通约论"，因此，它要回答何以跨范式、跨 style 乃至跨文化理解是可能的——在此方面，我们可以以外部世界同一性及卡尔纳普"相似性原理"为参考资源，而且是必要的——因为这类理解和思考是创新的源泉。

（3）它要从着重探讨空间上并置的"科学共同体"转向在长时段历史上的"学术思想谱系"，同时，要将科学-创新进程理解为"多主体游戏"，以"学术联合体"概念替代"共同体"。

（4）它要基于学科史上的重要案例，揭示形而上学的长时段的历史作用。这些形而上学，是人类探索自然现象及过程的基本的智力底座，没有它们，连外部世界的同一性和统一性都无法为人类思想者所意识到，也就没有自然哲学，没有物理学、化学了。落实在学科史的界面上，如在化学史上，我们便可以看到元素论化学和原子论化学这两大化学传统（我们称之为元化学理论），自古希腊以降，这两大传统及相关实践相互交织、相互砥砺，终于在拉瓦锡（A. L. Lavoisier）、道尔顿（J. Dalton）时代导致了现代化学学科的诞生。光学史及其他许多学科史上亦存在类似现象。

（5）它要揭示在理论缺位（前科学时期、科学理论更替期等）情形下，正是这些元科学理论引导着相关的实验探索，使之不致成为一盘散沙，由此，要研究或然性的"猜想""推理"过程，如最佳说明推理（皮尔士"溯因推理"）等，借以说明人的智慧与人的经验探索之间的互动过程。

（6）它要对实验探索进程作系统理解，区分实验的类型、层次（可将实验层次分为"知其然"与"知其所以然"两个层面，下属各类平行实验、对照实验、探究性实验等），描述"实验的精致化进程"；它要恢复实验的判决性意义，以实验系统（而非单个实验，如单个可观察语句的检验）的整体支持与反驳来解释科学理论的接受或遭受拒斥的过程。

（7）还有，它要以历史为指归，要趟过"史料的雷区"，在一系列的案例研究中站住脚跟，到目前为止，我们所研究的案例涉及波义耳（R. Boyle）、牛顿（I. Newton）、拉瓦锡、麦克斯韦（J. C. Maxwell）、海森伯（W. K. Heisenberg）与玻尔（N. Bohr）等。

这套丛书的一半内容就是表现上述科学思想史-科学哲学探究进程的部分结论的。还有一半的内容用于呈现我们关于科学制度化进程研究的结果。

制度化研究通常属于社会学范畴，但这套丛书旨在从历史角度来考察制度化进程。历史方法就社会学研究而言，本来就是一种基本方法，与经验调查方法相当，如《金枝》《17世纪英格兰科学技术与社会》等作品均大量使用历史手法。

社会学中的制度研究主要涉及人才、资源、评价、互动机制等方面的制度，描述其结构与功能，并通过经验调查来呈现研究者的理论构造。历史视角下的"制度化进程"当然也涉及前述内容，但视角变化后，我们主要研究科学制度化进程的不同相态、动因及深层理念的制度表达。

现代科学的制度化进程，从历史角度看，可分为四个相互交错的相态，其一是科学技术学会的出现与发展，在此方面，可进一步细分为三个子类：以科学为主的（如皇家学会）、以技术为主的（如富兰克林学会），以及科学-技术兼顾型的（如月光社）学会；其二是现代科学诸学科的建立与发展（我们的研究只涉及化学学科）及相关社会化进程；其三是科学的国家化进程，所谓科学的国家化进程，系指科学作为子系统整合于国家机器之中并形成科学—技术—经济—军事—文化综合体的进程，在此进程中，科学系统的独立性和自主性往往随之下降；其四是超国家界面的科学，如苏东阵营、欧盟的科学技术体系以及国家之间合作兴办的科学事业。

除分相态研究外，丛书还包括一本带有论述制度化进程及动因的理论著作。它试图说明，科学传统总是生长于更广泛的知识传统之中，由于各种文化传统相异，科学传统的发展路径亦相异；近代科学传统是世界文化长期汇聚之果；科学原发国家与后发国家的科学发展机制及路径相异；科学制度化进程不同相态在时间始于不同历史时段，其具体制度特征与相应的社会-文化与境及时代特征有关；科学制度化的动因可分为三种基本类型，一者以求真为直接目标（如近代科学）、一者以致用为直接目标（如宗教、医疗）、另一者兼顾前二者，或表述为"求真＋致用"（学院科学），或表述为"致用＋求真"（国家科学）。

近年来，我们的研究受到了中国科学院的纵向支持，有关课题包括"现代科学技术制度化进程研究"及"重大原始科学创新的哲学基础和思想方法论"等。在此我们要对中国科学院给予课题支持表示诚挚谢意！

袁江洋

2014 年 11 月 19 日于北京中关村东路 55 号

前　言

　　化学革命是发生在 18 世纪末法国和英国的一场深刻的化学变革，它在相当重要的意义上奠定了现代化学学科的基础。以往关于化学革命的科学哲学和科学史研究，尽管不否定经验和实验在化学革命中的地位和作用，但基本上倾向于把化学革命理解为一场理论革命或概念革命。本书提出了后实证主义哲学的理论基础之一的汉森的"观察负载理论"命题的"理论"概念存在着模糊之处，并引入了"元理论"概念使这个命题精致化。理论、元理论和经验构成了一个三角关系。在常规科学时期，通常是理论和经验交互作用。而在科学革命时期，理论与经验的联系开始失效，科学家只能试图让经验和元理论发生联系。这样，经验和元理论的交互作用开始变得越来越重要，实验也越来越精致化，直到产生新的理论。整个过程可称为"实验系统的精致化进程"。

　　本书重点对 1772～1777 年拉瓦锡的实验系统的精致化进程进行了研究，以显示化学革命的动力学机制。"化学元理论"包括这样一些元理论，它们告诉化学家在面临多个理论竞争的情况下，如何在特定的研究过程中理解化学实验以及如何进一步工作。在十八世纪末，氧化论者与燃素论者有着两个共同的"元理论"原则，在本书中被称为"分析原则"与"要素原则"。在这两个原则的基础上化学革命的论战双方可以理解对方的理论。结合历史研究，本书指出十八世纪化学家的观察不仅能负载理论，而且能负载元理论；在两个相同的元理论原则的基础上，燃素论者能够理解拉瓦锡所做的判决性实验的经验含义。本书考察了"判决性实验"概念的历史发展过程，分析了该概念在科学哲学领域的重要意义，并使用"实验系统"概念，对"判决性实验"概念进行了重新的定义和诠释。本书的附录提供了拉瓦锡的 1772～1777 年实验记录，通过这个实验记录，我们不仅可以了解拉瓦锡的研究进路、实验的精致化进程以及实验系统的完善过程，更可以了解拉瓦锡不断寻找支持氧化学说的证据链并以此说服自己和其他人的实验进程。与以往对于科学哲学的一些基本问题的探讨局限在纯逻辑层面上的通常做法相比较而言，本书的研究进路更强调科学史与科学哲学的综合。在此，作者希望本书的这个尝试使科学哲学的一些基本问题的研究能够引起更多领域的研究者的兴趣，这样无疑能够使得这些研究可以得以深入进行。

本书不仅是科学史与科学哲学的综合的一个初步尝试，在一定程度上也以一个案例的形式展现了中国科学院自然科学史研究所科学文化中心的一部分学术思想。为了进一步全面了解该科学文化中心的学术思想，建议读者在阅读本书的基础上，进一步阅读该丛书的其他著作和《科学文化评论》杂志。

冯　翔

2015 年 2 月 6 日于北京

目 录

化学革命是发生在十八世纪末法国和英国的一场深刻的化学学科的变革，奠定了现代化学学科的基础。十八世纪是化学学科大发展的时期。在十八世纪末的法国和英国，发生了拉瓦锡（Antoine Laurent de Lavoisier，1743—1794）领导的化学革命。化学革命的主要成果是建立了国际化学界的第一个学科纲领——氧化学说。这个学科纲领初步明确了化学的研究目的、范围、方法，使化学基本上成为一门独立的学科，而不再是其他学科，如医学、物理学、自然哲学的附庸。其主要依据为：①氧化学说基本建立了现代化学意义上的元素概念，彻底取代了古代的四元素与文艺复兴时期的三要素学说。在此之前英国化学家、物理学家波义耳（Robert Boyle）等试图取消四元素与三要素学说，但并未取得实质性的成功。②氧化学说使得化学基本上成为一门世界科学。在此以前，世界上科学水平最发达的两个国家法国和英国的化学研究在价值取向、研究范围、研究方法上相差甚远。法国化学主要是盐化学，而英国则是气体化学，而且两国的化学家基本上对对方的领域不感兴趣。法国盐化学在十八世纪初就和物理等其他学科基本上划清了界限，但在较长时间内停留在定性科学的层次；而英国气体化学重视定量，但往往更重视气体的物理性质研究，而忽视其化学性质。拉瓦锡不仅结合了法国化学和英国化学的优势，而且在一定意义上统一了法国化学和英国化学。③1787 年，拉瓦锡、贝托莱（Claude-Louis Berthollet）、德莫沃（Louis Bernard Guyton de Morveau）、弗可鲁瓦（Antoine François de Fourcroy）

合著的《化学命名方法》（*Méthode de Nomenclature Chimique*）确定了现代化学命名法，在其出版之后的二十年内，现代化学命名法得到广泛传播和应用，淘汰了以往的炼金术符号，从此以后各国化学家有了一个方便交流的平台。化学纲领的建立大大加快现代化学建制化的进程。化学革命期间出现了第一个现代意义上的化学学派——法国氧化学派，其中核心人员为拉瓦锡、贝托莱、德莫沃、弗可鲁瓦。十八世纪末至十九世纪初现代化学教材开始陆续发行，其早期的作者多为法国氧化学派的化学家，现代化学教材得到了广泛传播。

本书通过拉瓦锡的化学革命这个案例来探讨科学哲学中的几个问题。

本书要探讨的第一个问题是化学革命的动力学机制。以往关于化学革命的科学史和科学哲学研究尽管不否定经验和实验在化学革命中的地位和作用，但基本上倾向于把化学革命理解为一场概念革命。这同二十世纪科学史和科学哲学发展的某些特点是分不开的。在化学革命动力学的各种解释中，影响最大的为库恩的范式转换理论。库恩把化学革命视为"氧气"和"燃素"之间范式的转换，"拉瓦锡对困难的事先估计一定起过重要作用，使他能够在和普里斯特利一样的实验中看到了后者所看不到的一种气体。反过来说，普里斯特利必须有一次重大的范式的转换才能看到拉瓦锡所看到的东西，这事实必然是他直到其漫长的一生结束依然不能看到的主要原因"（Kuhn，1996：56）。库恩的范式转换理论至今仍有着巨大的影响，但随着化学史研究水平的不断提高，使用"范式的转换"是否能全面有效地解释化学革命以及化学革命中是否存在着"范式的转换"等问题都存在着较多的学术分歧。后来萨伽德（Paul Thagard）结合认知科学与人工智能的某些最新进展对化学革命进行了一个新的科学哲学的解释（Thagard，1990）。萨伽德将拉瓦锡的概念结构分为四个阶段，他认为拉瓦锡在1772～1777年通过发现氧气建立了一个新的概念系统，适合用积累理论来解释，而1777年左右是用一个新的概念系统来替换旧的概念系统，适合用格式塔理论来解释。萨伽德比较好地描述了1772～1789年拉瓦锡的概念结构，相对于库恩的化学革命解释要更全面与合理一些。与库恩一样，萨伽德的解释中存在的最大问题是如何解释1777年左右拉瓦锡从旧的概念系统突然转换到新的概念系统中的动力学机制。在这个问题上，萨伽德的解释没有任何地方能够超越库恩的解释，他仍然沿用了库恩备受指责的带有相对主义色彩的格式塔转换机制。本书认为整个科学哲学界对化学革命的方法论研究是不充分的，以至于科学史界在化学革命研究中基本上不引用科学哲学的研究文献，即使引用也是持一种批判的态度。例如，霍尔姆斯认为库恩的范式转换理论过于简单，甚至略带悲观主义色彩地认定现有的任何一个哲学理论都不能完美解释化学革命的机制。尽管大多数化学史学者都明确承认化学革命是存在的，但大多认定简单地使用库恩的范式转换理论很难解释化学革命。著名科学史家、萨顿奖章得主霍尔姆斯（Frederic L. Holmes）曾明确指出拉瓦锡的化学革命远没有库恩想象中的那么简单，拉瓦锡在很长的时间里既不在斯塔尔的燃素学说的"世界"（库恩的概念）中，也不在他 1777 年后建立的氧化学说的"世界"中（Holmes，1985，1989）。

　　本书要探讨的第二个问题是科学发现与辩护的问题。尽管本书探讨的第一个问题本身就涉及科学发现与辩护，但本书对第一个问题的探讨尚局限于化学革命范围内，而在这个问题的探讨中，试图扩展到化学革命之外。本书之所以选取"化学革命"这个案例，是因为它确实是科学发现与辩护的经典案例。例如，化学革命中拉瓦锡对氧气与水的组成的发现等都属于科学哲学中"发现"的范畴，而化学革命中氧化学说者与燃素学说者的辩论则属于科学哲学中"辩护"的范畴。在逻辑实证主义者莱兴巴赫（Hans Reichenbach，1891—1953）把科学研究活动区分为发现的 context（context of discovery）与辩护的 context（context of justification）之后，科学哲学家往往认为科学发现的过程需要使用心理学这样比较神秘的机制来解释，将之排除于科学哲学的领域之外。这样，科学的发现与辩护是分离的，发现的过程是描述性的，这往往成为科学史家的任务；而科学的辩护过程是规范性的，仍然是科学哲学家的任务。在莱兴巴赫将科学研究活动区分为发现的 context与辩护的 context 之后，科学哲学界对于判决性实验、迪昂-奎因命题（Duhem-Quine thesis）、"不充分决定论"（underdetermination）以及后实证主义这些问题的探讨往往局限于科学辩护的 context。这一点以逻辑实证主义的倾向为最显著。逻辑实证主义把科学发现的 context 排除在科学哲学的探讨之外，试图建立真正的哲学，实际上并没有达到其预期的效果。逻辑实证主义流行了几十年后，在二十世纪下半叶受到了汉森的"观察负载理论"（theory ladenness of observation）论题的冲击。实证主义和逻辑实证主义的核心原则"理论与观察的两分"很快遭到了越来越多的质疑。由于任何观察都不是纯粹客观的，具有不同知识背景的观察者观察同一事物，会得出不同的观察结果。汉森的"观察负载理论"论题很容易导致相对主义。除了汉森的"观察负载理论"论题之外，迪昂-奎因论题对于相对主义的产生也发挥了重要的作用。法国数学家、物理学家、哲学家迪昂（Pierre Maurice Marie Duhem，1861—1916）在二十世纪初提出整体论思想，指出"试图把理论物理学的每一个假设与这门科学赖以立足的其他假设分离出来，以便使它孤立地经受经验的检验，这是追求一个幻想；因为物理学中的无论什么实验的实现和诠释都隐含着依附整个理论命题的集合"（迪昂，2001：222）。二十世纪杰出的科学哲学家奎因（也译作蒯因，Willard Van Orman Quine，1908—2000）在1951年发表的"经验主义的两个教条"（Quine，1951：20-43）一文中，针对逻辑经验主义的下述两个基本观点提出挑战：一是关于分析命题和综合命题的区分，二是关于证实理论和还原主义。在他看来，经验的检验始终只是针对语句的整个体系，而不是针对某个孤立的语句，所以具有经验意义的单位也应当是语句的整个体系，而不是个别的语句。由于奎因论题是建立在迪昂论题的基础上并有所加强，所以一般将两者的学说称为整体论，或迪昂-奎因论题。

拉卡托斯曾经将迪昂-奎因论题用一个有趣的小故事来说明，非常形象。

o'同一组理论（及"观察"）陈述 h_1、h_2…h_n，I_1、I_2…I_n 是相矛盾的，这里 h_1 表示理论，I_1 表示相应的初始条件。按照"演绎模型"，h_1…h_n，I_1…I_n 逻辑地蕴涵着 o；但 o' 是观察得来的，蕴涵着非 o。让我们再假设前提都是独立的，都是推出 o 所必需的。在这种情况下，我们可以通过改变演绎模型中的任何一个句子而消除矛盾。

例如，设 h_1 为："如果一条线上系上一个超过其抗张力的重物，这条线便会断"，h_2 为："该线的抗张力为一磅"；h_3 为："该线系上的重物重两磅"。最后，设 o 为："两磅重的铁块系在位于时-空位置 P 的这条线上，而线没有断。"这一问题可以用多种方法来解决。举几个例子：①拒斥 h_1，以"被二力所拽"来取代"系一重物"这个表达式。引进一个新的初始条件，即在实验室的天花板上有一隐蔽的磁力（或迄今未知的力）。②拒斥 h_2；提出抗张力实际上要视线的潮湿程度而定；由于线受潮了，其实际抗张力为两磅。③拒斥 h_3；重物只重一磅；天平坏了。④拒斥 o；线其实断了，只是没有观察到它断了，提出 $h_1 \& h_2 \& h_3$ 的教授是一个著名的资产阶级自由派，他的革命的实验助手老是看到他的假设被反驳了，而实际上它们是得到了确认。⑤拒斥 h_3；这条线不是"线"，而是一条"超线"，而"超线"永远也不会断。我们可以永无止境地继续下去。实际上，若有足够的想象力，那么通过对我们（演绎模型之外的）全部知识的某一遥远的部分作出改变，我们便有无数种可能的办法

来取代（演绎模型之内的）任何前提，从而消除矛盾。（［英］拉卡托斯，2005：122）

拉卡托斯认定，只要一个科学家的想象力足够丰富，那么对于任何一个对他的理论构成反驳的经验事实，都可以找到一个原来没想到新的理论假设把理论的危机化解，所以从这个意义上说，没有判决性实验，或者至少是没有大的判决性实验。但拉卡托斯写的这个小故事实际上是不符合科学研究的现实和历史的。

迪昂-奎因论题导致了"不充分决定论"的产生，进一步成为相对主义（relativism）、SSK 强纲领的理论基础。一般认为，弱"不充分决定论"的理论基础是迪昂论题，其主要内容是经验证据无法为理论的选择提供充分的基础。但迪昂并没有否认理论选择中存在着一些评价标准，如理论的简单性、美学价值等，在《物理学理论的目的与结构》一书中的原文中，迪昂是使用的"卓识"这个名词。而强"不充分决定论"来源于奎因论题，其主要内容是对于所有的证据，存在着多个甚至无数个竞争性的理论，这些理论的内容是不相容的，但在经验意义上却是等价的。奎因的强"不充分决定论"实际上假设了一个理论只要做局部的修改，就可以解释所有的、不断变化的经验陈述。应该说强"不充分决定论"很大程度上抹杀了经验对于理论选择的作用，为相对主义铺平了道路。应该说，强"不充分决定论"至多只有逻辑上的可能性，几乎没有现实上的可能性，而且在科学史上也几乎没有案例支持。在这样的情形下，相对主义者、SSK 学者也只能通过引力波、某种未知粒子等科学上并没有定论的案例来勉强"支撑"强"不充分决定论"。

相对主义者、SSK 学者基于"不充分决定论"否认经验在理论选择中的价值和作用，进而认定理论选择取决于科学家之间的协商。然而，"不充分决定论"是一个逻辑命题，而相对主义者、SSK 学者往往解释的是科学史与社会现象。事实上，逻辑上的可能性并不代表现实上的可能性，逻辑命题也并不能简单地运用于解释历史和社会现象。

要真正确定经验在理论选择中的作用，单纯依靠逻辑命题上的辩论难以有一个让双方信服的结论。本书认为，研究历史上的科学史案例，有助于理解这个问题。而且从历史上真实发生过的事实来说，科学发现与辩护的与境（context）往往是同时的，不可分开的。如同拉瓦锡对氧气的发现与其对其反燃素理论的辩护几乎是同步进行的，拉瓦锡 1772 年就开始怀疑斯塔尔经典定义的燃素的存在，但直到 1776 年拉瓦锡才下定决心彻底推翻斯塔尔的燃素理论。可以设想，拉瓦锡在有了否定燃素学说和酝酿新的想法之后，就一直积极为自己新的思路、观念寻求证据，进行辩护。发现与辩护的过程往往交织在一起。究竟是普里斯特利还是拉瓦锡发现氧气，或者说是普里斯特利发现了氧气，而拉瓦锡发明了氧气，这个问题在学术界引起长时间的争论。事实上，至少在科学史的进程中，科学发现与辩护的过程是密不可分的。而本书对拉瓦锡的科学发现与辩护这两个方面的历史与哲学的探讨，其目的归根到底可以归结为下面这几个问题：

经验与实验在化学革命过程中、在有关理论更迭过程中到底起到了怎样的作用？是否存在着判决性实验？说得更直接些，拉瓦锡的汞煅烧实验和水的组成实验对于新理论的诞生和确立是否起到了决定性的作用？在汉森之前，逻辑实证主义期待着完全独立于理论的观察语言来作为理论比较、评价和判断的基础。在汉森①提出"观察负载理论"的观点以后，逻辑实证主义的基础发生了动摇。到了后实证主义时代，经验和实验的作用在理论选择中的作用受到了更大的威胁。由于后实证主义强调观察与理论的密不可分，因此经验和实验在科学理论的选择中所起到的作用也大为降低。由于任何观察都不是纯粹客观的，具有不同知识背景的观察者观察同一事物，会得出不同的观察结果。这种后实证主义倾向随着奎因的整体论哲学的产生得到了更有力的理论支持。

后实证主义在充分揭示了实证主义的弊病之后，又极容易走向另一个极端。后实证主义实际上破坏了以往实证主义认定的科学合理性的基础，所以它极易走向相对主义和社会建构论。例如，在库恩的范式转换理论里，理论的选择与经验无关，而纯粹取决于一个科学共同体的格式塔转换。后实证主义明显降低了实验在其哲学体系中的地位，例如，判决性实验即使没有被所有的后实证主义者所拒绝，其地位也岌岌可危。以往的经验主义、实证主义哲学以及后来波普尔的批判理性主义哲学均肯定了判决性实验的存在。经验主义、实证主义哲学强调实验对于理论的证实作用（证实了一个理论实际上证伪了与之相竞争的理论）。波普尔的批判理性主义哲学对实验的意义有所弱化，它基本上否定了实验的证实作用，而改为强调实验的证伪作用，但仍

---

① 汉森（Norwood Russell Hanson，1924—1967），二十世纪著名科学哲学家，他提出的"观察负载理论"命题使逻辑实证主义的理论核心之一——"观察独立于理论"命题成为一个神话，从而动摇了逻辑实证主义的根基，开创了科学哲学的后实证主义时代。汉森是一个多才多艺的人，他本人做过喇叭手、飞行员，其人生的另一个传奇之处是他在第二次世界大战中的经历。1945年3月19号，他服役的航空母舰"富兰克林"号（USS Franklin）在遭受到日本的袭击后，他驾驶的"空中袭击者"（Skyraiders）战斗机是最后离开航空母舰的飞机。1967年，汉森在驾驶自己的私人飞机飞向纽约的途中，因为飞机失事而遇难。

然肯定了判决性实验的存在。然而，在后实证主义的语境里，判决性实验不仅没有证实作用，连证伪作用也被认为是不可能的。

后实证主义的理论基础之一——"观察负载理论"的"理论"概念是比较混乱的。实际上，这个"理论"概念既包括系统的、完整的理论，也包括概念、语言、思想背景、先前经验甚至潜意识。显然，如果这里的"理论"是广义的概念，那么"观察负载理论"显然是不可能被驳倒的，因为人的大脑不可能是一块洛克式的"白板"。但是系统的、完整的理论和概念、语言甚至潜意识这样的"理论"明显不是一个层面的。

吴彤对"观察负载理论"中的"理论"概念的混乱提出过质疑："我们当然离不开语言负载，我们也离不开某些我们在成长中获得的一些模糊的、与该观察/实验无关或者无直接关系的观念、信念，我们可能也要使用先于那些特定的观察/实验的仪器设备，但是，这并不意味着一定负载理论，特别是不必负载相关特定的理论。本来我们对理论的定义在传统科学哲学那里是非常严格的，而在说观察与理论的关系时，为什么不保持这种严格性，而随意地把理论扩大为任何精神、思想和信念的东西呢？"（吴彤，2006：128）当然，这也并不是一个新的观点。早在二十世纪八十年代，哈金（Ian Hacking）就在其代表作《展示与介入》（*Representing and Intervening*）中已经论证了观察可能负载着较低层次的理论，但不负载着较高层次的理论（Hacking，1983）。没有对理论的层面进行划分，明显是汉森的"观察负载理论"命题的粗糙之处。

汉森的"观察负载理论"命题为库恩的范式转换理论、费耶阿本德的无政府主义、后现代主义和SSK（科学知识社会学）提供了理论基础。根据这个命题，结合化学革命这个案例，可以这样进行推理：因为观察负载理论，燃素学说者和氧化学说者的理论不一样，对于同一个实验（如1777年的汞的12天煅烧实验），观察也不一样，那么不仅燃素学说者和氧化学说者对这个实验的理解不一样，而且甚至连关注的地方都不一样。这样这个实验不仅没有判决性实验的效果，而且可能什么作用都没有。然而，科学史上的这个案例与这个推理的结果完全相反，除了普里斯特利之外的几乎所有知名的燃素论者都最终倒向了氧化学说。尽管不同人的这个转换过程经历的时间有长有短，但氧化学说的核心实验实际上最终起到了判决性实验的效果。当然，本书并不一概地反对汉森的"观察负载理论"命题，非但如此，本书认为，观察不仅可以负载理论，还可以负载元理论——尤其是在理论冲突、选择与辩护发生前后，观察与元理论发生了密切关联。本书的第三章将论证，尽管燃素论者与氧化论者信奉的理论不一样，但是他们有着大致相同的元理论，在相同的元理论与经验的相互作用下，他们通过交流能够达到共同的认识。相对主义者与 SSK 曾经想象过燃素论者与氧化论者之间完全无法交流沟通的情形。巴恩斯和布鲁尔试图通过拉瓦锡和普里斯特利的例子来证明相对主义的合理性：

> 考虑一下十八世纪的化学家普里斯特利和拉瓦锡，他们对燃烧和煅烧过程中所发生的现象作出了不同的说明。简单地讲，我们可以说普里斯特利的燃素理论是虚假的，而拉瓦锡的氧化理论是真实的。……然而，普里斯特利和拉瓦锡所相信的是完全不同的事物：他们对他们所观察到的物质的本质以及它们的属性和活动作出了完全对立的说明。拉瓦锡否认存在燃素这样一种物质，并且假设，存在着某种叫作"氧"的物质。而普里斯特利则持截然相反的观点。他坚持认为存在着燃素，并且认为它就是他们二人都承认实验中存在的某些气体。此外，普里斯特利否认了拉瓦锡的"氧"，并且按照他自己的理论对他所发现的气体的特性进行了如此描述。显然，"事实"的影响既不能绝对地也不能充分地解释需要解释的问题，亦即理论的差异。正因为"事实"的影响如此不同，才有了知识社会学的一项任务。（巴恩斯和布鲁尔，2000：10）

事实上，历史的真实情形与巴恩斯和布鲁尔想象的完全不一样。巴恩斯和布鲁尔显然夸大了氧化论者与燃素论者之间的差异，他们通过自己的想象力，想象出氧化论者看到的是"鸭"，而燃素论者则看到的是"兔"。

尽管后实证主义有着相对主义的危险，但如果想回到逻辑实证主义的老路，进而反对形而上学和追求纯粹的观察语言则是不可能的。逻辑实证主义者对纯粹的、与理论无关的观察语言，以及新实验主义者对不负载理论的观察的寻找，可能都是徒劳无功的。简单举个例子，新实验主义者的代表人物哈金曾举例，剑桥大学曾雇佣高中学历而且完全不懂高能物理的实验室助手来观察粒子在铅室中的轨迹，以证实存在着不负载着理论的观察。哈金的这个例子显然缺乏说服力，这样的实验室助手的记录如果不通过实验室的科学家的审视和复查，很难称得上科学意义上的"观察"。

本书首先承认形而上学在科学发展中的作用，并试图从历史研究角度找出燃素论者及氧化论者双方均承认的元化学理论，将汉森的"观察负载理论"命题延伸到元理论层面。"元理论"概念是本书的核心概念。尽管在本书之前也有着与"元理论"概念类似的哲学概念，如库恩的"范式"概念包括世界观和方法论，与本书的"元理论"概念有相似之处，但库恩在任何一个科学革命的案例中，既没有说清楚"范式"究竟具体是什么，也没有说清楚"范式"是如何影响科学认识活动的，而是采用了"格式塔转换"这样笼统的说法。

元理论是特定形式的世界观与方法论。在科学史的历程中，具体的科学理论的生命周期往往是短时段的。例如，燃素学说的生命周期不超过 100 年，而元理论的生命周期往往是长时段的。又如，元理论之一的"要素原则"在古希腊即已经存在，而在十九世纪才基本消亡，其生命周期已经超过 2000 年。这一点与年鉴学派历史学家布罗代尔所提出的历史的"深层结构"的稳定性颇为相似。元理论的类型可能是二元的，甚至是三元的。譬如，在化学史上，元理论类型有两大类：元素论和原子论（本体论承诺）。元理论的作用主要是：①在理论失效的情形下，为科学研究指明方向与道路。但它一般并不能直接解释观察到的现象。②元理论与实验相互作用导致新理论。③在一般情形下，作为背景知识信念影响科学家的观点和方法。

在库恩所定义的常规科学时期就存在着反常现象。反常现象导致了旧理论失效，科学家们开始尝试修改旧理论或提出新理论。从科学史的多个案例来看，科学家一般并不急于修改元理论，而是在原来的元理论的基础上，通过元理论与实验的互动，修改旧理论或提出新理论。只有在保持原有的元理论的前提下，无论如何修改旧理论或提出新理论，也无法消除反常现象，科学家才不得不更换元理论。

在此意义上，可进一步在科学史上观察到三个亚类的科学变化：

其一，新理论得以建立而元理论类型保持不变（方法论上可能有进化，如化学分析从定性分析发展到定量分析），新旧理论从属于同一种元理论，有着同样的类型。譬如，拉瓦锡化学革命过程中处于竞争之中的氧化说与燃素说，均从属于元素论型的元理论。又如，哥白尼用日心学替代地心说，没有对当时的元天文学理论（本轮-均轮模型及相关计算方法）构成根本突破——在此意义上，倒是可以说，开普勒的椭圆轨道更富于创新性——其不但提供了新的模型，还要求引入或建立新的计算方法。

其二，科学探索导致了新理论的建立，同时也导致元理论类型发生变化或综合。譬如，元素论与原子论在十九世纪初期开始发生综合，导致现代化学完整的学科基本理论的建立。在本书视域中，这类变化更堪当"科学革命"之名。"科学变化"不同于库恩基于"范式"之间不可通约性或不可翻译性定义的"科学革命"概念，但在日常语言意义上，不妨将涉及元理论变化的重大科学变化看成是科学革命。其实，任何"科学革命"，在科学思想史的显微镜下无不是以思想变化的最小步伐进行的，只有在经过一段时间的连续进步之后才得以完成；也只有在截取长时段研究的起点与终点并加以比较的情形下，才会给人以突变之感。

其三，特定历史条件下，分属不同元理论类型的两种或多种理论之间出现竞争，最终以某一从属于特定元理论的科学理论的胜出而告一段落，但元理论之间并没有分出胜负。譬如，在十七世纪七十年代，微粒论下的牛顿光色理论与同时代波动论下的光色修正理论之间发生激烈竞争，最终结果是，牛顿光色理论取得胜利而修正理论一去不返；但这并不意味着，在元理论层面上，微粒论取得了终极胜利。后来，法国科学家菲涅耳（A. J. Fresnel，1788—1827）、阿拉贡（F. J. D. Arago，1786—1853）、傅科（L. Foucault，1819—1868）采用光的波动说提出新解释并就光的传播速度进行测定，得出不利于微粒论理论预测的结果，阿拉贡、傅科实验也一度被认为是可从根本上否决微粒说的判决性实验。然而，德国物理学家勒纳德（P. Lenard，1862—1947）的阴极射线研究又使微粒说得到复活。经过漫长的竞争与互动之后，这两种长期竞争的元理论才发生综合，同时消融于人们对波粒二象性的认识以及后来发展出来的场解释之中。

第二大类重大科学变化与方法论相关。从方法论角度考虑科学变化，研究方法以及工具的重大进步可以纳入重大科学变化之列，如实验方法、数学方法的确立，又如望远镜、显微镜以及 DNA 重组技术的发明。需要进一步指出的是，在自然哲学以及科学发展过程中，探索者曾运用了形形色色的方法和方法论，但概括起来，基本方法不外两大类，一是要充分运用人类理智进行自由创造（唯理论传统，笛卡儿），二是要充分运用实验的方法去校准理智（经验论传统，培根）。

十六、十七世纪，实验方法论的确立以及与唯理论传统的结合，导致了现代科学基本方法论框架的确立：当代研究表明，伽利略不但充分运用了思想实验和数学的方法，也充分运用实验方法；伦敦皇家学会实验哲学组织纲领的确立，更是这两类方法论相互融合的标志——这一贡献就应主要归功于波义耳的阐述、倡导和辩护；牛顿也采用了实验哲学的研究进路，并据之解释自己的方法和成就——且不说牛顿的炼金术、化学和光学研究就大量运用实验方法和"以理智衡度真理"的方法，就其《自然哲学之数学原理》而言，情形亦复如此，他将开普勒三定律以及伽利略落体定律一概视为"现象"。

第三大类重大科学变化同时伴随着世界观和方法论的重大变化。其最突出的案例莫过于通常所说的十六、十七世纪科学革命，整个科学史上只有为数甚少的科学变化堪称全方位的科学革命，这是其中的一次。在这一时期，发生了自然的数学化（空间的几何化）——实现本体论上的突破；确立了实验方法论，并将之与唯理论方法论结合——为现代科学方法论奠基，并出现了《自然哲学之数学原理》这样的伟大成就——为现代科学提供范例。

本书所重点研究的案例——拉瓦锡化学革命大致属于第一种类型的科学革命，是元理论类型不变（可能有局部的进化，如化学分析从定性分析发展到定量分析），理论发生重要转变，如在科学史的历程中，这种革命往往比较平和，大多数科学家对新理论的抵触情绪相对较少。

二十世纪的大部分时间内，科学哲学缺乏对科学发现的 context 的研究。库恩虽然反对逻辑实证主义者将发现的 context 与辩护的 context 分开的做法，但他实际上的做法是将发现的 context 与辩护的 context 全部使用格式塔转换机制来解释。

当然，二十世纪后期认知科学的崛起使得这一状况得到改观，认知科学的创始人之一西蒙[①]（Herbert A. Simon）更是指出发现的 context 与辩护的 context 是密不可分的。认知科学的研究方法主要是对科学发现的过程进行计算机模拟。1976～1983 年，西蒙和朗格尼（Pat W. Langley）合作，设计了有 6 个版本的 BACON 系统发现程序，重新通过计算机模拟"发现"了一系列著名的物理、化学定律。这证明了西蒙曾多次强调的论点，即科学发现只是一种特殊类型的"问题解决"，因此也可以用计算机程序实现。由于计算机程序一般只能模拟科学家的理性活动，而难以模拟其非理性活动，而且没有充分的证据支持科学家的发现过程完全等同于计算机程序，所以绝大部分学者认为科学家的科学发现过程不等同于计算机程序。直到今天，在主流科学哲学家的眼里，科学发现的过程还是被视为一个比较神秘的心理现象。

---

① 西蒙（Herbert A. Simon，1916—2001）是二十世纪著名科学家、经济学家、哲学家，认知科学与人工智能的创始人。他生前是卡内基梅隆大学经济管理学院终身教授。二十世纪五十年代，他和纽厄尔（Allen Newell，1927—1992）以及另一位著名学者肖（John Cliff Shaw）一起，成功开发了世界上最早的启发式程序"逻辑理论家"（Logic Theorist）。"逻辑理论家"证明了数学名著《数学原理》一书第二章 52 个定理中的 38 个定理，被公认是使用计算机探讨人类智力活动的第一个真正的成果，也是图灵关于"机器可以具有智能"这一论断的第一个实际的证明。1975 年，西蒙与纽厄尔分享了计算机科学最高奖——图灵奖。1978 年，因为对于经济组织内的决策过程进行的开创性的研究，西蒙荣获了当年的诺贝尔经济学奖。

本书认为尽管发现的 context 并不是纯粹逻辑的，但是应该包括逻辑与理性的成分；而且如果不探讨科学发现的过程，其实也很难解释得清楚科学辩护的过程。在提出元理论的概念之后，本书提出了实验精致化的概念，并对拉瓦锡的实验工作进行了梳理。

拉瓦锡 1772～1777 年的实验工作虽然种类繁多，涉及金属与非金属的燃烧与煅烧、酸的形成与酸碱盐的反应、有机物的燃烧、合成与分解、动物的呼吸。这些实验类型看似杂乱无章，但其实是有着一定内在的联系的。可以负责地说，尽管拉瓦锡本人可能没有说过原话，但历史事实显示，拉瓦锡确实是通过系统化的实验获得了整体性的证据，使得自己的理论不仅远远超越了几十年前的斯塔尔化学体系，而且也压倒了同时代极具竞争力的科学理论，如普里斯特利的燃素理论。

本书在系统整理了拉瓦锡的实验研究之后，将对理论、元理论以及经验三者的关系进行进一步的探讨。在此基础上，本书将对科学哲学界探讨的热点问题——"判决性实验"问题提出自己的观点。

本书的参考资料的来源主要分两部分：原始文献与二手文献。

原始文献主要包括十八世纪法国皇家科学院每年出版的论文集，拉瓦锡、普里斯特利等十八世纪主流化学家的大部分出版物，包括著作、论文、论文集以及信件。除了在中国国家图书馆找到一部分原始文献以外，本书的大部分原始文献来源于因特网。主要参考的网络资源有以下几个：

法国国家图书馆的数字图书馆（Galica），网址为 http：//galli-ca.bnf.fr/。为了抵制盎格鲁·撒克逊文化的入侵，法国政府在 2000 年后进行财政投入，将最近几个世纪的法语图书制作成电子版本，收录到法国国家图书馆的数字图书馆，供读者免费下载。在这个图书馆里可以下载到十八世纪法国皇家科学院每年出版的论文集，法语名称为 *Histoire de l'Académie royale des sciences avec les mémoires de mathématique et de physique tirés des registres de cette Académie*。这个论文集一般分为两个部分：历史（histoire）与论文（mémoires）。历史部分往往是对当年法国皇家科学院的主要科研活动及重要论文的综述与评论，而论文部分则是对当年在法国的各种哲学或科学杂志上发表的比较重要的科学论文的一个精选。应该说，在这个论文集中可以找到十八世纪法国的比较著名的化学家的大部分论文。在这个数字图书馆中还可以找到十八世纪法国化学家的大部分著作。

法国国家科研中心为纪念拉瓦锡而成立的网站，网址为 http：//www.lavoisier.cnrs.fr/。这个网站有拉瓦锡的大部分著作、论文集、通信。

意大利与法国合作的一个项目（PANOPTICON LAVOISIER），这个项目收集拉瓦锡的各种资料，其中包括与拉瓦锡有关的书目、拉瓦锡的传记、图片以及手稿，并使其数字化与网络化。这个项目由化学史家与拉瓦锡的研究者贝瑞塔（Marco Beretta）主持，网址为 http：//moro. imss. fi. it/lavoisier/Index. htm。

中国国家图书馆购买了 Gale 公司的"ECCO 十八世纪文献在线"，可以供读者在中国国家图书馆里面自由下载。这个数据库到目前为止已经收集了 1700～1799 年的 18 万种 20 万卷英语图书，总内容已经超过 3300 万页，涵盖了历史、地理、法律、文学、语言、参考书、社会科学及艺术、医学等领域。笔者在这个数据库里找到了十八世纪最著名的英国化学家普里斯特利、卡文迪许、柯万、黑尔斯、布莱克的绝大部分文献等以及英国之外的著名化学家拉瓦锡、马凯、斯塔尔、波尔哈夫的名著的英文版。

本书参考的二手文献众多，在这里只列举与本书关系密切的三个科学史家的文献。

（1）格拉克（Henry Guelac，1910—1985）。格拉克是著名科学史家，生前是康奈尔大学终身教授。1973 年获萨顿奖章，1972 年获化学史终身成就奖（德克斯特奖）。尽管他的名著《拉瓦锡——关键的一年：他的 1772 年第一次燃烧实验的背景与起源》（*Lavoisier—the Crucial Year：the Background and Origin of His First Experiments on Combustion in* 1772）是二十世纪六十年代的作品，但至今其引用率还是很高。这里的"关键性的一年"（crucial year）即 1772 年，拉瓦锡在这一年开始了对燃烧现象的实验研究。格拉克反对柯瓦雷过于强调"思想革命""思想实验"而轻视实验的倾向，重视科学家的实验研究。这部著作是格拉克的重视实验的学术思想的体现。格拉克通过对 1772 年的拉瓦锡手稿的研究，系统地展现了拉瓦锡的 1772 年的科学研究活动。当然，随着科学史研究的深入，格拉克的一些结论受到了广泛的质疑，如他认定拉瓦锡在 1772 年就试图用一个全新的理论取代燃素学说。现在学术界仅有少数人同意格拉克的观点，主流的观点是拉瓦锡的这个取代燃素学说的宏伟构思真正成熟的时间比格拉克所说的 1772 年晚很多。

（2）霍尔姆斯（Frederic L. Holmes，1932—2003）。霍尔姆斯是著名科学史家，前耶鲁大学终身教授，2000 年获萨顿奖章，1994 年获化学史终身成就奖（德克斯特奖）。他曾在二十世纪八十至九十年代对于拉瓦锡的 13 卷手稿中的一部分进行了研究，并发表多部专著，使世人能够了解拉瓦锡的实验室生活。在科学发现与科学家的实验生活方面，霍尔姆斯反对库恩的格式塔转换理论与过分强调灵感的科学史写作。他提出了"研究道路"（Investigative Pathways）概念，认为科学家的科学研究是一个长期的、有计划的和系统的"研究道路"，"研究道路"有时候风平浪静，有时候充满了风暴。在1985年出版的《拉瓦锡与生命化学——一项科学创造力的探索》（*Lavoisier and the Chemistry of Life：An Exploration of Scientific Creativity*）一书中，霍尔姆斯对拉瓦锡的生命化学研究进行了广泛与深刻的探讨，并指出拉瓦锡的植物化学成分、动物呼吸等生命化学研究对于其新的化学体系建立的重要作用。在1989年出版的《下一个关键的一年》（*Antoine Lavoisier，the Next Crucial Year，or The Sources of His Quantitative Method in Chemistry*）一书中，霍尔姆斯指出不仅1772年是拉瓦锡的关键一年，1773年也是拉瓦锡的关键一年，而且在此以后的每一年都是拉瓦锡的关键一年。霍尔姆斯致力于拉瓦锡的手稿研究。拉瓦锡在手稿写作中有一个风格，就是正文写在日记本的纸张的右半部分，而自己对正文的修正和批注写在日记本的纸张的左半部分，而这些修正和批注往往可以显示出拉瓦锡在科学历程中的心路历程。拉瓦锡于1777年5月在法国皇家科学院曾公开演讲过论文"动物呼吸的过程以及空气在动物肺中的变化"（Expériences sur la respiration des animaux et sur les changements qui arrivent à l'air par leur poumon），霍尔姆斯在拉瓦锡的手稿整理中找到了六个时间不同的版本。通过这些版本的比较，霍尔姆斯对拉瓦锡的研究进路有了更深入的了解，也使得自己的研究结论更为学术界所信服。

（3）佩林（C. E. Perrin，1938—1988）。佩林长期担任格拉克的助手，生前是拉瓦锡研究的权威学者。他的拉瓦锡研究具有很多独到的见解，在二十世纪八十年代的权威科学史杂志上发表多篇重要论文。例如，佩林认定拉瓦锡使用实验物理学的工具和方法与其说是要"推翻"以往的斯塔尔化学，不如说是去"扩展"和"改革"。佩林还指出拉瓦锡在1772年只是想提出一个与燃素理论相竞争而不是取代它的理论，与斯塔尔驯服了燃素这个不能分离出来的化学物质一样，拉瓦锡试图用黑尔斯的实验设备去驯服空气。在1773年的春天，"在这一次几乎是彻底的革命时期"，拉瓦锡开始了一个研究计划，这个研究计划的主要内容是逐渐向化学引进了新的概念、方法和假定（Perrin，1989：3-25；Perrin，1988b：53-81）。在深入的研究之后，佩林勾勒出拉瓦锡改革的"两个进路"，"一个是概念的分析，倾向于强调化学革命的不连续性，而另一个是对整体的精细的分析，则会揭示出化学革命中很大的连续性"（Perrin，1988a：55）。

除了研读拉瓦锡与化学革命研究的最著名的上述三个学者的文献之外，笔者还参考了科学史与科学哲学主流期刊中大部分与拉瓦锡化学革命相关的二手文献。印刷版的资料主要来源于中国科学院自然科学史研究所的图书馆与中国国家图书馆。数字版的资料主要来源于国外几个大型期刊论文数据库，包括 JSTOR，Springer，Science Direct 等。

1993 年，武汉出版社出版了任定成教授翻译的拉瓦锡的名著《化学基础论》的中文版。在当时国内与拉瓦锡相关的原始文献数量非常有限的条件下，任定成教授实现了很高的翻译水平。本书在未特殊标明的情况下，均采用这一译本。

第二章

化学革命的背景

一、十七世纪化学

十七世纪的英国兴起了一个自然哲学流派——微粒哲学，其代表人物有英国的波义耳、牛顿。微粒哲学在十七世纪末至十八世纪初伴随着波义耳、牛顿的盛名而显赫一时，并为十八世纪化学的发展提供了形而上学的基础。斯塔尔、拉瓦锡尽管拒绝波义耳的同质微粒的概念，但却吸收了其"化学性微粒"概念。牛顿的亲和性概念更是在十八、十九世纪成为一个主流的化学概念。微粒哲学对于科学的影响除了上述所说近期影响之外，还可能发挥了更深远的影响，例如，袁江洋（2007：12）认为"（微粒哲学的）这些思想也穿透了时间的阻隔，对现代原子论与现代元素嬗变研究，对结构化学的兴起，乃至于基本粒子物理学与原子核化学研究，都产生了重要影响"。微粒哲学的兴起与当时机械论的流行密不可分。在哥白尼领导的天文学革命以后，机械论开始兴起。十七世纪法国著名自然哲学家、科学家、数学家笛卡儿（René Descartes，1596—1650）不仅在力学、光学、几何学领域做出过巨大的贡献，而且第一次建立起机械论哲学的宏伟大厦。笛卡儿 1644 年在他的《哲学原理》（*Principia philosophiae*）中详细阐述了机械论哲学。笛卡儿认为，自然是由物质构成的一架机器，它的运行跟机器一样，服从力学规律。构成自然的微粒始终处于运动之中，并遵守惯性定理。微粒相互碰撞，就产生了自然现象。尽管单个微粒在相互作用中可能会改变其运动状态，或停顿，或加速，或改变方向，但是宇宙中运动的总量却是保持恒定不变的。这是笛卡儿机械论宇宙的基本法则。自然界中任何活动现象都可以用物质和运动来解释，无需引入任何非机械论的动因来解释。同时期的法国原子论者伽桑狄（Pierre Gassendi，1592—1655）以及稍后的波义耳、牛顿都为机械论哲学的发展做出杰出的贡献。当然，需要介绍的是在科学革命的进程中，还有一个截然不同的思想流派——化学论哲学，其代表人物为帕拉塞尔苏斯，这个思想流派在反对经院哲学的过程中也产生了一定的影响。当然毋庸置疑的是，尽管化学论哲学试图与机械论哲学展开竞争，但在历史的进程中始终处于劣势。与化学论哲学相比较，机械论哲学始终处于绝对优势地位，并在大学、科学院、学会等社会资源集中的机构里占据了显赫的位置。狄布斯（Allen G. Debus）反复强调化学论哲学在十七世纪科学革命中的重要作用。他把炼金术士的工作也视作科学革命的一部分，通过对于十五至十七世纪炼金术士以及他们的化学论哲学的研究，指出帕拉塞尔苏斯以及他的继承者这样一些"化学哲学家"提出了一种基于化学的哲学，与最初的盖伦学派和亚里士多德学派以及后来的机械论哲学展开辩论。因此狄布斯眼中的科学革命史是牛顿式的机械论哲学和帕拉塞尔苏斯式的化学论哲学共同反对经院哲学并且相互竞争的历程（Debus，1998：66-81）。

　　赫尔蒙特（Jan Baptist Van Helmont，1580—1644）是十七世纪初期最著名的医药化学家，他一生反对亚里士多德的四元素说，而坚持水才是万物最终组成的基础。他所做的一个最著名的实验——柳树实验，即要证明水能转换为其他任何物质。这个实验的另一个引人注目的地方就是赫尔蒙特的将精确定量的意识贯彻到实验的始终。他将 200 磅土装入一只瓦罐，给土壤加水，并种上一株质量为 5 磅的柳树苗。他仔细盖严瓦罐以防落尘，只添加雨水或蒸馏水。5 年后，赫尔蒙特结束了实验。柳树质量达 169 磅 3 盎司（1盎司为 28.3495 克）。他称出原来 200 磅的土只减少了约 2 盎司。他在实验中一直只浇水，而损耗的土的质量无法解释柳树质量的增加，所以他认为柳树增加的质量只会来源于水。这也就证明了水是可以转换为土以至万物的。然而赫尔蒙特忽视了空气的作用。拉瓦锡曾对水是否能够转换为土这个问题进行了专门的探讨。十八世纪化学家通过在玻璃器皿中持续加热水而得到土，但拉瓦锡通过实验发现了所谓的由水转换来的土只不过是溶解了的玻璃，水无法转换为土（Lavoisier，1862a：1-11）。

赫尔蒙特发展了帕拉塞尔苏斯的万能溶剂（Alhakest）① 概念，但始终没有公开配方。实际上，历史上对万能溶剂的概念的解读是五花八门的，有的化学史学者甚至认定万能溶剂实际上并不是现代化学中的溶剂。斯塔基和波义耳作为赫尔蒙特化学的继承人，他们的解读往往是最有说服力的。斯塔基一生都在追求赫尔蒙特的万能溶剂配方，但波义耳和斯塔基的追求并不完全一致，波义耳尽管是赫尔蒙特化学的继承人，但对万能溶剂概念往往是持批判态度的。事实上，万能溶剂在赫尔蒙特化学中的地位主要是将世界上形形色色的物质分解为最初状态的水，从这个意义上说，"万能溶剂"的含义实际上和现代化学中的溶剂是差不多的。

　　斯塔基（George Starkey），1628 年 6 月 8 日或 9 日出生于英属殖民地百慕大群岛，1665 年在英国伦敦去世，具体时间不详，时年 37 岁，属于英年早逝。斯塔基早年就读于哈佛学院（哈佛大学的前身），宗教派别为加尔文教派。斯塔基是赫尔蒙特的忠实信徒，以其真实姓名发表的公开著作为 1657 年出版的《对自然的说明以及赫尔蒙特的辩护》（*Natures Explication and Helmont's Vindication*）、1658 年出版的《尚未证实的烟火施放术》（*Pyrotechny Asserted*）。不过，这两本著作知名度有限，他的最著名的著作实际上是他去世后才得以出版的手稿，也就是以化名为 *Eirenaeus Philalethes*② 写成的炼金术手稿，这些手稿经常被牛顿、洛克、莱布尼茨、斯塔尔使用。如果从知识的传承上说，斯塔基应该是波义耳的化学和炼金术导师，纽曼和普林斯比的三部专著加起来将近一千页，基本上可以证实这一点。但波义耳从未公开承认两者的师生关系，不仅如此，波义耳似乎将斯塔基视为一个做具体工作的助手或实验员，他可以无条件地拥有斯塔基的实验结果的学术优先权，斯塔基对这种状况并不满意。

　　一般说来，十七世纪炼金术有三大派别：

　　（1）基于硫的炼金术理论，其完整的理论体系最先由瑞士医生帕拉塞尔苏斯创立，属于比较古老的炼金术理论，在十七世纪仍然在炼金术领域里仍占据了一定的市场。

　　（2）基于硝的炼金术理论。

　　（3）基于汞的炼金术理论。

---

　　① 从 Alhakest 的构词法上似乎可以看到 Alkali（碱）的影子，实际上，在帕拉塞尔苏斯第一次发明这个词的时候，他确实在配方中用到了碱。

　　② 这是一个古希腊的姓名，但种种迹象表明以这个姓名写出来的手稿实际上是十七世纪写出来的，纽曼和普林西比认定他是斯塔基的化名。

Eirenaeus Philalethes 的炼金术理论是基于汞的炼金术理论，这是十七世纪晚期最著名的一个炼金术理论。波义耳、牛顿、洛克都对这个理论的前景比较看好，花费了毕生的时间和精力来完善这个理论。

尽管纽曼对斯塔基的评价颇高，甚至认定斯塔基领导了一场化学革命。但斯塔基的一生带有很浓厚的悲剧色彩。斯塔基一生并没有找到一个长期稳定的谋生手段，过得非常穷困潦倒。斯塔基起初以他夫人的嫁妆为生活来源，后来靠哈特里布圈子的几个炼金术爱好者（主要是波义耳）的赞助生活，最后是靠借债生活。由于还不上债，斯塔基曾两次入狱，在出狱后，为了逃避债主，斯塔基隐姓埋名，所以最后他具体的去世日期都是不详的。

实际上，万能溶剂①概念存在着一个明显的逻辑上的漏洞，这也是很多科普读物所经常谈及的，那就是"用什么容器来装这个万能溶剂呢"。十七世纪德国化学家昆克尔就曾指出这个概念是荒唐可笑的，他指出："如果这个溶剂真的是什么东西都能溶解掉的，那显然它也可以溶解掉盛满它的容器。"当然，昆克尔本人一生其实也耗费了很长时间来研发"万有溶剂"，但不断的挫折显然使他怀疑这个玩意是否真实存在。

不过，万能溶剂的神奇功能使得很多大名鼎鼎的科学家也为之倾倒。例如，格劳伯曾经试图将"格劳伯盐"（硫酸钠）视为万能溶剂，但他最终不得不承认他的这个宝贝没有使任何物质发生嬗变，事实上，由于硫酸钠是强酸和强碱中和的产物，化学性质很稳定。波义耳和牛顿对赫尔蒙特的万能溶剂很感兴趣，也曾声称过自己曾制备出这个万能溶剂，从已有的研究文献看来，他们实际上也为了这个玩意花费了很多时间、精力。当代的化学史家当然并不相信世界上真的会存在赫尔蒙特所说的万能溶剂，但考虑到赫尔蒙特在研制其万能溶剂的时候，可能会制备出具有万能溶剂的某些特点的溶液，所以化学史的研究者有时候也会饶有兴趣地重新阅读赫尔蒙特的手稿，试图找到这些"配方"。例如，瑞梯（Ladislao Reti）曾指出赫尔蒙特在制备万能溶剂的一些成功的案例中，往往使用了氢氧化钾的酒精溶液（Reti，1969：9）。事实上，由于赫尔蒙特在著作中往往是闪烁其词的，现

---

① 现代科学也有"万有溶剂"这个概念，一般指溶解能力比较强的有机溶剂，当然这并不是万能的，只是一个形象的说法。当然现代科学中"万有溶剂"概念与赫尔蒙特所说的概念并不一致，赫尔蒙特实际上追求的是将化学物质分解到最基本的元素"水"（对应于波义耳、牛顿微粒哲学体系中的"自然最小质"）的溶剂，但现代科学中"万有溶剂"则只有溶解于溶剂中的含义。实际上，现代科学中"万有溶剂"在理论上都是很难成立的，由于世界上各种物质的分子之间的作用力的种类和性质是不同的，所以很难找到单一的溶剂能将所有物质溶解。

代学者试图找到万能溶剂的真正配方的目标是难以实现的。但值得提醒读者注意的是，尽管水并不是真正意义上的万能溶剂，但其实水最接近于赫尔蒙特对万能溶剂的定义。

波义耳早年相信赫尔蒙特的教义，并做过许多"水变成土"的实验。在一次实验中，波义耳蒸馏雨水发现容器底部留下了少量的土，显然这是雨水中的矿物质，不过，土的质量与水的质量相差甚远，这使得波义耳很难相信收集到的土是真正从水嬗变的。本书在这里稍微调侃一下，如果波义耳在英国工业革命时代复活，波义耳在素有"雾都"之称的伦敦的雨水中能收集到的土会更多，由于工业污染的缘故，雨水中的矿物质无疑会更多，包括硫酸盐、硝酸盐。

波义耳是博学的，他对犹太人的历史比较熟悉，他在反复研究历史著作以后，发现赫尔蒙特的学说并非什么新东西，而是人类有史以来就有的思想：

> 我也倾向于认为，希腊人的神学乃至于其哲学中的许多东西有可能是从腓尼基人那里借鉴过来的。或许，前述见解的提出还要早于这里所说的，因为我们还知道腓尼基人的大部分知识又是从希伯来人那里借鉴过来的。在承认摩西《圣经》的人们中间，有许多人历来倾向于认为水是原始的普遍物质，通过仔细阅读《创世纪》的开头部分，即可看到，水在那里是不仅被当作地上的种种复合物的质料因，而且被当作构成了宇宙的一切物体的质料因提出来的；宇宙的各个组成部分可以说是在上帝之灵（the spirit of God）的运作之下从那个巨大的深渊中依次产生出来的，据说上帝此先一直就像孵化幼体的母性一样在那片水域（原文为 Merahephet，其含义似乎是指两个不同的地方中的一处，而这种说法，我恰恰是在希伯来语《圣经》中见到的）的表面之上亲身劳作；可以设想，那片水域由于感受神恩而孕有了万物的种子，再经过上述生产孵化过程便足以产生出这些物体。然而，我知道，你希望我能够像一个自然主义者那样来谈及这一问题，而不是像一个诠释学者。（波义耳，1993：77）

波义耳早年做了许多"水变成土"的实验，不过他最终还是意识到赫尔蒙特的化学其实就是一个医药化学版的"创世纪"。波义耳对赫尔蒙特化学的接受主要出于宗教上的考虑，他本人并不是很相信万能溶剂真实存在。波义耳在《怀疑的化学家》中做了南瓜、葫芦实验，看上去好像是在验证赫尔蒙特的"水生万物"的理论，波义耳在书中似乎也是承认这些实验支持赫尔蒙特的"水生万物"理论。但是仔细再看一下该书的下文，马上峰回路转，波义耳的所说的"水"实际上并非赫尔蒙特的"水"，波义耳实际上说的是"似水"，也就是含有种子要素的水，当然波义耳在该书中并没有明确指出种子要素。

> 因为我认为没有必要假设，在《创世纪》开头当作普遍质料提出来的水就是单一的元素水；须知，我们固然应该假定这种水已是一种混杂的聚积物或堆积物，且是由形形色色的活性要素、种子以及另一些适于在它们作用下成形的微粒共同构成，但倘若这种水的全部组成微粒为造物主造出来时十分微小，而且已被置于某种现实的运动，诸如可导致它们彼此之间相互滑动的运动之中，那么，我们也可以说这种水是一种类似于水的液态物体。譬如我们所以说海是由水构成的（尽管有含盐物体、含土物体以及其他物体混溶于其中），这样的一种液体足以称为水，是因为这种液体可以说是最庞大的一种类似于水的液体，然而，某个因具有可流动性而显得像是液体的物体却可以含有性质各不相同的微粒，这一点，只要你将装有适量的矾的某一牢固容器置于足够强的火下作用，你就不难相信。因为它虽然既含有水、土、盐、硫的微粒，又含有金属微粒，但一眼便可看出，这个整体还是可以像水一样流动，沸腾起来像开了锅似的。（波义耳，1993：60）

不过结合波义耳年代更晚一些的文献，还是可以看到波义耳的真实想法。波义耳更倾向于使用"种子"要素概念取代赫尔蒙特化学中的"万能溶剂"概念。仔细的读者可以发现波义耳实际上是很怀疑赫尔蒙特的"水生万物"理论的，"但我也必须提请你注意，赫尔孟特并没有向我们提供关于水产生出矿物的例子，而他用以证明矿物和其他物体可被分解成水的主要证据，是取之于他用其万能溶媒来进行的各种操作，这自然无法由你我加以核实"。波义耳的炼金术导师斯塔基是非常热衷于万有溶剂的研究的，但斯塔基一生很坎坷，波义耳明显是知道这一点的。波义耳几乎一生都没有在公开出版物里面谈及斯塔基。波义耳虽然也研究过"万有溶剂"，但绝对没有斯塔基那么执著与不顾一切，波义耳基于种子要素概念发展了一套解释植物、动物、矿物等生长与繁殖的理论，所以波义耳觉得"万有溶剂"概念可有可无，不需要为此花费太多时间、精力。

　　萨顿在二十世纪五十年代曾认定："炼金术士不是傻子，就是骗子，或者是这两者以不同比例结合起来的人。"不过，萨顿后来也注意到波义耳实际上是支持金属嬗变理论的，但波义耳在萨顿的实证主义科学史中一直以科学革命的领袖的形象而存在，这似乎存在着一些矛盾。对此，萨顿这样解释，波义耳不是在研究什么神秘主义，他本人也不是什么炼金术士，他的"毁金"实验是在为以后的核裂变实验做准备，波义耳的理论被以后的核科学技术发展所证实。萨顿的这个解释过于牵强，如今经常被纽曼和普林西比所调侃。萨顿对于炼金术的定位也存在着较多自相矛盾之处，例如，他既看不上炼金术，又试图在化学史中保留炼金术的历史研究，所以在二十世纪五十年代的 *ISIS* 上有一个栏目的标题，看上去令人感到如此怪异："神秘主义化学。"库恩和博厄斯在很大程度上继承了萨顿的观点，库恩认定波义耳的化学是结构化学，而博厄斯认定波义耳的化学是物理化学。博厄斯的工作是卓有成效的，在化学史领域里，她开启了将炼金术翻译为现代化学的实证主义科学史研究进路，这为后来的化学史家提供了一条道路，尽管她的继承者往往是在批判她的角度上继承着她的这一道路。在具体的化学史研究中，她发现了波义耳的元素概念与现代化学的元素概念相差很大，这为后来的学者对波义耳的科学史重构提供了一个基石。

　　博厄斯曾经在波义耳的手稿中找到一个文本，与 1661 年出版的《怀疑的化学家》中部分内容极为相似，值得注意到是这个文本的注脚与 1661 年出版的《怀疑的化学家》基本相同。该文本的标题为"对于庸俗地证明结合物中包含逍遥学派的四元素或三化学要素的实验的思考"（*Reflexions on the Experiments Vulgarly Alledged to Evince the 4 Peripatetique Elements，or Ye 3 Chymicall Principles of Mixt Bodies*）。博厄斯推测这个文本的写作时间在 1651～1657 年，博厄斯在自己的论文中附上这个文本的全文（Boas，1954：158-168）。在这个文本中，主人公只有两个：波义耳和迪戈比（Sir Kenelm Digby，1603—1665）。迪戈比是十八世纪英国的一位自然哲学家、炼金术士、冒险家、政治家、宗教思想家和活动家，1660～1665 年是伦敦皇家学会会员，哈特里布①圈子的组成成员，十七世纪英国原子论的代表人物之一。在远远早于纽曼、普林斯比的 1950 年，博厄斯在波义耳的研究过程

---

　　① 哈特里布（Samuel Hartlib，1600—1662），德国人，十七世纪英国科学家学术交流的联系人。

中，就收集到斯塔基、迪戈比等炼金术士的很多资料，不过由于博厄斯只关心波义耳的"化学"，因此斯塔基、迪戈比、森耐特等炼金术士在其学术著作中只充当一个跑龙套的角色，她几乎不愿意花费笔墨用于这些人身上，有时候连最基本的生平介绍都省略了。在纽曼、普林斯比开始研究这段历史以后，这些炼金术士得以复活。直至晚年，博厄斯依然坚持"波义耳的化学""牛顿的化学"理念，她始终坚持以化学研究作为波义耳的科学研究的出发点，来研究波义耳和牛顿的手稿，她反对把波义耳视为神秘的炼金术主义。狄布斯在 1966 年，就在 *ISIS* 上对博厄斯的专著[①]发表过一篇书评，题目也是很有趣味的，"那么波义耳又是站在谁的肩膀上的?"

事实上，每个研究炼金术士的科学史家的角色往往有两个：科学史学者和为炼金术辩护的演讲家。这在早期的炼金术史学者那里就有所体现，例如，桑代克 (Lynn Thorndike)[②]、佩格尔 (Walter Pagel)[③]、狄布斯 (Allen G. Debus)。纽曼、普林斯比在狄布斯的研究基础上使狄布斯的命题进一步得到强化，他们认定炼金术士与传统意义上的科学革命家往往不能绝对区分的，在他们的眼中，牛顿、波义耳、斯宾诺莎、达·芬奇、洛克、伽利略都是狂热的炼金术士。纽曼、普林斯比尤其推崇在早期科学史研究领域中靠边站的斯塔基、森耐特。由于波义耳在写作炼金术手稿的时候往往使用的是代码，加上波义耳是博学者，精通希腊文、拉丁文、希伯来文，他曾经使用了不少于 9 个的代码系统，这使得波义耳的手稿的破译工作极其艰巨和浩大。有趣的是，波义耳在和炼金术士、哈特里布圈子的科学家通信的时候，往往也是使用密码。

迪戈比在科学领域的最大贡献是他的植物生理学研究，他曾经指出生命空气是植物赖以生存的必需养料。早期的迪戈比的历史研究多集中于迪戈比的宗教活动，迪戈比在炼金术上的研究一直鲜为人知，直到二十世纪七十年代多布斯在 AMBIX 发表了三篇论文（Dobbs，1971，1973，1974）以后，

---

① 书名为《罗伯特·波义耳的自然哲学，一篇随笔以及波义耳作品的选集》(*Robert Boyle on Natural Philosophy：An Essay With Selections from His Writings*)。

② 桑代克 (Lynn Thorndike，1882—1965)，现代职业科学史的老一代学者，主要研究早期魔术史、炼金术史、医学史。尽管他所处的年代是实证主义科学史盛行的年代，魔法、炼金术并非科学史研究的重点，但由于其作品的影响力广泛而深远，依然在 1957 年获得萨顿奖章。

③ 佩格尔 (Walter Pagel)，德国人，早期化学史、炼金术史以及医学史著名学者，他的职业是临床医生，在退休以前，仅依靠业余时间进行科学史研究，退休以后将其毕生的科学史研究进行归纳总结，并出版多部专著。他对帕拉塞尔苏斯和赫尔蒙特等早期化学家和医学家有着不凡的研究，1970 年获得萨顿奖章。

学术界对其炼金术的研究才开始逐渐增加。由于博厄斯的研究重点在于波义耳的机械论化学，所以博厄斯对作为炼金术士的迪戈比没有太大的兴趣，因此博厄斯在挖掘出来波义耳的这个文本后，也就是在 *ISIS* 上发表了一篇论文，基本上没有做更深入的分析。

波义耳将这个文本的一些段落直接用于《怀疑的化学家》，这使我们可以了解到《怀疑的化学家》中提到的一些人究竟指的谁：

> 对此，我想补充的是，有一位著名的人士，因其写有一些著名的游记和学术著作而闻名当世，他最近向我保证说，他过去曾不止一次地见到铅的汞（对于这种汞，无论哪个作者都会担保说，你会发现它很难制备，哪怕只是刚好可以看得见的那么一点点，也同样难以制备）被固定成完善的黄金。而且，在我向他问起其他的汞在相同的操作条件下是否不会发生类似转变时，他还对我保证说，不会。（波义耳，1993：158）

在波义耳的手稿中，"一位著名的人士"其实就是迪戈比。从这段文字看来，迪戈比的炼金术理论和实验中的一个重要的理论基础实际上就是帕拉塞尔苏斯的三要素理论。

在《怀疑的化学家》中，主人公变成了四个：卡尼阿德斯（Carneades）、埃留提利乌斯（Eleutherius）、菲洛波努斯（Philoponus）、忒弥修斯（Themistius）。波义耳在最初的文本中所说的话，在《怀疑的化学家》中，大致为"卡尼阿德斯"所说的话，同理，迪戈比所说的话后来改为"埃留提利乌斯"说的。在普林斯比找到的一份波义耳的手稿中，主人公中没有"菲洛波努斯"，但有古希腊神话中最终的判决者——宙斯。菲洛波努斯实际上是十八世纪化学家的化名，而忒弥修斯是亚里士多德主义者的化身，不过这两位主人公在《怀疑的化学家》中的出场机会不多，一般仅在整本书的开头和结尾出现。值得注意的是，尽管菲洛波努斯、忒弥修斯看上去都是元素学说者，但其实他们的学说是有着很大区别的。菲洛波努斯实际上代表的是与波义耳同时代的元素论化学家，他的元素概念实际上已经和拉瓦锡后来的化学元素概念有相似之处了，开始将"化学分析中不能分解的物质"视为元素。当然，与波义耳同时代的元素论化学家（菲洛波努斯）的元素概念还是带有亚里士多德元素论的痕迹，一般来说，直到拉瓦锡的化学革命后，元素论化学才基本上摆脱了亚里士多德的影响；而忒弥修斯实际上可以被看作比较纯粹的亚里士多德四元素理论的代言人。波义耳实际上已经察觉出与波义耳同时代的元素论化学家的元素论与经典版本的四元素学说并不完全一致，所以才创造出两个不同的主人公来区分。严格说来，与波义耳同时代的元素论化学家的元素论、经典版本的四元素学说、三要素学说的内容差距甚大，不过波义耳并没有做详细的考证和区分。

当然，由于《怀疑的化学家》与原初的文本的篇幅相差悬殊，所以没有必要把卡尼阿德斯、埃留提利乌斯定义为波义耳和迪戈比，不过有一点可以肯定的是，手稿中的对话应该是真实对话。《怀疑的化学家》中所谈及的对话虽然大部分是虚拟的，但其中涉及的人物和化学理论应该是有真实的原型的。很多时候，卡尼阿德斯、埃留提利乌斯之间的争论体现了波义耳内心深处的自我批判过程。庸俗的化学家的原型是谁？一般说来，学术界一般认定候选人可能为十七世纪法国化学家贝甘（Jean Beguin）、德克拉夫（Etienne de Clave）、勒费伯（Nicaise Le Febvre，1610—1669）、格拉瑟（Christophle Glaser）。这些推测是有一定道理的。例如，伊顿认定"埃留提利乌斯"为勒费伯（Eaton，2005：90）。勒费伯是一位十八世纪法国化学家，著有化学教科书《化学论著》（*Traité de la Chymie*），1660年移居伦敦，1663年当选为伦敦皇家学会会员。他在《化学论著》中提出五元素理论，这五个元素分别为水（黏液）、汞（精）、硫（油）、盐与土（earth）。勒费伯在这本书中介绍了许多实验操作，基本上都是使用火分析来对自然界的物质进行分析。事实上，火分析和五元素理论实际上成为《怀疑的化学家》攻击的主要对象。

> 因为，我针对化学家们的那种庸俗学说提出的许多反对理由似乎用不着做过多的改动，也同样适用于反驳这种假说。须知，这一学说也像其他学说一样想当然地认为，火是真正的、适当的分解物体的工具（这一点是并不容易证明的），而利用火从某一种结合物中得到的一切各不相同的物质都是先在地存在于其中的，所以它们在分解时只是发生了一种彼此的分离而已；此外，这种见解认为火作用的种种产物均具有元素所具有的某种简单性，然而我曾揭示它们并不具有这种简单性；又，这种学说还容易遇上三要素说曾遇上过的另一些不可克服的困难；所有这些都姑且不论，我想指出，这种五元素说（请允许我这样表达）至多只适用于大多数动、植物物体，因为即便是在动、植物物体当中也有一些物体（正如我曾经指出的那样），不能被认作是恰好是由这五种元素所组成的，既不多、也不少。非但如此，在矿物王国中，业已被证明的、恰好不多不少

可分解成这种学说所说的构成了一切结合物的这五种要素或元素的凝结物，难得找出一种来。（波义耳，1993：110）

十七世纪英国著名的化学家、物理学家、自然哲学家波义耳利用同质微粒概念，发展并完善了一整套微粒哲学。但这是否代表波义耳领导了一场十七世纪的化学革命？不同学者的看法相差甚远。例如，博厄斯（Boas Marie）将波义耳的微粒哲学的建立视为现代化学的开端，"波义耳也许是第一个把化学当作自然哲学的一个分支来处理的人。波义耳从机械论哲学的观点解释物体的化学性质，在这方面取得了非凡的成功"（Boas，1952：497）。韦斯特福尔（Richard S. Westfall）则认定"机械论化学确已取得了一个成就，那就是它引导化学进入了自然科学的范围。十七世纪开始时，化学一般不被看作是自然科学的一个部分。在最坏的情况下，它是玄妙的方术；在最好的情况下，化学也只是为医药服务的技艺。但是，在十七世纪结束之际，化学家在欧洲科学组织中占有令人尊敬的席位。毫无疑问，机械论化学在这场变化中扮演了主要角色是没有什么好怀疑的。机械论化学用科学共同体可以接受的方式讲述化学，使化学获得了前所未有的尊敬。"（韦斯特福尔，2000：86）然而学术界对这个观点的反驳从来都没有停止过，库恩（Thomas S. Kuhn）半个世纪前就指出波义耳的微粒哲学根本不具备很多人想象中的现代性，也明确指出了波义耳的微粒哲学的炼金术背景（Kuhn，1957：12-36）。几十年前，波义耳往往被科学家描写为一位反对炼金术并致力于把化学建立为一门科学的先行者（以博厄斯为典型），然而西方学术界最近的研究基本上颠覆了这种传统的观念。波义耳不但被认定是一名炼金术士，就连他的微粒哲学的核心概念"第一凝结物"（primary masses or clusters）和"最小质微粒"（most minute particles of matter）可能也是从一个炼金术士那里借用过来的。纽曼通过深入研究指出波义耳的一些基本概念与德国维滕贝格大学的医学教授森耐特（Daniel Sennert，1572—1637）的一些概念有着极大的相似之处，波义耳的概念"第一凝结物"（primary masses or clusters）和"最小质微粒"（most minute particles of matter）可能来源于森耐特的"第一混合物"（prima mista）与"基础最小微粒"（elementary minima）（Newman，1996：583）。但无论怎么说，波义耳的微粒哲学尽管有其炼金术和医药化学的来源，但与以往的炼金术和医药化学相比，仍然有重大的进步。波义耳在其维护唯意志论神学的宗旨下，完善了一套微粒哲学体系，进行了实现世界统一性的探索，在认识论、方法论、目的论上给后人以启迪。波义耳微粒哲学的最独特的地方就是同质微粒概念。这个概念可能源自"万物同根生"的基督神学思想。同质微粒概念是物理原子论的典型代表，它不同于一切化学原子论。化学原子论包括古希腊的德谟克利特、伽桑狄以及后来的道尔顿的原子论，其主要核心是原子不可分。而波义耳的同质微粒概念则强调原子是可分的。

波义耳是否真正建立起自己的机械论化学了？如果我们认定波义耳并非严格意义上的机械论，那么波义耳是否真正建立起自己的微粒化学呢？虽然说波义耳曾经试图用微粒哲学来解释我们今天认定的标准的化学实验，波义耳和牛顿都不是严格意义上的机械论者，由于波义耳和牛顿在宗教上都反对无神论，所以他们在世界图景的构造上都不可能完全依赖于机械论。对于波义耳的"硝石实验"，著名哲学家斯宾诺莎就明确指出波义耳对硝石实验的解释根本就不是建立在严格意义上的机械论上的。当代西方科学史的多名知名学者也支持这一观点。

库恩曾经认定波义耳试图摧毁任何意义上的元素理论，这也就是说，波义耳不仅要摧毁忒弥修斯的元素理论，而且还要摧毁菲洛波努斯的元素理论。我们现在知道，菲洛波努斯的元素理论是拉瓦锡的元素理论的原型，不断改进后的现代化学元素理论不但在我们当代的化学中至今尚未抛弃，甚至还是现代化学本体论的重要组成部分。学术界还有一些学者与库恩持相同观点。不过，波义耳在《怀疑的化学家》给出的证据并不多，出处仅下文一处：

（卡尼阿德斯继续说道）如要更直接地答复这项从金中导出的反对意见，我就必须告诉你，尽管我很清楚有一些比较严肃的化学家就像抱怨那些江湖术士或骗子一样地抱怨那些庸俗化学家，说他们过去所做的一切试图毁坏黄金的工作都纯属徒劳；但我的确知道一种溶媒（系我们的朋友所制，他打算不久以后就通知那些明智的学者），这种溶媒具有极好的渗透性，我虽不敢说自己十分谨慎且技艺不凡，但通过一些精心设计的实验却可以确认，凭借这种溶媒，我真正成功地毁坏了甚至是精炼过的黄金，并将其变成具有其他颜色和性质的金属体。若不是顾忌到某些正当的理由，我倒会在此对你描述我亲自做过的另外的一两个实验以说明，利用诸如此类的溶媒可从那些被某些较为审慎的而且经验较为丰富的炼金术士们断定为不能在火作用下分解的物体中分出一些成分并留下一些成分。这些例子都并不表明（我希望你记住这一点），金或宝石可以被分解成盐、硫、汞三要素，而只是表明它们可被变成一些新的凝

结物。(波义耳，1993：230)

然而在此还是谈谈我已对你给出过的一个更贴切的例子。这就要转回我曾就毁坏黄金的工作对你谈过的那些东西上来谈；正是这一实验促使我向你指出，即便可能存在着含盐的、含硫的、含土的这三种物质成分，即便其中每一种成分的组分都十分微小，而且在一起结合得十分牢固（打个比方，这就像水银碎珠一旦相互接触便立即合拢成整体一样），以致火和化学家常用的那些作用剂都不能充分地渗入其间以将这些组分分开；然而，这未必就是说，上述永久物体就是元素性的物体；因为在自然中很可能能够找到这样的一些作用剂，其组分可能有着这样一种大小和形状，恰好能够与这些看似元素微粒的某些组分发生牢固结合而留下其余的组分，这样，就可用这些作用剂取出上述微粒的前一类组分，所以，借助于使上述微粒的各种组分发生分离的办法，可破坏上述微粒的构造。(波义耳，1993：231)

在《怀疑的化学家》中，波义耳尽管谈及了很多炼金术实验，但波义耳真正持肯定态度的炼金术实验不多，"毁金"实验是其中最为典型的一个。"毁金"实验与斯塔基、波义耳、牛顿的"哲人汞"研究有关，不过，从现代化学来看，"毁金"实验是不可能真正获得成功的。尽管斯塔基一直坚信自己已经制备出"哲人汞"，但对于波义耳和牛顿来说，由于他们具有比较强烈的现代科学理性，他们对制备出来的"哲人汞"的确信程度多少打了折扣。

波义耳在《怀疑的化学家》中并没有对"毁金"实验的过程进行详细的说明。对于这一历史细节，纽曼和普林斯比的专著有过详细探讨，涉及这一历史情节的至今为止的唯一一篇中文文献（袁江洋，2004）虽然篇幅有限，但也比较完整地描述了这个故事。

关于"毁金"的实验，波义耳并没有真正公开过，但牛顿曾一度相信该配方的存在。在波义耳 1791 年去世以后，洛克曾经整理过波义耳的炼金术手稿，洛克是牛顿一生中少有的老朋友之一，牛顿曾经给洛克写信，最关心的就是波义耳在上面的引文中谈到的这个"溶媒"。洛克向牛顿提供了他所掌握的波义耳的配方以及波义耳给过的"红土"的样品。当然，牛顿对洛克提供的配方和样品不是很满意，牛顿回信说，洛克提供的配方和波义耳早年给过自己的配方完全一样，牛顿猜测波义耳还有更完整的配方。1692 年 8 月 2 日，牛顿还向洛克写了一封信，对他和波义耳在哲人汞的学术交流问题进行了回顾，由于这封信从未在中文文献中出现，本书提供这封信的部分内容：

首先，需要道歉的是，我上个星期没有送走您的论文。通讯员走了一个小时以后，我才知晓你要我送信。我对你拥有配方的完整的三个部分很高兴；但在你在这个事情上工作之前，我请求你考虑这些事情，因为这说不定可以节省你的时间和代价。这个配方就是我要你考虑的事情，波义耳先生在议会的一项反对增效剂①（multipliers）的法案中获得了这个配方。但直到现在的全部时间内，我都没有发现他自己曾经试验过这个配方，其他人也没有一个成功地试验了这个配方。当我带有怀疑意味地谈到这个配方的时候，他承认他没有看到过这个配方被成功地试验；但他补充说明了，一个特定的绅士正在试验这个，而且每一个工作得到了相应的进展，（嬗变）的每一个现象都出现了，所以我不需要怀疑这个。这个配方中的汞确实令我很满意，它在试验中改变了自己的颜色和性质，但是金没有相应地得到增效；更让我起疑的是，我在一些年前听说过一伙人正在伦敦进行这项工作，在波义耳把他的配方交流给我以后，我知道这个配方与这伙人干的事情是一样的。我咨询了一下他们的情况，我了解到他们中的两个人已经被迫从事别的行业来维持生计，而第三个人，也就是最主要的那个艺术家②，现在依旧在工作，但已经深深陷入债务之中，只能艰难度日；在这个背景下，我明白了这些人不可能获得真正的成功③。当我和波义耳先生谈到这些绅士的时候，他承认这个配方已经在多位化学家之间散布开了，因此我准备继续等待，直到我听到他们当中的一些人获得了成功。

但是，如果我在某些时候试验这个配方的时候，我不会对波义耳保留自己的一部分知识，我对此感到自豪。我知道了比波义耳告诉我的东西更多的东西；通过这些，以及从他那里得到的一个或两个表述，我知道在不掌握比我所做的更多的知识的情况下，他告诉我的配方是不完美的和无用的。所以，只有我试图测试我是否掌握

① 增效剂与十七世纪英国炼金术的一个核心工艺“增效”有关，通过“增效剂”，哲人石的潜能得到加强，这使得它具有了使贱金属嬗变为贵重金属的能力。

② 牛顿所说的“这个艺术家”很有可能是斯塔基，牛顿对这个人的描述与斯塔基的真实生活状况大致符合。

③ 牛顿的言下之意其实很简单，如果这三个人具有真正的配方的话，他们就具有使低贱金属嬗变为贵重金属的能力，也不会陷入债务危机之中。

足够的知识来制造与火一起变热的汞，我才会测试这个配方……
（Newton，1960：218）

　　在这封信的后半部分，牛顿反复强调自己对于"哲人汞"配方的优先权，并反复强调自己并不知道、也不想知道波义耳配方的全部。牛顿的这封信对于了解牛顿与波义耳之间的学术交流有着极其重要的价值。首先，可以肯定的是，牛顿和波义耳在"哲人汞"配方问题上有着长期的交流；其次，牛顿和波义耳之间可能存在着学术上的分歧和争论。普林斯比已经指出，波义耳的"哲人汞"实验操作与牛顿在手稿中记载的大致相同，牛顿实际上自己已经找到了波义耳的"哲人汞"。问题是牛顿是一个极具理性的大科学家，他对波义耳给他的配方进行了重复试验，发现效果实在和波义耳所说的相差甚远，"这个配方中的汞确实令我很满意，它在试验中改变了自己的颜色和性质，但是金没有相应地得到增效"。这说明牛顿试图使用现代科学的重复实验原则来检验炼金术，结果只能是令人失望的。波义耳显然默认了牛顿的这个说法，但或许是因为波义耳对于"哲人汞"的制备始终有着自信，波义耳告诉牛顿有三个绅士在做这个"哲人汞"，并且即将获得成功。这或许还可以看成波义耳对牛顿的一个安慰，因为在之后的几年里，波义耳实际上已经在《哲学汇刊》上发表过广告，用极其艰深隐晦的写作风格暗示了自己其实并没有获得真正的"哲人汞"。牛顿等了很久，变得有点不耐烦了，加上他听说伦敦其实还有一些绅士在研究这个配方，于是打听了一下这三位绅士到底是谁。结果令牛顿大为吃惊，其实这三位绅士都是炼金术士，而且不是已经转行，就是成为"二进宫"。由于牛顿始终比较信任波义耳的化学和炼金术的学术水平，加上他自己坚信元素可以嬗变，牛顿没有考虑到事情完全存在着另一种可能，那就是波义耳其实并没有具备使元素嬗变的能力。牛顿于是开始怀疑波义耳并没有向他提供全部的配方。实际上这有可能是一个误会。洛克在波义耳手稿中找到的配方完全有可能就是波义耳全部的配方。

　　结合牛顿晚年与洛克的几份信件，我们可以进一步了解牛顿早期对波义耳的哲人汞的配方的真实态度。1676年牛顿曾给伦敦皇家学会的秘书奥登伯格发了一封信，对波义耳的"哲人汞"提出了自己的看法和建议。奥登伯格最后把这封信转交给波义耳。早期科学史家对这封信的解读往往存在着偏差，例如在早期实证主义科学史学者看来，这封信表达了牛顿对神秘主义的怀疑，但事实并非如此。1675～1676年伦敦皇家学会的《哲学汇刊》曾发表了一篇署名为B. R. 的论文"水银与金的渐热"（B. R.，1675），描述了一种特殊制备出来的汞与金的结合，不但可以形成汞齐，而且有显著的放热现象。B. R. 显然是波义耳的姓名的缩写，这是波义耳为数不多（事实上，可能也是唯一的一篇）的炼金术研究的公开发表的论文，也是伦敦皇家学会的《哲学汇刊》登载的为数不多的炼金术研究论文。实际上，伦敦皇家学会在这个时候已经开始拒绝接受炼金术士的论文，但波义耳这个时候已经声名显赫，而且他的公众形象绝对不是炼金术士，皇家学会的《哲学汇刊》破例登载了这篇论文，但也有会员对这篇论文持有异议。波义耳在这篇论文中一改自己的写作风格，故弄玄虚，不公开他的这个特殊制备出来的汞的来源、配方，论文的结尾还是一个开放性的结局。伦敦皇家学会的秘书奥登伯格看完了这篇论文感到很疑惑，他发表了这样的评论，这篇论文里面什么都没说。牛顿看完波义耳的论文以后，写了一封信，通过奥登伯格转交给波义耳。这封信里面充满着英国人特有的含蓄风格，其具体含义至今仍存在着学术上的争议，不同的学者对于这封信的解读甚至是完全不同的。袁江洋曾概括了这封信的主要内容："在这封信中，牛顿表达了三层意思：其一，他对波义耳制得的哲人汞的效能表示了一定的怀疑；其二，他建议说，在未能对公开哲人汞制作方法所可能导致的社会与政治后果形成充分的认识并确保其无害性之前，不要公开发表哲人汞制作方法；其三，他认为，如果炼金术中的确含有真理，那么，哲人汞的制得则是探讨炼金术真理之过程中的一个最初的环节，因此，暂不公布哲人汞制作方法而继续探讨更深奥、更重要的真理，在一位哲人而言是一种明智之举。"（袁江洋，2004：292-293）结合牛顿后来的信件，可以看出牛顿的真实意思实际上是不要对公众公开，但应该对自己完全公开。因为牛顿对自己的判断力和道德准则极其自信，他认定只有自己得到全部配方，他既能在学术上给波义耳做出一个公正的判断，同时也避免配方的公开而导致的社会负面效应。在这封信里，牛顿用微粒哲学的概念来解释汞的渐热现象，他指出了"波义耳汞"被一种微粒①所饱和，这样"波义耳汞"的微粒比普通的汞更重，这样给了金的微粒一种强烈的冲击，金的微粒的运动速度明显增加，增加的幅度远远高于普通的汞能达到的。热就是这些更迅捷的微粒运动的体现。牛顿因此认定波义耳的这个实验没有什么很精彩的地方。牛顿的理解接近于现代科学对这个现象的解释。实际上，汞齐的生成过程总是伴随着大量的放热现象，用微粒哲学和机械论解释，至少从形式上说更接近于现代科学。

---

① 由于牛顿并不知道波义耳所用的"汞"的配方，所以牛顿自然也没有具体地定义这是一种什么样的微粒。

实际上，在牛顿致洛克的信件中提到的波义耳先生在议会的一项反对增效剂（multipliers）的法案中获得的配方到底是什么，学术界没有定论。但有个史料值得注意，那就是法案颁布的一年之后，也就是 1688 年，波义耳在《哲学汇刊》中曾登载广告：

> 在 1688 年 4 月，我想我自己不得不提醒民众注意，因为一些人的欺骗和不幸，我失去了如此多的随笔和其他的一些小册子，剩下的文本被腐蚀性的液体所毁坏，以至于好奇者从那时起，只能期待在我这里得到一点不完美和残缺不全的东西。（More，1941：75-76）

这里所说的好奇者，包括了大名鼎鼎的牛顿。波义耳在这则广告中，撤销了以前所登载的广告。波义耳实际上可能暗示着他在议会的一项反对增效剂（multipliers）的法案中获得的配方并没有什么神奇之处。

波义耳虽然热爱炼金术，但由于他具有强烈的怀疑精神，他比较敏锐地发现其实在很多实验中元素并没有发生嬗变，他对自己的炼金术配方并不十分满意。他喜欢花重金购买炼金术士的配方和手稿，曾经有一次被骗了一大笔钱。

在上面的一大段引文中，所说的"一些严肃的化学家"其实是指的十六、十七世纪的一些实验化学家，他们致力于原子论与元素论的综合。从原子论上说，他们的一些思想与现代化学原子论已经有明显的相似之处了，如森耐特的"似永久微粒"；同时，他们也不放弃元素论，开始逐渐意识到化学元素在化学反应中不能嬗变。波义耳在很多场合是支持"化学性微粒"的存在的，但由于波义耳要建立微粒论哲学，就必须假设所谓的"似永久微粒"是可以分解的。从这个意义上说，波义耳是不愿意承认"似永久微粒"在真正意义上是永久的。如果本书的读者读过纽曼和普林斯比的大作，会很容易猜到上面的引文中"一种溶媒"和赫尔蒙特的"万有溶剂"有一定关系，而这个"我们的朋友"多半就是波义耳很少在公开出版物中提及真实姓名的炼金术导师斯塔基。事实上，斯塔基一生致力于开发"万有溶剂"。事实上，波义耳试图利用自己的炼金术研究来反驳菲洛波努斯，由于波义耳并没有提供任何真正意义上的证据，波义耳的反驳显然是无效的。具有讽刺意味的是，波义耳往往是使用菲洛波努斯的实验来反驳三要素学说，而使用炼金术的实验来反驳菲洛波努斯，而波义耳实际上又经常使用三要素的概念来解释炼金术实验。

有些学者（主要是纽曼和普林斯比）为了将这些早期现代的原子论与道尔顿的现代化学原子论相区别，将其称为"化学原子论"（Chymical Atomism）。尽管在十六、十七世纪的化学文献中，"化学"这个单词的拼写确实是所谓的"化学^y"（英文为 Chymistry①，法文为 Chymie）。但"化学^y"与"化学"在本体论、方法论上究竟有什么本质的区别，纽曼和普林斯比似乎也没有给出一个完美的解释。从本书作者的研究看来，拉瓦锡的《化学基础论》似乎是一个分水岭，从这本书开始，"化学"这个单词的拼写，无论在英文还是法文里，都已经与现代英语、现代法语的"化学"单词（chemistry, chimie）完全一致了，而在拉瓦锡的《化学基础论》出版以前的化学著作中一般都是使用的"y"。至少从这一点来看，"化学^y"与"化学"的区别似乎并不像纽曼和普林斯比想象得那么显著。

波义耳显然对庸俗化学家的理论水平不屑一顾，但由于时代的局限，尽管波义耳在实验操作层面有着自己的卓越贡献，如发明了显示酸碱度的石蕊试剂，但从整体上说，他在大部分情况下还是不得不沿用庸俗化学家的实验方法。所以，他对庸俗化学家的工作（特别是实验操作上的工作）还是基本上持肯定态度的：

> 当然，当我在帕拉塞尔苏斯的著作中发现这位作者每每使得读者感到迷惑和厌倦的那些梦呓般的、莫名其妙的描述从一些极为优秀的、虽然他很少详加叙述但我一般都相信他确实掌握了的实验中被构想出来的时候，我不禁要想，化学家们在他们探求真理的历程中，的确与所罗门的塔希施船队（Solomon's Tarshish fleet）里的那些航行者们有着不无类似之处，这些人在结束漫长而枯燥的航行之后，不仅将金、银和象牙带回了家，也把猿和孔雀带回了家；因为有些炼金术哲学家（我不是指全部）的著作在赠与我们以一些可靠而有价值的实验的同时也塞进了一些理论，而这些理论，就像孔雀的羽毛一样，华而不实，毫无用处；或者说它们类似于猿类，即便看起来似乎有些头脑，也难免因不乏荒唐之处而流于愚昧，细想之下，在人眼中就变得十分可笑。（波义耳，1993：244）

在波义耳的时代，没有严格意义上的现代化学元素，但已经出现了一些相似的思想，如纽曼几乎在他自己写的每篇文献中都要谈及的十七世纪炼金术士、化学家森耐特，就提出过"似永久性微粒"这一概念。在十五至十七世纪，随着各种酸（特别是王水）的制备成功，包括金在内的金属都可以被

---

① 这一单词最近已收录到《牛津英语词典》，在该词典中成为一个词条，与词典 Chemistry 同时存在于一本词典里。

粉碎，这似乎给化学家提供一种能够彻底分解金属①的手段，但不幸的是，只要在酸溶液中，再加入其他金属（在现代化学中一般认定为金属活泼性更强的金属），原来的金属就又被置换出来，被置换出来的金属质量甚至和最初保持一致。这样，无论对于炼金术士还是化学家来说，必须要考虑到"各种金属微粒在化学反应前后保持性质不变"的可能性了。

现代化学元素概念是基于化学元素（对应于现代化学原子论中的"原子"）在化学反应前后性质保持不变的经验事实上建立起来的：

> 最后，我认为，倘若我们愿意考察化学家们的实验，我们就会发现化学家们的学说比之于逍遥学派人士的宗旨有着显著的优点。譬如，在精炼者们那里，有一种称为镪水析银法的纯化黄金的方法，他们在这种操作中，取三份银与四分之一份金（这种操作得名于此），通过熔化使之完全熔融，从而使得所生成的金属体有着一些新的性质，可以认为，在此组合作用下，金属体没有哪个可以感觉得到的组分不是由这两种金属共同构成的；然而，如果你将这一混合物投进镪水，那么，银将会在此溶媒之中溶解，而金则会落到装有镪水的瓶底，状若一种灰色或黑色的粉末，此后，这两种物体都可以再次被还原为先前的金属；这表明，尽管这两种金属是通过微小组分而相互混合的，也仍然保持着它们各自的性质：我们还可看到，即便将一份纯银与八到十份，或更多的铅相混后，置于灰吹盘中用火作用也可轻而易举地再次将它们完全分开。（波义耳，1993：88）

> 在上述前提下，我当然不会断然否认，可能存在着这样的一些粒子团，其中的粒子十分微小，且是极为紧密地聚集在一起，以致当由这类十分紧密的粒子团所组成的、种类不同的物体发生相互混合时，纵然所形成的复合物可能与这两种组分皆极不相同，但这两种微小的物团或粒子团仍有可能保持着其自身的性质，这样，它们就可能被分离开来，又变成混合前那种物质。譬如，当金和银以某一适当的比例（如采用其他比例，精炼者则会告诉你实验将会失

---

① 当时的化学家往往对酸的作用寄予了厚望，如波义耳和牛顿为了证实其微粒哲学，也使用酸作为实验手段，试图"毁金"，但从现代科学的角度来说，波义耳和牛顿无疑是使用普通化学的实验手段来实现只有现代核科学技术（如轰击原子核）才能实现的目标，波义耳和牛顿的理想远远超出了他们实际的实验技术水平，无疑只能得到失败的结局。

败）熔在一起后，利用镪水可使银溶解，而金则原原本本地留了下来；正如你以前所说，借助于此种方法，可从这种结合物中重新得出先前的那两种金属。（波义耳，1993：92）

波义耳的微粒哲学的核心内容大致如下：

（1）构成一般物体乃至于整个世界的"基本砖块"是同一种粒子——"自然最小质"。

（2）这种粒子由上帝所创造，它们是实心的，有确定的大小、形状。

（3）上述同质粒子可凝结为"第一凝结物"第一级微粒，继之，又可由第一凝结物凝结成第二凝结物，并通过进一步的凝结形成更复杂的微粒乃至于物体。

（4）在一般化学、物理过程中，只有较大的微粒或微粒团可能会发生结构性的变化，但微粒团或微粒并没有发生彻底的分解。因此，较低凝结层次上的微粒在物理或化学变化过程中可维持其内部结构不变，从而表现出稳定的性质或特性。

（5）物体的某些性质，即通常所谓的"第二性的质"，如物体的颜色、气味、味道、溶解、性能乃至于化学反应性能等，取决于物体微粒的组成形式和结构。两种物体发生化学作用，是因为它们的微粒在结构上具有某种"适配性"。（袁江洋，2004：290）

波义耳思考了哲学思辨与实验的关系问题，至今仍有重大的启示。波义耳曾论述：

实验对思辨哲学的用处：①补充和纠正我们的感官；②建议一般和特殊的假说；③对解释进行说明；④化解疑问；⑤确证真理；⑥反驳谬误；⑦为有启发性的研究和实验及其熟练完成提供线索。思辨哲学对实验的用处：①设计全部或主要依赖于思想、概念和推理的哲学实验；②设计实验（无论是力学的还是其他的）来研究和试验；③改变或改进已知的实验；④帮助估计什么在物理上是可能的和可行的；⑤预测一些尚未尝试的实验的结果；⑥确定可疑的、看上去不明确的实验的界限和原因；⑦精确地确定实验的条件和关系，如质量、尺寸和持续时间等。（科恩，2012：181-182）

关于波义耳是否现代化学元素的创始人，学术界有着广泛的探讨，可以肯定的是波义耳反对的是哲学元素论，但没有建立起现代意义上的化学元素论。十八世纪建立起来的化学元素论的一个要点是承认元素至少在化学反应中不能嬗变，这是与波义耳试图实现金属嬗变的炼金术的目标是矛盾的，所以波义耳并没有建立现代化学元素论。但在《怀疑的化学家》中，波义耳对现代化学元素论的前身——十七世纪版本的"似永恒微粒"的化学原子论是不反对的。

在波义耳之前，十六、十七世纪已经有着"火微粒"的概念了，如伽桑狄就是用火微粒来解释物质的物理状态，不过在化学领域中，真正使"火微粒"成为一个化学上的概念的第一个化学家是波义耳，波义耳也被称为"火的化学家"。波义耳在《怀疑的化学家》中提出"火微粒"是新的复合物形成的动力学机制：

> 其次，倘若我们今天的一些哲学家所复活的那种源自留基伯、德谟克利特以及古代的另一些善于分析的先导们的见解是正确的话；这种见解是说，我们日常生活中的火，诸如化学家们使用的火，是由众多的快速运动着的微小物体组成的，由于它们十分微小，且可快速运动，以致它们能够穿过一些最坚固、最密实的物体，甚至可穿过玻璃；（我是说）倘若这种见解是正确的话，那么，鉴于我们发现在燧石和其他一些凝结物中，其火成分是与其较粗大的成分结合在一些的，我们便不无理由推测，当许许多多的这样的火微粒沿着玻璃的微孔穿过玻璃之后，它们就有可能能与受其作用的结合物的种种组分发生结合，并和这些组分一道组成一些新种类的复合物，这取决于被分解物体的各种成分的形状、大小以及其他特性是否恰好适于同上述火微粒发生这种结合；倘若我们进而假定，火有种种微粒，它们虽然都极其微小、都在作高速运动，但并非全都有着一样的大小和形状，那么，就可能能与受作用物的成分发生多种结合：又，要不是我还要对你谈起一些更重要的思考，我倒是还可以对你举出一些具体的实验以支持我刚才谈到的那些东西，正是这些实验促使我想到，当火直接作用于某些物体之时，火的微粒确有可能同物体发生结合，并导致增重。然而，我并不敢断定，用火作用封于玻璃容器内的物体时，火微粒真能自行穿过玻璃物质进入容器引起增重，因此，我还是就此打住，继续谈我所要谈的东西。（波义耳，1993：126-127）

不过，波义耳并没有确定"火微粒"是一种与化学元素完全相同的物质，波义耳常常将光微粒与火微粒视为相似的微粒。他曾在密闭容器中煅烧金属并发现金属增重，并推断说火微粒可穿过玻璃壁与金属发生了结合。火微粒虽极其细微，但其引起的质量变化却可以测量，这说明火微粒对应于较高的微粒层级。

波义耳建立了气体化学中的"弹性"概念，这个概念在十八世纪的气体化学中得到了广泛的应用。在 1660 年出版的《关于空气弹簧及其效应的物理》一书中，波义耳探讨自己的弹性概念：

> 可以设想，靠近地面的空气是一堆彼此紧挨着的一个个细小物体，就像一团羊毛那样。它由一条条细长的纤毛组成；每一条都确实像一个小弹簧，容易弯曲和卷绕；但亦像一个弹簧那样，依然有把自己伸展开来的能力。虽然这些纤毛以及我们拿它来做比喻的空气微粒，确实能够产生外部压强；而两者都赋有一种自行膨胀的能力；依靠这种力量，虽然可以用人手把这些纤毛折弯和把它们挤压在一起，并且把它们塞进一个最适应物体本性的最狭小空间里去，然而，在受压缩的时候，那些纤毛依旧力图向外挣扎，由此它持续推斥着阻碍着它的膨胀的那只人手。当不同程度地把手放松以撤减外部压强之后，那原先受压缩的羊毛团即刻膨胀开来，或者说显示出它自己趋于恢复它原来较为松软和自由的状态，直到那个羊毛团或者重新达到它以前的尺寸，或者至少尽可能接近于把它压缩着的手所允许的大小为止。一种受挤压的干海绵的自行膨胀的能力，在一定程度上比一团羊毛要更加明显。然而我们还是选择使用羊毛团来做例子，因为它不像海绵那样是一整块物体，而是由许多细长而柔软的物体所组成，它们结合得并不牢固，就像空气本身看起来的那样。（关洪，2006：38）

尽管波义耳的自然哲学是否在十七世纪导致了一场革命这个问题还存在学术上的争议，但波义耳自己似乎对于这场革命的来临深信不疑。波义耳对自己所从事自然哲学事业的前景非常自信，他在与友人的信件中预言了自然哲学领域会有一个大的进展和变革：

> 化学家和物理学家罗伯特·波义耳在其 1656 年 11 月所写的一封信中也提到了革命：我告诉您一件很平常的事，您就会了解愚蠢的轻率的推断有可能使他疯狂到什么程度：某些寡廉鲜耻之徒竟然

把不可思议的荒谬的事物归咎于神灵，而毫不为之脸红。谈到消息的公开性，最近全面而完美的成功的消息仅仅限于在议会的大墙之内传播，以至于我现在只能抄录报纸，至多只能事先根据报纸去猜测。对于我们新的代表们将会证实什么、或者我们将会得到什么，我不敢妄加猜测，更不敢白纸黑字地写下来；我不会有所顾忌地只是承认，我的希望和恐惧都是有非常特别的动因的；我还可以无所顾忌地说，我据以预计会有时雨或猛烈的暴风雨来临的云彩，尚不是看不见的未凝结的水汽。至于我们的思想方面，我的确可以信心十足地预计，会有一场革命，通过它，神将会成为一个失败者，而真正的哲学繁荣也许会出乎人们的意料之外。（科恩，1998：113-114）

1706 年牛顿的拉丁文版《光学》在英国出版，这部物理学的不朽巨著不仅集中了牛顿的毕生光学研究的科学成果，其"疑问 31"以其与该书的其他部分不大相同的独特风格在当时就引发了很大的争议和反响，二百多年以后在科学史研究领域仍然是牛顿的全部著作中引用率最高的部分之一。在历史上对于牛顿的"疑问 31"均有着两种截然不同的理解。一种观点认定牛顿在"疑问 31"里将它的力学原理应用于化学中，这种观点在牛顿在世时就已经出现，至今在科学史界仍有很大的影响。例如，牛顿的信徒德萨吉利埃（John Theophilus Desaguliers，1683—1744）就持有这样的观点，并在这个思路的引导下做了大量的工作，包括使用吸引力和排斥力来解释化学现象以及磁、电现象。然而，由于牛顿的原文是这样的模棱两可，以至于完全可以做相反的理解。

> 物质的最小粒子可以由于最强大的吸引而黏聚在一起，组成效能较弱的较大的粒子；许多这些较大的粒子又可以黏聚成效能更弱更大的粒子；如此相继类推下去，直到终结于决定着化学操作和自然界物质颜色的最大粒子，它们通过黏聚又组成其大小可被察觉的物体。（牛顿，2007：252-253）

"直到决定着化学操作和自然界物质颜色的最大粒子"[①] 肯定了化学分析的可能性，即普通的化学分析只需要分析到最大粒子层面，而不必深入到同质微粒层面。这其实也是在肯定化学分析的有限性。

---

① 原文为 Until the Progression and in the biggest particles on which the Operation in Chymistry.

牛顿的一些话也让人容易产生这样的印象，即这种粒子力似乎可以转换为万有引力，或者说将万有引力定律做适当的转换或变形就可以适用于粒子力。"由于溶解在酸中的各种金属只吸引少量的酸，因此它们的吸引力只能达到与它们距离小的地方，像在代数学中正数变为零就开始出现负数那样，在力学中当吸引变为零时，接着就该出现排斥的效能"（牛顿，2007：253）。但牛顿的下面这段话明确地表示了这种粒子力不同于万有引力。

> 当铁的硝酸溶液把炉甘石溶解而析出铁，或者铜的溶液把渗在其中的铁溶解而析出铜，或者银的溶液把铜溶解而析出银，或者汞的硝酸溶液倒在铁、铜、锌或铅上，能把这些金属溶解而析出汞；所有这些是否证明了硝酸的酸粒子受到炉甘石的吸引要比受到铁的吸引强，受到铁的吸引要比铜的吸引来得强？（牛顿，2007：245）

这一段已经明确地告诉读者牛顿对于铁、汞、铜、银这些金属的二者之间粒子力是通过化学反应来进行判断的。如果 AB＋C＝AC＋B，那么 A 和 C 的吸引力大于 A 和 B。

而万有引力定律中的吸引力是与两物体的化学性质或物理状态以及中介物质无关，地球与月亮之间、人与地球之间的吸引力是一致的，其吸引力的大小由两者的质量和相互之间的距离决定，而粒子力明显是由化学反应决定。

二、斯塔尔学说与十八世纪法国盐化学

在十七世纪中期的法国，亚里士多德的四元素学说与帕拉塞尔苏斯的三要素学说得到了一定的妥协。具体的妥协策略是留下亚里士多德学说中的两个消极元素水、土，而舍弃亚里士多德学说中的两个主动元素火、气，加上帕拉塞尔苏斯的三要素盐、硫、汞，形成五要素学说。在当时化学家的著作中，要素"水"有时被称为"黏液"（phlegm），要素"汞"（mercury）有时被称为"精"（spirit），要素"硫"（sulphur）有时被称为"油"（oil）。信奉五要素学说的化学家的主要工作是通过化学分析，揭示世界上的形形色色的物质是由五要素组成的，通常使用的方法是使用火对植物进行蒸馏，而得到不同的产物。化学家把这些不同的产物视为五要素，例如，化学家把接收器收取的无生气的流体视为黏液（即要素水），而把收取到的不与黏液混合在一起的流体视为油（即要素硫），化学家把具有不同气味的流体称为精（即

要素汞），保留在蒸馏仪器中的溶于水的物质是要素盐，而不溶于水的沉淀物则是要素土。实际上从今天看来这种蒸馏手段实际上只是一种物理手段，将沸点不同的物质分离了出来。但在十七世纪却流行了相当一段时间。波义耳在《怀疑的化学家》中对这种方法进行了严厉的批判，指出蒸馏不过是把挥发性不同的微粒区分开来，而要素学说者所说的不同要素的微粒的挥发性有可能完全一样，因此蒸馏未必能将不同的要素分离出来；另外尽管火有时候能分离结合物，但有时候却是在加速结合；还有一些要素学说者眼中的结合物，例如金，无论使用多么剧烈的火来进行分解，也没有发现金在固定性或质量上有可能察觉到的变化，更不用谈把金分解为元素或要素。（波义耳，2007：31-40）与波义耳同时代的法国化学家并没有完全接受波义耳的微粒哲学，甚至不同意波义耳对要素学说与旧的（亚里士多德）元素学说的批判。但应该说，波义耳对要素学说与旧的元素学说的批判是很有力的。波义耳尽管没有创造一个新的世界，但确实摧毁了一个旧的世界。法国皇家科学院的化学家们尽管没有完全接受波义耳的理论，但在了解到波义耳对旧的化学的批判之后，也逐渐认识到旧的化学中存在着的逻辑混乱之处。法国皇家科学院的化学家尼古拉·莱梅里（Nicolas Lemery）与洪伯格（Wilhelm Homberg，1653—1715）都曾经去过英国，和波义耳有过交流，他们实际上接受了波义耳对旧的要素和元素学说的批判。法国皇家科学院的化学家逐渐摒弃了旧的要素和元素学说，而逐渐发展成新的、接近于现代化学的元素学说，为拉瓦锡的化学革命奠定了坚实的基础。

1669年，丰特奈尔（Bernard Le Bovier de Fontenelle）对化学学科的"精神"提出了自己的看法，他对化学与物理进行了比较，他认定：

> 通过可见的操作，化学将各种物质分解为特定数目的天然的、真实的要素，例如盐、硫、汞等。物理对于原理做的与化学对于物质做的一样。物理将原理分解为更简单的原理，……化学的精神是更混杂的，更稠密的；这种精神有点像结合物，就像结合物中的不同要素之间是混合起来的，而物理的精神则更清晰、更简单、更通畅，最后，它走向事物的起源，而化学的精神则无法走到终点。
> （Bensaude-Vincent，2009：35）

丰特奈尔作为法国皇家科学院的常任秘书，他对化学和物理的比较实际上代表了很多化学家的观点。从这里我们可以得知，在十七世纪，化学尽管地位较低，但科学家已经意识到这是一门与物理学有着明显差异的学科。

普林西比（Lawrence M. Principe）曾指出，如果将 1675 年与 1725 年化学的状态进行比较，会发现这两个时期的化学形式、目的、实践与内容有着极显著的差异，这 50 年间化学学科发生的变化是基础性的，其程度并不亚于 1760 年到 1810 年[①]（Principe，2007：2）。普林西比的观点是有道理的，这段时期尽管在以往的科学史研究中被忽视，但在化学发展的历程中确实是一个极其关键的时期。在这段时间稍早的几年，发生了化学史上的一些重大事件。例如，波义耳的第一版《怀疑的化学家》出版于 1661 年，法国科学院成立于 1666 年（1699 年改名为法国皇家科学院[②]），而且法国科学院在成立的时候就把化学研究作为科学院研究工作的重点。在 1666 年的最后一天，国王的御医、巴黎科学院的第一代化学家杜克罗[③]（Samuel Cottereau Du Clos，1598—1685）提出了一个化学研究的计划。这个计划可以理解为历史上国家科研机构的第一次化学研究计划。在这个计划中，杜克罗对火的作用提出了质疑。他提出了 20 个问题，其中最普遍的问题是：

是否能够使用化学的方法将自然结合物的要素分解为某些分离的部分？

是否能够不引入新的形式而使用化学的方法来发现这些结合物的不同部分的形式？

分解这些结合物的外在的火是否会给结合物的不同部分以新的形式？

火是否是一个适当的和充分的方法，将结合物最终分解为简单部分，而这些简单部分是分解顺序中的最终与自然组成顺序的最先？　（Holmes，2003：44-45）

杜克罗提出的这些问题反映了当时欧洲化学发展中的焦点问题。火作为一种分解要素的手段，不仅在波义耳看来存在着很多问题，而且也是很多其他要素学说化学家怀疑的对象。当然，杜克罗对火作为分解手段的质疑的出发点可能与波义耳不同。波义耳对当时火作为一个近乎万能的化学分解工具的批判来源于他的否定式的启发法，甚至可能也是在某种形式上为他的微粒

---

① 即通常所说的拉瓦锡化学革命的前后 50 年。

② 毫无疑问，法国皇家科学院（Académie Royale des Sciences）是十七世纪末直至整个十八世纪化学学科的中心。1699 年，重组后的巴黎科学院为化学学科安排了永久的研究岗位。值得注意的是，这里所说的"化学"与以往的医学与药剂学有着明确的区别。这在历史上可能是第一次。

③ 杜克罗是一个赫尔蒙特学说的信奉者，他认为化学分析可以最后分析出五种成分：黏液（phlegm）、精、油、盐与土（earth）。因为相信能够找到一种溶剂将盐、硫、汞分解，于是他并不把盐、硫、汞视为一种要素。他并不相信当时大名鼎鼎的波义耳的微粒学说，他曾仔细阅读过波义耳的专著，并在 1668～1669 年提交过一篇报告。在报告中，杜克罗批评了波义耳的微粒哲学以及其对化学知识与技巧的缺乏。

哲学辩护，而杜克罗对火的批判则是因为他是一个赫尔蒙特学说的追随者，他更喜欢使用万能溶剂来作为化学分解的手段。他和巴黎科学院的第一代化学家中的另一个代表布德朗（Claude Bourdelin，1621—1699）合作，对以往化学家的蒸馏方法进行了改进。他们将植物用水浸泡使之变软，然后通过不同的温度进行蒸馏。为了保证在蒸馏过程中对植物的组成部分没有破坏或废弃，他们对原材料与最终产物的质量进行称量，并计算总重。这是现代化学精确定量方法的雏形。到了十七世纪，五要素学说的生存状况越来越受到冲击，尽管要素学说的化学家并不甘心失败，但"金属矿物无法分解出五要素"的事实已经被无数次实验所验证，植物的蒸馏则成为证明五要素学说的唯一途径。然而，在巴黎科学院的第一代化学家去世之后，下一代的化学家对蒸馏这种方法的兴趣开始明显下降，甚至对这种方法产生了反感情绪。路易·莱梅里（Louis Lemery，尼古拉·莱梅里的儿子）1719年指出植物的蒸馏明显改变了结合物（即植物）的组成成分。蒸馏这种方法在十八世纪上半叶逐渐被溶剂萃取方法所逐渐取代。

法国科学院的第二代化学家为尼古拉·莱梅里与洪伯格。尼古拉·莱梅里是一个机械论者，他虽然也采用微粒概念，但他的微粒概念与波义耳有很大的区别。在他的微粒理论中，酸的原子之所以能使皮肤产生刺痛感是因为它长有锋利的尖刺。而碱是一种孔隙极多的物体，酸的尖刺刺入碱的孔隙后会被折断，失去了尖刺之后，酸失去了使皮肤产生刺痛感的尖刺，这就是尼古拉·莱梅里对酸碱中和反应的解释。尼古拉·莱梅里的理论充满了暴力色彩，与牛顿强调和谐的亲和性概念形成了鲜明的对比。尽管尼古拉·莱梅里的化学理论被评价为非常粗陋，但是他编写的化学教科书《化学教程》（Cours de Chimie）却是当时欧洲最流行的化学教科书。尼古拉·莱梅里早期支持五要素学说，但是在1683年第五版的《化学教程》中却区分了"自然要素"与"化学要素"。"自然要素"实际上指的是普遍要素或哲学要素，即亚里士多德的四元素、帕拉塞尔苏斯的三要素以及十七世纪流行的五要素。尼古拉·莱梅里指出，"自然要素"只不过是哲学家的自负，它从来都没有得到任何证明；而"化学要素"尽管只是我们有限的、不完美的化学分析的产物，但是它们是实在的，是我们的化学工艺的坚实的基础（Kim，2003：62）。尼古拉·莱梅里对于两个要素的区分反映了当时法国化学发展的状况。旧的要素学说由于其自身的缺陷越来越受到质疑与冷落，化学家越来越愿意将实验室中化学分析能够达到的终点作为化学的元素或要素，而哲学意义上的要素与元素概念则渐渐消逝。这为拉瓦锡的化学革命奠定了基础。

在法国皇家科学院的早期，化学家洪伯格也为化学学科在法国皇家科学院学术地位的确立做出了杰出贡献。他在英国曾做过波义耳的助手，对波义耳的微粒哲学很熟悉。洪伯格的化学实验方法明显不同于法国科学院第一代化学家杜克罗和布德朗，他不热衷于植物的蒸馏实验，而热衷于使用火镜进行金属的煅烧实验以及盐化学实验。他使用的是从德国购买的契恩豪斯[①]（Tschirnhaus）火镜。契恩豪斯火镜是一个直径为三英尺（1 英尺为 0.3048米）的凸透镜，由于其尺寸大于普通的凸透镜，所以威力强大。洪伯格期望使用这种火镜能将金属分解为微粒。他首先使用完美的金属进行实验，结果令他很满意，金与银在火的照射下成为一种"挥发性"的金属。他提出一个理论：金是由汞、金属硫与一种土构成的。金比银更完美的原因是金里面含有固态硫。很明显，洪伯格的理论是支持炼金术（chrysopoetic）的。普林西比通过研究也指出洪伯格在 1715 年去世前一直积极从事炼金术研究（Principe，2007：8-9）。

德国医生和化学家斯塔尔（Georg Ernst Stahl，1659—1734）十八世纪初在德国药剂师和化学家贝歇尔（Johann Joachim Becher，1635—1682）的化学思想的基础上，首次使用"燃素"概念来解释（现在看来是）金属的氧化和还原反应，发展了完整的燃烧理论，即斯塔尔学说，一般被看作人类历史上第一个系统的化学理论。斯塔尔继承了贝歇尔的"四要素"的化学思想，即自然界的物质均有水、玻璃状土、易燃土（油状土）、汞状土这四个要素所组成。斯塔尔后来将易燃土改称为"燃素"。与波义耳相似，斯塔尔也有着一套复杂的自然哲学（Chang，2002a：31-64. Chang，2002b）。斯塔尔学说在十八世纪流行了至少半个世纪，最后被拉瓦锡的氧化理论所彻底推翻。莱斯特（Henry M. Leiseter）在《化学的历史背景》中同意把燃素说赞美为"它是化学领域中第一个把化学现象统一起来的伟大原理"（莱斯特，1982：135）。莱斯特对斯塔尔的燃素说给予这么高的评价，也被其他的一些著名科学史家所一致认同。例如，高夫（J. B. Gough）认为斯塔尔领导了一场关于化学组成的革命，即认定化学研究的原则就是通过把化学物质分解

[①] 契恩豪斯（Ehrenfried Walther von Tschirnhaus，1651—1708），德国数学家、物理学家、哲学家、光学仪器生产商。契恩豪斯可能是西方世界中第一个能够独立地制造瓷器的发明家。尽管在古代中国，瓷器生产的历史要远早于契恩豪斯所处的年代（十六世纪），但在漫长的古代，欧洲一直都没有真正获得瓷器生产的全部工艺，十六世纪下半叶，德国已经能仿造中国的瓷器并达到大致相当的工艺水平。在光学仪器领域里，契恩豪斯继承了德国人在工艺和技术上的传统优势，成功制成在他所处年代技术最为先进的凸透镜。他晚年成为法国皇家科学院的正式成员。

（analyze）成各种组成成分以及通过各种组成成分来合成（synthesize）化学物质的方法，来研究化学物质是如何被组成的。这场革命摆脱了波义耳、牛顿把化学变为机械论哲学的一个分支的倾向，使化学成为一个独立学科（Gough，1988：15-33）。而这一切最终是通过燃素这个核心概念来形成的。尽管西方很多学者指出燃素概念只是斯塔尔学说的一个组成部分而并非全部，但他们所说的"斯塔尔学说"往往是泛指的，即十八世纪的斯塔尔学派的各种化学理论的总称，不特指斯塔尔本人，而更多指的法国化学家的盐化学。但就斯塔尔本人来说，燃素即使不是唯一的核心概念，也至少是其中的一个。

以下是他对化学的基本看法：

（1）化学是一门关于将结合物（mixt）、复合物（compound）、超复合物（aggregate）分解为它们的组成要素，并利用这些要素化合成它们的技艺。[分析原则]

（2）要素组成结合物[二元体，当时确认的是金、银以及他说的普遍酸（硫酸）]，结合物组成复合物，复合物混成超复合物。

（3）要素可以先验方式定义，也可以以后验方式确定，即化学分析的最后产物。

（4）化学要素系由矿物分析而得到，如帕拉塞尔苏斯盐、硫、汞三要素，又如另一些化学家所说的盐、油、精、黏液和土。其中黏液不过是纯粹的水。

（5）现在的要务在于区分结合物与复合物。为此化学家要重点研究结合物及其要素，弄清楚结合物的要素。对此，赫尔蒙特说结合物的要素只有一种——水。贝歇尔说结合物的要素包括水和三种土，即玻璃状土（类似于盐要素，体现物体的固体性质和固定性；principle of fixity and solidity）、可燃土（类似于硫要素，对应可燃性；principle of combustibility）、汞状土（类似于汞要素，对应于挥发性；principle of volatility）。[要素-性质对应原则]

（6）燃素（Phlogiston）为一切可燃物体，包括可燃的非金属物体和一切金属，共同含有。在燃烧过程中，可燃物体释放出燃素；而在化合过程中，燃烧产物或金属灰获得燃素，还原成原先燃烧所用的非金属或金属。（Leicester and Klickstein，1952：58-63）

尽管斯塔尔学说取得了第一次把化学现象统一起来的巨大成就，但其学说中的错误也是很明显的。尤其在硫和硫酸这个问题中，他的观点相对于波义耳的正确见解可以理解为一种倒退。斯塔尔学说有两个核心实验，一个是汞（金属）的煅烧和还原实验（也是拉瓦锡的核心实验之一），另一个是硫

（非金属）的燃烧和人工组成（即通过硫酸和燃素组成硫）实验。

据柏廷顿（J. R. Partington）的考证：

> 1697 年，斯塔尔"证明"硫是硫酸（元素）和燃素的组合物：硫黄燃烧有火焰（因为燃素逸走），生成硫酸（斯塔尔使人注意硫酸的直接生成）：硫黄＝硫酸＋燃素。如果我们能把燃素重新放回硫酸中，我们就会得到硫黄。为了防止酸挥发，首先用钾碱"固定"，所得的盐（硫酸钾）同木炭（富于燃素）一起加了，生成暗褐色的物质，与用钾碱和硫黄共熔所制取的"硫肝"完全一样：
>
> （硫酸＋钾碱）＋燃素＝硫肝[①]；
>
> 硫黄＋钾碱＝硫肝。
>
> 从这些实验马上可以得到：
>
> 硫酸＋燃素＝硫黄。（柏廷顿，1979：94）[②]

在《普通化学的哲学要素》（Stahl，1730）[③] 一书中，斯塔尔指出化学的主要工作就是把组合物分解成要素以及通过组合这些要素来合成组合物。他提出了一个"普遍酸"理论，即存在着一个普遍的酸，自然界所有种类的酸都来源于这个"普遍酸"，或包含这个"普遍酸"，或是这个"普遍酸"修改的产物。斯塔尔把硫酸（矾油）视作"普遍酸"。在斯塔尔的化学体系中，硫酸比硫简单，硫酸是水和玻璃状土的合成物，而硫是硫酸、玻璃状土和沥青的合成物，硫比硫酸复杂（Oldloyd，1973：45-46）。斯塔尔指出在他写此书之前，昆克尔（Johann Kunckel，1630—1703）和波义耳（Robert Boyle，1627—1691）都曾指出硫酸可能比硫复杂（Stahl 1730：157），昆克尔更是明确指出他的实验是从硫酸中得到硫的过程是"分离（seperation）和还原（reduction），而不是结合"。斯塔尔提到了波义耳"分解出普通的硫"的实验，"波义耳先生做了一个实验，在锑渣（regulus of antimony）或者锑本身（antimony itself）中获得了大量的真实的、普通的硫"（Stahl，1730：157）。然而这种观点是斯塔尔不能接受的：

---

① 硫肝是指硫的红色组合物，"肝"是指硫的组合物的颜色和肝脏一样是红的。

② 说明：将原译中的"史塔尔"改译为更常用的"斯塔尔"；将原译中的"化合物"改译为"组合物"；未使用原译中的燃素符号，而直接使用"燃素"。

③ 斯塔尔的著作多为德语和拉丁语所写，又充斥着大量晦涩的炼金术符号、语言，仅有一本著作《普通化学的哲学要素》被同时代的英国化学家肖（Peter Show）翻译为英文版并在 1730 年出版。

不管"普通的硫"（现代化学所说的硫单质）的来源是怎么样的，对它的分析使它看上去总有一种组合的性质。

对它的一个普通分析方法就是爆燃，使它显示出两种不同的物质；它上升到空气的那部分可以形成盐的、腐蚀性的、收敛性的物质；留下少许固定的黑土。(Stahl，1730：156)

需要解释一下的是，"上升到空气的那部分"即硫的燃烧产物（二氧化硫），"盐的、腐蚀性的、收敛性的物质"即硫酸和硫酸盐。"少许固定的黑土"似乎可以理解为燃素的载体。

斯塔尔的"真正的硫"其实和帕拉塞尔苏斯的硫要素差不多，是一个类似于燃素的东西，它广泛地存在于炭、硫黄、松节油等可燃物质中。

斯塔尔承认四元素中的三个，即土、水、气，但在他的化学体系中，土占据很重要的地位，水其次，而气在他的化学体系中在盐的组成之外，所以气并不是一个要素。斯塔尔继承了贝歇尔的"四要素"的化学思想，即自然界的物质均由水、玻璃状土（vitrifiable earth）、易燃土（油状土，inflammable earth）、汞状土（mercurial earth）这四个要素所组成。斯塔尔在其著作中把玻璃状土、易燃土、汞状土分别称为第一、第二、第三种土。斯塔尔后来将易燃土改称为"燃素"，建立了完整的燃素学说。斯塔尔的化学体系只有四个要素，所以他的体系中的各种化学物质的组成基本上是相同的，化学物质的差异取决于各种要素在该化学物质中的比例，其中这三种土在该化学物质中的比例尤为关键。

斯塔尔的化学体系大致分三层。

第一层：结合物或第二要素（mixt，secondary principle）。这是最简单的一层，只有少数的化学物质属于这一层，如贵金属金、银以及普遍酸（硫酸）。结合物或第二要素由要素结合而成。贵金属由三种土依不同比例结合而成，如金由第二和第三种土结合而成，而银则由第一和第二种土结合而成(Stahl，1730：15)。普遍酸（硫酸）的组成为玻璃状土与水的结合。这一层的化学物质在斯塔尔的化学体系中可以理解为简单物质。

第二层：复合物或第二结合物（compound，secondary mixt）。结合物与结合物的结合或结合物与要素的结合组成复合物。第二层中最典型的物质就是硫。硫由硫酸（结合物）与可燃土组合而成，显然比硫酸复杂。

第三层：超级复合物（aggregate，supercompound）。这一层由两个或多个第二层物质，即复合物，组合而成。

斯塔尔的化学体系中第一层化学物质的组成最简单，可以理解为简单物质或元素，而第三层的组成最复杂，第二层和第三层化学物质可以理解为今天我们所说的化合物。欧尔德劳埃德（David Oldloyd）曾列表来显示斯塔尔的化学体系（Oldloyd，1973：45-46）：

$W =$ 水

$E_1 =$ 玻璃状土

$E_2 =$ 易燃土

$E_3 =$ 汞状土

$W + E_1 \longrightarrow$ 普遍酸（即硫酸，以下用符号 U 表示）

$U + E_2 \longrightarrow$ 沥青（B）

$U + E_1 + B \longrightarrow$ 硫

$U + E_3 \longrightarrow$ 盐（砷的基础）

$U +$ 白垩土 $\longrightarrow$ 明矾

$U + E_3 \longrightarrow$ 海盐

$U +$ 金属 $\longrightarrow$ 硫酸盐

斯塔尔学说结合了本书所说的十八世纪元素论化学的两个元理论（分析原则与要素原则）。斯塔尔学说的这三种土来源于斯塔尔的老师贝歇尔，而贝歇尔的这三种土往往又被后来人视为盐、硫、汞三要素的变体：

玻璃状土＝盐＝固定和固体的要素（principle of fixity and solidity）

可燃土＝硫＝可燃性要素（燃素，principle of combustibility）

汞状土＝汞＝挥发性要素（principle of volatility）（Partington，1962：646）

在帕拉塞尔苏斯的三要素学说中，盐、硫、汞并非现代化学的具体的化学物质，而是针对一类化学物质的性质而使用一个要素对其负责。三种土在斯塔尔学说中的功能与三要素学说相似。因为打火石（flint）和石英（quartz）都很硬、很重，所以贝歇尔就认定打火石和石英中有一种纯净的物质对固体的性质负责，又因为打火石和石英加强热以后可以生成玻璃，所以把这种物质取名为"玻璃状土"，用以解释化学物质的硬度、固定性。与此相似，可燃土解释化学物质的可燃性、柔软性、潮湿性，汞状土则解释金属的光泽、柔韧性。

斯塔尔发现了可燃土（燃素）和汞状土（金属要素）的功能有相通之处，这也是他超越他的老师贝歇的地方。佩林（C. E. Perrin）曾对斯塔尔的这一发现过程做过经典的解说：

在他的那个时代，可燃物的分解过程被理解为作为它们的可燃性的来源——类似帕拉塞尔苏斯的硫要素的某种东西——的要素的失去。类似地，金属被确信含有一个普遍的金属要素，在金属煅烧发生分解时失去。斯塔尔对相反的过程——添加焦炭来"复活"金属而使金属灰还原——的考察使他对此理解深刻。每个炭球在被投入到加热的金属灰中后就被消耗掉（只剩下白灰），而金属灰则恢复成金属状态。斯塔尔断定炭一定有某个东西贡献于金属的构成；此外，因为这个过程对炭的作用与炭的燃烧一样，他推理出"这个东西"其实就是燃素。所以金属要素和燃素是同一的。（Perrin，1988b：57）

斯塔尔不仅把金属的煅烧和还原（复活）反应统一了起来，还把非金属（硫、磷）的燃烧和人工组成（即通过硫酸和燃素合成硫）反应统一了起来。这就是为什么莱斯特认为燃素学说是"化学领域中第一个把化学现象统一起来的伟大原理"。

尽管斯塔尔是一个德国人，但他的学说却于十八世纪在法国得到了重大的发展，相比较而言同时代德国虽然也有很多信奉斯塔尔学说的化学家，但绝大多数名气都不大。十八世纪法国涌现了一批优秀的化学家，其中包括吉奥弗瓦（Etienne-François Geoffroy，1672—1731）、鲁勒（Guillaume François Rouelle，1703—1770）、马凯（Pierre Joseph Macquer，1718—1784）、波美（Antoine Baumé，1728—1804）、贝托莱（Claude-Louis Berthollet）、德莫沃（Louis Bernard Guyton de Morveau，1737—1816）、弗可鲁瓦（Antoine François de Fourcroy，1765—1809）、文耐（Gabriel François Venel，1723—1775）以及化学革命的领袖拉瓦锡，其中大多数是斯塔尔学说者或曾经是斯塔尔学说者。斯塔尔学说能够在法国流行应该归功于吉奥弗瓦。1704年后，他在法国皇家科学院发表了多篇论文，支持斯塔尔及其学说，使斯塔尔学说在法国能够得到传播。他在1704年发表论文"通过再组合硫的要素以重新组成普通硫的方法"（Geoffroy，1704：278-286），不仅再一次"证明"硫可以由矾油（硫酸）和燃素组成，而且他还自称发现了组合硫的新方法（Kim，2008：27-51）。

吉奥弗瓦回顾了波义耳和格劳伯（Johann Rudolf Glauber，1604—1670）的工作以及他们两人之间的争论，指出他们采用了不同方法来"组成"（composer）普通的硫。这其实与波义耳的原意是相反的，波义耳的原意是分解（decomposer）出硫，"波义耳的过程是这样的，将矾油和松节油的混合物进行蒸馏，首先成为一种与松节油有点不同的油，然后成为一种有点酸的液体，微白色，浑浊，在液体的深处沉淀了一种黄色的粉末，那就是普通的硫。"（Geoffroy，1704：283）而格劳伯的过程则与波义耳有所不同，他用的是"格劳伯盐"（硫酸钠）和木炭粉，然后把混合物放在坩埚里用强火灼烧，可以闻到一种强烈的硫黄味。格劳伯声称在他的操作下得到的硫不过是炭的硫。于是波义耳和格劳伯发生了一点争执。对于这个争执，吉奥弗瓦则认为"其实他们两个都弄错了"，"普通的硫既不存在于矾油盐（硫酸盐）中，也不存在于分离的油素中，它只存在于两者的结合中"（Geoffroy，1704：284）。对于波义耳可以从硫酸中分离出普通的硫的观点，吉奥弗瓦给予了明确的否认，并认定硫只能存在于矾油盐和油素的结合中。而油素则是燃素的载体（炭、松脂油等），这样吉奥弗瓦对普通的硫的定义无疑是斯塔尔学说（即硫＝硫酸＋燃素）的翻版。

吉奥弗瓦于 1718 年在法国皇家科学院的学术杂志上刊登的亲和性表（表 2-1），一般被认为是第一张完整的亲和性表（Geoffroy，1718：202-212）。

表 2-1　多种物质的亲和性表

Legend:
- ◄⤻ *Esprits acides.* ▽ *Terre absorbante.* ♀ *Cuivre.* △ *Soufre muncral.*
- ›⊖ *Acide du sel marin.* SM *Sub stances metalliques.* ♂ *Fer.* *Principe huilcue soufreFrincupe.*
- ›◐ *Acide nitreuce.* ☿ *Mereure.* ♄ *Plomb.* *Esprit de onnacgre.*
- ›◁ *Acide vitriolique.* ♁ *Rcgule & Antimaine.* ♃ *Etain.* ▽ *Eau.*
- ⊕ *Scl alcali fiae.* ☉ *Or.* ⌇ *Zinc.* ⊖ *Sel.*
- ⊕ *Scl alcali volatcl.* ☽ *Argent.* PC *Pierre Calaminare.* ᛦ *Esprit de vin at spries ardentr.*

这张亲和性表用现代化学语言表示如下（表2-2、表2-3）：

表2-2　多种物质的亲和性表（左边八列）

酸	盐酸	硝酸	硫酸	吸收性土①	碳酸钾、碳酸钠	碳酸铵	金属
碳酸钾、碳酸钠	锡	铁	油素或要素硫	硫酸	硫酸	盐酸	盐酸
碳酸铵	锑铅合金	铜	碳酸钾、碳酸钠	硝酸	硝酸	硫酸	硫酸
金属	铜	铅	碳酸铵	盐酸	盐酸	硝酸	硝酸
	银	汞	吸收性土		醋酸		乙酸
	汞	银	铁		硫		
			铜				
			银				
	金						

表2-3　多种物质的亲和性表（右边八列）

硫	汞	铅	铜	银	铁	锑铅合金	水
碳酸钾、碳酸钠	金	银	汞	铅	锑铅合金	铁	酒精和可燃精②
铁	银	铜	杂硅锌矿	铜	银、铅、铜合金	银、铅、铜合金	盐
铜	铅						
铅	铜						
银	锌						
锑铅合金	锑铅合金						
汞							
金							

油素或要素硫出现在表中的第四列的第二行，吉奥弗瓦本人承认这就是燃素，这一列的物质与第一行的硫酸的亲和性依次为：

油素或要素硫＞碳酸钾、碳酸钠＞碳酸铵＞吸收性土＞铁＞铜＞银，因此铜能把银从银和硫酸的组合物（即硫酸银）中置换出来，铁能把铜从铜和

---

① 克莱对吸收性土解释为碱性"土"，并举例为碱性氧化物或轻金属的碳酸盐（碳酸钙和碳酸铝）。

② 克莱认为"酒精和可燃精"主要包括酒精、其他可燃物以及挥发性的有机物。

硫酸的组合物（即硫酸铜）中置换出来，依次类推。与硫酸亲和性最强的物质为油素或要素硫。碳酸钾、碳酸钠是当时公认的苛性最强的碱性盐，而硫酸在当时又被公认为腐蚀性最强的酸，一般认为两者的结合是很牢固的，而吉奥弗瓦认定他通过上文所说的"组合"硫实验证明了油素或要素硫能将两者从结合状态分离，而使自身与硫酸结合。因此燃素（油素或要素硫）与硫酸的亲和性是最大的。吉奥弗瓦的亲和性表将当时化学的两个重大概念（亲和性和燃素）统一了起来，由于当时法语是国际语言，其影响力大于德语，而且法国皇家科学院也是当时公认的欧洲科学的权威机构，所以吉奥弗瓦的第一张亲和性表对斯塔尔学说在整个欧洲的传播起到了至关重要的作用。十八世纪法国和英国化学家真正接触到的燃素学说有可能大多是吉奥弗瓦修正后的版本。例如，普里斯特利早年并不知晓燃素概念，在读完马凯的《化学词典》以后才开始大量使用燃素概念，而马凯的《化学词典》关于"燃素"的解释主要来源于吉奥弗瓦的文献。

由于吉奥弗瓦在发表这张亲和性表以前曾去过英国，科恩（I. B. Co-hen）曾猜测他是一个秘密的牛顿主义者，萨克雷（Arnorld Tharkray）对科恩的观点有所强化，他不仅把吉奥弗瓦视为法国的牛顿主义者，而且他眼中的法国的牛顿主义者更包括了在吉奥弗瓦以后的法国著名科学家拉瓦锡、拉格朗日、拉普拉斯（Thackray，1970：90-92）。显然，科恩和萨克雷都将吉奥弗瓦的历史上第一张亲和性表默认为牛顿《光学》"疑问 31"的引申和发展。然而，科恩的"这张亲和性表受牛顿的启发"的观点遭到著名化学史家斯密顿（W. A. Smeaton）的反驳（Smeaton，1971：212-214），斯密顿认定吉奥弗瓦不是一个牛顿主义者。现在在化学史界比较公认的观点是吉奥弗瓦的亲和性表只是一个经验规律的概括，完成亲和性表并不需要深刻理解牛顿的引力与排斥力概念。这张亲和性表在化学史的发展历史中有着重要的地位，克莱（Ursula Klein）曾指出这张亲和性表是现代化学原子论以及化合物概念的起源（Klein，1994：163-204）。由于这张亲和性表的重要性，那么对于吉奥弗瓦是否是一个牛顿主义者这个问题的探讨对于很多重要的科学史问题的研究都有着重要的影响，这些问题包括：牛顿的学说在法国乃至欧洲大陆的传播；牛顿的学说对于化学学科发展与建制化的影响。尽管吉奥弗瓦是否是一个牛顿主义者这个问题在学术界存在着很多争议，但可以肯定的是吉奥弗瓦在编写历史上第一张亲和性表之前确实去过英国，而且当选为伦敦皇家学会的外籍会员。吉奥弗瓦与伦敦皇家学会会员斯隆（Hans Sloane）

的通信，是十八世纪初英国伦敦皇家学会和法国皇家科学院联系的一个纽带。吉奥弗瓦 1706～1707 年也曾向法国皇家科学院报告过牛顿的《光学》。值得注意的是，除吉奥弗瓦以外，整个十八世纪中有欧洲的很多自然哲学家试图传播与改进牛顿的自然哲学，并使化学这个以往被金丹术士占据的领域数学物理化。吉利斯皮（Charles Coulston Gillispie）曾指出由于斯塔尔化学这样的前牛顿科学比冷冰冰的牛顿科学更为人性化与浪漫，作为启蒙运动的代表狄德罗与文耐以此为契机，推动了一场反对数学与牛顿主义的运动；这与法国大革命时期雅各宾派的反科学与反理性是有关系的，而这种反科学与反理性最终导致了法国皇家科学院的解散与拉瓦锡最终被送上断头台（Gillispie，1959：255-289）。

斯塔尔学说自从一诞生，与化学家的经验之间的矛盾就很尖锐。为什么金属煅烧后，失去了燃素，质量反而增加了呢？而化学家的经验告诉他们分解后的物质，无论是其中哪一种，质量一般小于被分解的物质。理论与经验是存在矛盾的。斯塔尔也在 1718 年承认了这个经验事实，即金属灰得到燃素而还原成金属，金属灰的质量反而减轻。为了解决这个矛盾，斯塔尔本人曾做过一些努力。由于斯塔尔始终拒绝使用波义耳的火微粒（igneous corpuscles）理论，所以他要采取其他措施来解决煅烧后金属质量减少的问题。斯塔尔有时承认质量减轻的原因不能被确定；斯塔尔有时认定燃素在所有具体物质里面是最轻的；在其他时候，他试图给出这样的假设，即燃素在可燃物质的质量中只占据很小的部分。（McKie and Partington，1937：368）当然，最经典的解释就是"加入元素（燃素）即能减少质量"（柏廷顿，1979：95）。

根据麦克吉（Douglas McKie）和柏廷顿的经典研究（McKie and Partington 1937，1938a，1938b，1939），十八世纪的化学家对燃素的质量，一般会有三种不同的分类（Perrin，1983：109-137）：

（1）认定它有负质量。相信燃素为负质量的化学家一般称燃素的这种性质为"绝对轻性"（absolute levity），持这种观点的一般明确表示煅烧后的金属灰的质量增加不来源于其他物质（如生命空气、固定空气），仅来源于金属中燃素的失去。持这种版本的斯塔尔学说的化学家主要在德国，但名气与同时期的法国和英国的化学家相比较来说都不大，如长期在德国工作的瑞士化学家格伦（Friedrich Albert Carl Gren，1760—1798）。由于这种版本的斯塔尔学说与经验事实明显违背，所以即使有些化学家在短时期内相信，很快也会转向氧化学说或（2）、（3）类燃素学说，例如德莫沃、文耐①（Gabriel François Venel，1723—1775）。

（2）另一种为认定它有正质量，但是却是很轻的物质，至少比空气轻，但并不完全否认煅烧后的金属灰的质量增加可能来源于其他物质（如生命空气、固定空气）。燃素无论是（1）（2）这两种分类中的哪一种，都具有摆脱地心引力进入空气的能力，这种能力一般被称为"轻性"（levity）。

（3）认定它的质量为零或不可测量，持这种观点的化学家把燃素视作光、电、热等物理运动或能，也就是说煅烧后的金属的质量增加和燃素没有什么关系。这种版本的燃素学说实际上是在拉瓦锡 1777 年的氧化学说的燃烧理论提出以后才出现的。由于 1777 年拉瓦锡的汞的煅烧以及汞灰分解实验有力地反驳了天平范畴的燃素概念，所以继续燃素概念的化学家开始让燃素退出天平。持这种燃素观的化学家实际上已经接受了煅烧后的金属质量增加来源于空气或空气的某种成分的观点。另外，这种版本的燃素学说在氧化学说取得决定性胜利（1795 年）之后还继续存在至少 30 年，其中包括英国著名地质学家赫顿、英国著名化学家兼电化学创始人之一戴维。

虽然本节主要谈论法国化学，但同时代欧洲大陆其他国家的化学家的工作也是需要读者了解的。除了上文所说的斯塔尔之外，荷兰医生波尔哈夫也是十八世纪上半叶化学学科的一个标志性人物。波尔哈夫（Herman Boer-haave，1668—1738），荷兰医生、植物学家、化学家，1702～1728 年任荷兰莱顿大学医学、植物学和化学教授，是十八世纪欧洲化学教育的践行者。在他早年求学期间，牛顿的早期信徒皮特卡恩（Archibald Pitcairne）曾在荷兰莱顿大学做过一年的演讲，鼓吹过医学中的医学数学化（iatromathematical）道路，这可能对波尔哈夫产生了一定的影响。波尔哈夫熟读过波义耳、牛顿的著作，对他们的学术思想进行了批判性的继承，并试图以此来改善化学研究与教学。波尔哈夫能够熟练地操作真空泵、温度计等实验物理学仪器，这一点与他同时代的医学家是不太相同的。波尔哈夫积极地为化学的学术地位进行辩护，1718 年，他进行了一场公开的演讲，积极地为化学在学术中

---

① 十八世纪初期万物有灵论还是比较流行的，这种思想认定金属和人的身体都具有灵魂，金属失去燃素类比于人的身体失去灵魂，而当时一般认为人的身体失去灵魂则质量增加，由于金属失去燃素后（成为金属灰，失去光泽，变得疏松）与人的尸体有相似之处。这是文耐认定燃素为负质量的思想根源。

的地位辩护和呼吁。演讲的题目为"化学在自己的错误中净化"（Chemistry purging itself of its errors）。波尔哈夫承认目前化学的学术地位是岌岌可危的，与当时的实验物理学相比较来说，化学是粗俗的、缺乏成果的、为有识之士所疏远的。为了解决这一困境，波尔哈夫提出了两个途径，一为化学与炼金术中的神学达成联盟，二为将化学解释广泛地应用于医学之中。在化学的哲学进路问题上，他颂扬培根、波义耳、牛顿的哲学进路，批判帕拉塞尔苏斯和赫尔蒙特。

波尔哈夫将波义耳的微粒哲学与牛顿的物质与力的理论进行初步的综合，提出了新的关于火的理论，应该说，可以在波尔哈夫的火的理论中看到现代热力学思想的一些萌芽。波尔哈夫非常机敏地察觉到金属的煅烧产物在冷却后的质量其实和金属在煅烧刚结束时保持一致，他于是推断出，金属煅烧后的质量增加可能不来源于"火微粒"。波尔哈夫的成名作为《关于火的论著》，这部专著对波义耳的"火微粒"学说进行批判性的继承。波尔哈夫提倡将数学和实验物理学运用于化学研究中，这与法国科学院十八世纪初的化学研究道路基本上一致。早期的科学史研究往往在一定程度上忽略了波尔哈夫，但化学史的最新研究进展，已经充分揭示出波尔哈夫在现代化学教育发展上的重要贡献。

三、十八世纪英国气体化学

十八世纪英国的气体化学研究与拉瓦锡的精确定量方法是有一定的联系的，在拉瓦锡的论文里也可以经常见到英国化学家黑尔斯和布莱克的名字。英国植物生理学家和化学家黑尔斯（Stephen Hales，1677—1761）是世界上第一个收集和系统测量从固体和液体物质中释放空气的科学家。学术界一般认定黑尔斯第一个发明了集气槽（pneumatic trough），以后的化学家诸如普里斯特利、拉瓦锡可以使用这个集气槽或在其基础上的改进后的设备来收集各种气体。黑尔斯用实验证明，物质在加热后可以释放出大量的"空气"。然而，克罗斯兰德（Maurice Crosland）提醒我们，黑尔斯并没有意识到他收集到的是不同化学性质的气体，黑尔斯意识到的这些空气只不过是弹性不同的空气而已。（Crosland，2000：83）

图 2-1 和图 2-2 显示的是黑尔斯的最重要的实验仪器。黑尔斯为了检测"空气"（实际上是不同的气体）是否永久（permanent），就把"空气"用容

器倒置在水槽里，并加热空气，通过容器中液面是否上升来判断该"空气"是全部还是部分永久的（图2-1）。当然时间稍长"空气"常常会至少失去部分的弹性，即液面上升，黑尔斯就断定这种"空气"最多只有部分是永久的。事实上，液面是否上升主要取决于该气体是否溶解于水，显然黑尔斯是不知道这一点的，因此他的解释明显是错误的。

黑尔斯想到了空气如果添加了诸如"含硫烟雾"（sulphurous fumes）就可能失去弹性而不再永久，为了解决这个问题，黑尔斯发明了图2-2中的集气槽。曲颈瓶（rr）嘴放在一个倒置的充满水的容器（ab）里，并悬在一个盆（xx）里。"这样蒸馏的空气（实际上是化学反应产生的气体）通过水……酸精和含硫烟雾的大部分被截留而保持在水里。"（Hales，1727：105）黑尔斯的气体化学研究存在较多的缺陷与不足，但黑尔斯的气体化学研究以及装置对于几十年后普里斯特利和拉瓦锡的化学研究有着极大的启发与促进作用。

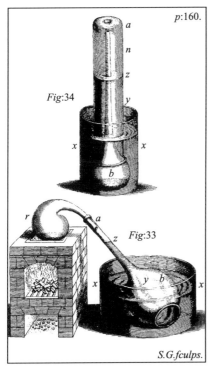

图 2-1　永久空气测试
（Hales，1727：160）

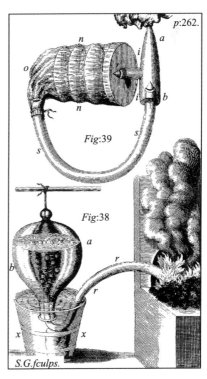

图 2-2　黑尔斯发明的集气槽
（Hales，1727：262）

英国化学家布莱克（Joseph Black）是二氧化碳（固定空气）的发现者，也是世界上第一个鉴别出新的不同于大气的气体的科学家。当然，由于认识的局限，布莱克仍然把他制得的二氧化碳视作一种空气。布莱克长期在爱丁堡大学读书和工作，是英国著名化学家和教育家库伦的学生和助手。布莱克1756年出版了当时最有影响的一部化学著作，名字为《关于镁的阿尔巴盐、生石灰和其他碱性物质的实验》（*Experiments upon Magnesia Alba，Quick-lime，and Other Alcaline Substances*）。镁的阿尔巴盐（magnesia alba）在我国的中译本中有时也翻译为白镁氧，即碳酸镁或碱式碳酸镁（柏廷顿，1979：102）。当时的一个医生霍夫曼把白镁氧（碳酸镁）作为一个泻剂，并认定白镁氧有着中和酸的作用。然而霍夫曼在实际治疗过程中发现一些患者吃了白镁氧（碳酸镁）之后出现胃气胀和胃痉挛的症状，所以怀疑其有毒性（Black，1777：4）。而这正是布莱克研究的起点。布莱克试图找到碳酸镁与碳酸钙之间的关系。因为加热碳酸镁得到的产物烧镁氧（magnesia usta，即氧化镁）的化学性质有些类似于生石灰，但腐蚀性和溶解度均不如生石灰。布莱克注意到了白镁氧在加热后质量减轻不少，他对此进行进一步的研究，发现将白镁氧放入酸里可以产生气泡，而将白镁氧加热后的产物烧镁氧（氧化镁）放入酸中则不产生气泡。白镁氧与烧镁氧两者之间的化学性质的差异有点类似于熟石灰与生石灰，于是布莱克又转向研究熟石灰与生石灰。在反复的实验研究之后，布莱克发现固定空气具有酸性，也可以改变碱性物质的苛性。"假如把生石灰同溶解的碱混合，它表现出对固定空气的吸引力超过对碱的吸引力。生石灰夺取盐中的空气，本身变成弱性的，而碱变得腐蚀性更大，或者说表示其天生的苛性程度即对水的强烈的吸引力。它被空气饱和时间越长，这种吸引力就越不显著。挥发性碱，如果除掉其中的空气，除了上述对各种物体的吸引作用外，同样表现出其天然的挥发度，原先这种挥发度由于它被空气固着，多少被抑制了，这正如被加入酸被抑制一样。"（柏廷顿，1979：103-104）

布莱克的固定空气研究可能在两个方面对拉瓦锡产生了重要影响：

（1）布莱克指出空气可以固定于固体之中，使得化学家开始考虑气体与固体之间如何转化的问题。布莱克实际上既继承了英国气体化学精确定量的优点，又克服了以往黑尔斯不注重气体的化学性质和英国化学较为忽视盐化学的缺点，是历史上第一个谋求统一法国盐化学和英国气体化学两大化学传统的探索者。某种意义上说，拉瓦锡实际上是继承了布莱克的衣钵，尽管拉瓦锡与布莱克并没有实际的师徒关系。学术界公认拉瓦锡所用的气体化学设备大多是英国气体化学家黑尔斯和布莱克当年所用实验设备的升级版和豪华版。有些学者把拉瓦锡的定量分析方法的来源和他在农业和财政上的工作①联系起来，这是吉利斯皮明确反对的。吉利斯皮认定拉瓦锡的定量分析方法的来源是布莱克，"拉瓦锡，一个巴黎人，在他成为一个绅士农场主和一个包税官之前，就研究过约瑟夫·布莱克"。(Gillispie，1960：232)

（2）布莱克"固定空气"的研究使得化学家明白空气也可以具有酸性，即二氧化碳和水的化学反应产物碳酸具有酸性，且二氧化碳能够减小生石灰的苛性。1770年以后，很多化学家因此得到启示，把空气和酸联系到一起。意大利化学家兰德安尼（Marsilio Landriani）首先提出将"普遍酸"从斯塔尔的硫酸改为"固定空气"，提出"空气酸"理论。贝托莱、普里斯特利、柯万都曾经是这个理论的忠实拥护者。化学家既然认为固定空气能存在于酸里面，那么也容易接受纯净空气存在于酸里面的观念，所以说拉瓦锡的酸理论与布莱克的固定空气研究也可能有一定的联系。

当然，对于拉瓦锡的氧化理论有着更直接和更重要影响的化学家自然是和拉瓦锡同时期的杰出英国化学家普里斯特利。普里斯特利在化学、电学、神学上均颇有建树，是十八世纪后期世界最有影响的科学家之一。他发现了氧气、一氧化氮、二氧化氮，这些重要的实验发现后来成为了拉瓦锡的氧化理论的实验基础。在普里斯特利的前半生，他把收入的相当一部分都花费在购买昂贵的电学实验设备和图书上，这使得他的自然哲学研究得以顺利进行下去。他在1770年前写就了《电的历史》，奠定了他在科学界的地位。但在1770年前后他的经济状况开始变差，无法支付昂贵的电学实验设备的费用，使得他无法继续进行电学实验。当时空气实验的设备的成本比较低廉，于是普里斯特利转换了研究方向，并很快取得了引人注目的成绩。为了节约钱，他大量使用厨房用具：一个陶器水槽，一个洗涤亚麻的器具，各种尺寸的壶与碟子，其中包括最普通的装茶杯的碟子、开水壶、水盆、蜡烛，甚至包括一个红烫的拨火棒和壁炉。家庭生活用品还为他提供了其他的东西，例如一个高的啤酒杯和一个烟斗（Crosland，2000：91）。当然，简陋的设备和恶劣的经济条件并不能阻碍普里斯特利的科学热情，同时他自己也动手制造实验设备，以改善其气体研究的条件。正如帕拉斯堪多纳（John Parascandola）和伊德（Aaron J. Ihde）所说的那样，普里斯特利是第一个全面地使用水银集气槽的化学家（Parascandola and Ihde，1969：351-361）。1772年，普里

---

① 即拉瓦锡对反应物与反应产物的关注来源于他熟悉的经济上的成本核算，而这种成本核算的方法即资产负债表方法（balance sheet method），持这种观点的学者认定拉瓦锡对化学反应前后的物质的质量的关注来源于他对农业和财政收入的成本和利润核算。

斯特利在伦敦皇家学会的《哲学汇刊》上发表了一篇重要的论文"各种空气的观察"（Priestley，1772a：147-267），描述了他收集气体的过程及其经验。他自己设计的集气槽如图2-3所示：

图 2-3　普里斯特利所使用的集气槽及其他设备（Priestley，1774：封面）

这张图列举了1772～1775年普里斯特利使用过的主要实验设备。其中包括：①一个大集气槽和许多玻璃瓶，在化学实验中收集气体。②一个大玻璃罩。里面养着一只老鼠，在下面的金属板有很多小孔，可以使老鼠得以延续呼吸。普里斯特利在空气实验中经常使用老鼠，其目的是验证空气的良好（goodness）程度。③验证植物能否在某种"空气"里存活的玻璃瓶。

普里斯特利通过这些实验设备收记到了很多气体，其中包括"硝气"（nitrous air，即一氧化氮）、"海酸空气"（marine acid air）、"碱空气"（alkaline air，即氨）、"硫酸空气"①（vitriolic acid air）、"燃素化硝气"（phlogisticated nitrous air，即一氧化二氮）与"脱燃素空气"（dephlogisticated

---

① 普里斯特利将金属与硫酸的混合物加热提取出硫酸空气。

air，即氧气）。普里斯特利使用燃素概念来区别这些"空气"，他1775年这样写道："我想，总的来说，下这样的结论应该是稳妥的，最纯洁的空气是包含着最小数量燃素的空气，空气是不纯的（正是因为这一点，我认为它不适合于呼吸和支持火焰）……燃素在这些空气中的含量有一个有规律的顺序：从脱燃素空气开始，经由普通空气、燃素化空气①，直到硝气②；最后一种空气包含了最多的燃素，而第一个被提及的空气则包含尽可能少的燃素……所以所有这些空气主要的不同之处是其包含的燃素数量不同。"（Priestley，1772a：392）

普里斯特利在空气实验中表现出极高的实验技巧，下面一段话显示出他试图将多种实验进行优化组合，以揭示自然的奥秘。他在1771年就发现了植物的呼吸与动物的呼吸情况相反，如果在使用动物呼吸过的空气（普里斯特利当时称之为"有毒空气"）中放入动物，动物很快就会死亡；而放入薄荷等植物，植物并不会死，而过一段时间，有毒的空气甚至会失去毒性。

> 有几次我把蜡烛熄灭后的瓶内空气分成了两份，分别置于同样敞口的、同样容量的瓶子中，并将植物放入其中的一个瓶内，而将另一瓶口渗入水中，且不放植物；我成功地发现，蜡烛在前者中会继续燃烧，而在后者中则会熄灭……我发现植物长得很好时，5～6天的时间就足以恢复瓶中的空气；而一直渗入水里的玻璃瓶中的空气，几个月都没有什么变化，也看不出其中又产生了什么。我还对该瓶的空气进行了各种实验，如冷凝它，纯化它，把它放在光线和高温下，等等。我曾将很多物质掺入瓶中，但都没有什么效果。
>
> （约翰逊，2012：49）

如果只是单纯比较普里斯特利和拉瓦锡制备出氧气的时间，当然是普里斯特利早于拉瓦锡，一般说来，除了普里斯特利之外，瑞典化学家舍勒也在拉瓦锡以前，制备出氧气。虽然在一些参考文献中，还有其他一些人似乎时间更早，但一般说来，没有证据显示他们真正了解氧气这种气体的特殊化学性质，他们和氧气的发现很难说得上有什么必然的联系。

早在普里斯特利1772年7月1日写给富兰克林的信件中，就已经显露出普里斯特利对植物的光合作用有着相对完整的描述。

---

① phlogisticated air，即燃烧后剩余的空气，大部分为氮气。
② nitrous air，即一氧化氮。

我相信你现在已经到伦敦了，而我愿抓住第一个机会通知你，有幸在利兹见到你后，我一直非常忙，实验也非常成功。

令我十分满足的是，瓶中被动物呼吸所高度毒化的空气，可随着薄荷的生长而恢复清新。你可能还记得我的一株植物在这种已恢复的空气中茁壮成长的样子。你周六离开后，我即把一只老鼠放入这株植物所在（已在里面7天了）的瓶子里，它在里面待了5分钟，没有不安的迹象，被拿出来时很有精神。而另一只老鼠在另一个有着相同原始空气的瓶中（即上一只动物被拿出后，没有放入植物）2秒钟就死了。同一只在已恢复清新的空气中活得很好，而一旦被放入另一个含毒化空气的瓶中，1秒钟就会死亡。我的另一只老鼠在植物生长过的瓶中待了14分钟，没有受一点伤害，一切正常，而该瓶含近57克的有毒空气。（约翰逊，2012：50）

当然，普里斯特利的经验陈述还是有一定缺陷的，例如，普里斯特利对光在植物光合作用中的关键作用有所忽视。普里斯特利开始相信植物能使空气变好，而动物能使空气变差。普里斯特利的空气实验在之后不久的时间内给有建立化学新体系雄心的拉瓦锡以重要启示。

普里斯特利的气体化学研究的缺陷，在当时就为人熟知。《爱丁堡评论》（*Edinburgh Review*）1805年曾发表过一篇长文，作者是库柏（William Cobbett）。库柏和普里斯特利两人之间的矛盾主要来源于政治立场上的分歧。但这篇长文在斥责普里斯特利冒险涉入政治的时候，同时，也直接抨击了他的科学研究方法：

他在发明仪器方面成绩斐然，他的仪器设备简单实用，无人能比得上。但真相是，他太念念不忘地搞实验，以至于他在闲暇时间里，不是以哲学式的精确事先计划实验，就是在实验后将结果综合成系统的结论……［他］似乎完全忘记了培根极有价值的告诫，即实验不必多，而应是决定性的，并应在实验前提出某些有限的假说或设想……如果没有这些提前的措施，那么实验再多再漂亮，也无异于在漆黑中乱摸，不会产生有价值或肯定的结论。普里斯特利博士的大部分实验，恰好符合这种描述。这些实验没有什么自然哲学内涵，如同想在天上抓彗星一样，定是徒劳无益的。（约翰逊，2012：133）

第三章

拉瓦锡的早期学术成长经历

一、拉瓦锡生平与早期教育背景

1743 年，拉瓦锡出生于巴黎的一个律师家庭。父亲为让·安托万·拉瓦锡（Jean Antoine Lavoisier），母亲为艾米莉·庞蒂（Emillie Punctis），1742年完婚。让·安托万·拉瓦锡的舅舅是巴黎议会的下级律师，在巴黎有私人的办公室和住房。由于让·安托万·拉瓦锡的舅舅一生没有子女，所以在其去世以后，让·安托万·拉瓦锡得以继承他舅舅的全部财产。艾米莉·庞蒂所在的家族是法国一个很有势力的中层阶级，艾米莉·庞蒂的母亲是一个肉商，而艾米莉·庞蒂的父母只生有两个女儿，并无儿子，所以艾米莉·庞蒂继承了她父母的一部分遗产，而艾米莉·庞蒂继承的这部分财产最后又由拉瓦锡继承①，这也是拉瓦锡最后能够买下租税承包公司的股份而成为包税官的经济基础。拉瓦锡的父母在当时的法国不算十分富裕，但也属于中产阶级。拉瓦锡的母亲艾米莉·庞蒂当时的嫁妆就相当于 17000 里弗，而拉瓦锡的父亲的财产约有 42000 里弗。不过美中不足的是，在拉瓦锡 5 岁的时候，拉瓦锡的母亲就去世了。早年的拉瓦锡有六年时光是与拉瓦锡的外婆、拉瓦锡的母亲的妹妹一起度过的。

---

① 让·安托万·拉瓦锡一共有两个子女，除了拉瓦锡以外，拉瓦锡还有一个小他两岁的妹妹，但在其 15 岁时不幸去世。

1764 年以前，拉瓦锡遵从家族的传统以及父亲的意愿，学习法律专业。1754 年到 1761 年在马扎兰学院学习。1761 年他进入巴黎大学法学院学习了 3 年，在前两年获得了学士学位，在 1764 年获得了律师资格。1764 年 12 月，拉瓦锡与巴黎议会律师协会签署协议，成为巴黎议会律师协会的正式会员。在这个负有盛名的协会的正式会员中，拉瓦锡应该算是很年轻的，由于拉瓦锡家族在巴黎的法律界有一定的背景，拉瓦锡在律师行业的前景应该是很光明的。不过，拉瓦锡的志趣并不在律师行业，他在巴黎大学读书的时候就非常热爱科学研究，学习了著名化学家鲁勒开设的课程，并参与了一些小型的研究工作。

拉瓦锡在功成名就以后，对自己的学术生涯有着广泛而深入的回顾。他曾多次提及数学家达朗贝尔①和实验物理学家诺莱。他在一篇名为"教授化学的最好方法"的手稿②中这样写：

> 当我第一次学习化学的时候，尽管说老师们也力图使自己的教学更加清晰、更亲近于学生，但学习中的种种困难还是使我感到很吃惊。我已经学习过很不错的实验课程以及诺莱教授的实验物理学课程。我也已经学习拉盖耶（abbe La caille）教授的课程一年，并从他的基础数学著作中受益匪浅。我已经非常熟悉数学家在其论著中的严谨程度。在前面的步骤尚未明了的情况下，数学家绝不声称他们证明了一个命题。每个事情都是紧密地联系在一起，从一个点到一条线的定义，直到高深的超几何学，都是如此③。

> 在化学里，情况则完全不一样。一开始就是假设，而不是证明。展现在我面前的都是一些没有被定义的概念，而且假如我没有进行大量的化学研究而获取相关知识（这些知识对于新手来说非常陌生），其实我也不知道这些概念到底是什么意思。或许只有在我开始教授这些名词的概念的时候，才能假设我已经理解了这些概念。（Bensaude-Vincent，1990：456-457）

拉瓦锡将以几何学为代表的数学视为化学的楷模，也许是受到他的前辈

---

① 达朗贝尔（D'Alembert Jean Le Rond，1717—1783），法国著名的物理学家、数学家和天文学家。达朗贝尔一生在多个科学领域有着非凡成就，是数学分析的主要开拓者和奠基人。

② 手稿为 Sur la maniere d'enseigner la chimie par A. L. Lavoisier（Manuscrit sans date, Archives de l'Academie des Sciences，1259）。

③ 从这里我们可以看到拉瓦锡建立于几何学之上的科学美学思想或者"卓识"，这对于拉瓦锡以后发展完善自己的"代数方程"的实验方法或许有着一定的联系。

丰特奈尔的影响。丰特奈尔曾写道："几何学精神并不是和几何学紧紧捆在一起的，它也可以脱离几何学而转移到别的知识方面去。一部伦理学著作、一部政治学著作、一部评论、甚至或许是一部修辞学著作以及其他的作品，如果是一个几何学者来写，就会写得好些。"拉瓦锡在手稿中继续回忆他早年受到的化学教育，不经意地表露出对其青年时代的化学教育的不满之处。例如，他回忆当年在学习了拉普郎谢（La Planche）的课程以后：

> 我希望对我所学到的化学知识有一个一目了然的目录。（学完了课程以后）我认识到虽然我对中性盐的组成以及矿物酸的制备的方方面面（这也是化学中唯一的精确和实证的领域）有了全面的了解，但我对化学的其他领域还是只有一点模糊的认识。（Bensaude-Vincent，1990：457）

尽管如此，拉瓦锡认定拉普郎谢是对他的学术成长帮助最大的老师：

> 同时，这确实是真的，那就是拉普郎谢确实是把化学教得最清楚的老师。他是鲁勒的一位学生，继承了鲁勒的研究方向和方法。当课程结束的时候，我想要把获得的知识尽快记在脑海里，这时我才确信掌握了中性盐的组成、酸的制备的全部知识。（Bensaude-Vincent，1990：457）

在学习著名化学家鲁勒开设的三个课程以后，拉瓦锡感到更加迷惑：

> 我试图在当时化学达到的水平上，获得一个清晰的和准确的思想体系。然而这确实是真的，那就是我4年学习的这门科学只是建立在很少的几个事实上的，不仅如此，这门科学还是由绝对不协调的思想以及未被证实的假设所组成的。基于这一点，我意识到我必须再一次从头开始研究化学了。（Bensaude-Vincent，1990：460）[①]

拉瓦锡在手稿中显然提出了一个当时化学发展很明显的问题，这个问题就是当时化学中的解释并没有什么真正有效的解释。化学家为了解释一个概念，往往需要制造一些更加晦涩的概念。对于初学者来说，基本上不能理解这些概念；而对于长期从事化学研究的人来说，在黑暗中痛苦地摸索了很长

---

① 无独有偶的是，启蒙运动的领袖伏尔泰也曾经听过三年鲁勒的讲座，总体来说，尽管伏尔泰承认鲁勒是一位杰出的化学家，但同时伏尔泰也认定鲁勒的演讲效果比较差。伏尔泰指出鲁勒的性格过于冲动，演讲内容杂乱无章，跳跃性太强，听众普遍感到无法理解。

时间以后，终于很悲哀地发现这些概念纯粹是"恶意"的循环论证。学术界一般认定拉瓦锡写这份手稿的时间大致在 1790～1792 年。拉瓦锡在这个时期已经功成名就，尽管拉瓦锡在行文中表示他对当时法国化学教育的看法是他青年时代就有的，但其中一部分内容也可能是他后期的思想的总结，尤其是他自己对拉瓦锡化学革命的定位。

总体上说，虽然在手稿的行文中，拉瓦锡对自己的几个老师多少有点不敬，但可能也比较真实地反映了他早年受到的化学教育的基本状况。尽管拉瓦锡接受的教育来源于法国科学院的多名知名教授，但拉瓦锡当年对他们教授的内容就有着不满足之感，这为拉瓦锡今后的成功写下了伏笔。

在研究拉瓦锡的早年学术成长的时候，我们一定要注意十八世纪法国发展的某些普遍特征。十八世纪，法国科学呈现出一种逐渐向实证科学演变的趋势。这种趋势反映了整个欧洲大陆的趋势，那就是开始放弃对解释一切事物的哲学体系的追求，并转而追求局域性的真理，伴随着这个进程，"自然哲学"概念在十八世纪文献中的使用频率开始逐渐下降。在化学领域的具体表现就是化学家的著作很少使用"哲学"的字眼。当然，应该特别强调的是，英国依然喜欢使用"自然哲学"的名称。在十九世纪初，道尔顿所著的现代化学原子论的经典著作的标题就是"化学哲学的新体系"。但应该说，道尔顿所说的"化学哲学"实际上属于实证科学的范畴，他的"化学哲学"实际上已经和我们今天所说的"化学"比较接近了。

1753 年，狄德罗发表了"对自然的解释的思考"。从形式上看，该文以三十几个散文形式的短文对一般的科学研究方法进行了探讨。狄德罗认为数学的贫乏性达到了顶点，强调实验科学的重要性，主张把观察、反思与实验结合起来。狄德罗批评了笛卡儿的普遍数学观念，倡导培根的经验主义的实验方法。狄德罗认为，自十七世纪以来如日中天的普遍数学的研究方法，已越来越不适应自然科学的发展了。纯粹数学成了"一种普遍的形而上学，剥去了物体的个别特性"，因为它无法具体地说明事物的经验特征和特殊境况。可以说，《有关自然解释的思考》就是这种新科学方法的宣言，即为了具体地探究事物的个别特性，人们必须用"描述"和"解释"的方法来说明自然。

　　我们正接触到科学上一个大革命的阶段。由于我觉得人心似乎都倾向于道德学、文艺、博物及实验物理学，我几乎敢于断定，不用再过一百年，在欧洲将数不出三个大几何学家。这门科学将停止于贝努义们、欧拉们、莫柏都依们、克莱罗们、拉·丰丹们、达朗贝们及拉·格朗日们所达到的地步。他们将树立起赫拉居利的界柱。人们将再不会出此范围了。他们的作品将在未来的若干世纪中存在，就像埃及的金字塔一样，其中刻着象形文字的大石块使得我们对建造它们的人的力量和才能有一个惊人的观念。（狄德罗，1997：55）

狄德罗的这一宣言代表了十八世纪欧洲科学的潮流，在牛顿创立了经典力学以后，实验物理学在十八世纪的发展如此广泛而深远，这对任何一个有思想的人都是一个巨大的冲击。思想家开始假设自然界可能存在着不同领域、不同层次的真理，不再幻想用一个哲学或数学体系就能解释一切。

启蒙运动对于科学的发展是有着实质性影响的。

首先，启蒙运动的思想家对于科学的一些根本问题有着极其深刻的思考，上文所说的狄德罗对科学发展的趋势有着非常准确的把握。

其次，他们对于现代科学的形态的形成也是有着很大作用的，在波义耳、牛顿的自然哲学体系中，始终有着一定的宗教因素，神学甚至占据着本体论的地位，但是在伏尔泰、狄德罗、达朗贝尔这几个狂妄的无神论者的鼓动和行动下，在十八世纪的科学领域中，宗教因素得到了极大的削弱。虽然现代社会中至今仍然存在着广泛的宗教活动，但至少在启蒙运动开展以后，宗教在科学领域里已没有多少实质性影响。科学家也许还会信教，但至少在科学共同体承认的公开出版物中已无法见到宗教的痕迹；启蒙运动对于科学的平民化有着极其重要的推动作用。严格地说，伦敦皇家学会尽管反对了以往的经院哲学，但在社会阶层的组成上，伦敦皇家学会会员的社会阶层与经院哲学学者还是有相似之处，那就是伦敦皇家学会实际上还是做的"精英学术"，一般的平民由于受经济收入、教育水平的局限，现实上并没有条件来参与科学活动，实际上，十七世纪能加入伦敦皇家学会的寒门子弟并不多。十八世纪的启蒙运动使得科学活动的平民化进程得到了加速。

这个过程中，科学文化与社会其他子文化的关系发生了根本性变化，科学文化显然开始逐渐具备了独立的地位。这在十八世纪以前是难以想象的，由于十八世纪以前并没有真正意义上的实证科学，科学通常被称为"自然哲学"，由于实证科学并没有完全获得独立的地位，因此也不可能存在本书所定义的那种独立的科学文化。科学文化不再从属于某种文化，开始逐渐倾向于消除一切的宗教因素，科学文化逐渐从科学家的群体向更大的范围扩散。科学和科学文化开始成为影响社会发展的重要因素。

十八世纪巴黎是一个化学教育氛围很浓厚的大城市，这为拉瓦锡的早年学术成长提供了一个良好的环境。在巴黎和其他各省，化学课程得到广泛的传授。化学史学者樊尚（Bensaude-Vincent，2007：77-96）曾对这些课程做过初步的整理和统计，使我们对这个时期的化学教育能有所了解。化学课程主要有两种：公开课程和私人课程。公开课程是免费的，私人课程收费高昂。巴黎的化学课程主要在以下几个地点讲授：

（1）药剂师大厅（Jardin des apothicaires）实验室。这是十六世纪建立起来的一家慈善机构，在十六世纪仅教授医学和药剂学，从1700年开始教授化学课程。药剂师大厅实验室教授的课程属于公开课程。

（2）国王植物园（Jardin du Roy）会堂。国王植物园是一个官方机构，成立于1635年，起初也是一个医学机构，致力于可医用的植物的收集和整理。在十八世纪以后，化学在国王植物园会堂的公开教授课程中所占的比例越来越大。教授化学课程的教授基本上都是法国科学院的化学家，其中包括在十八世纪化学史上占据一定地位的法国化学家布德兰、马凯、鲁勒等。该会堂有600个座位，但往往只能满足一半观众的需求。根据狄德罗的记载，四分之一的巴黎市民对鲁勒的课程感兴趣。鲁勒的课程培养了大批的化学家，这些化学家包括拉瓦锡、马凯、布凯、文勒、萨基，也对启蒙运动的精神领袖狄德罗、卢梭、杜尔戈的人生道路有着一定影响。国王植物园会堂开办的化学课程属于公开课程。

（3）波美实验室。1757年法国著名化学家马凯和波美在圣丹尼斯大街的波美实验室开办了此课程。波美实验室开办的化学课程属于私人课程，收费96利弗。

在巴黎市以外，法国各地区也开办各自的化学课程，教学机构主要附属于法国科学院的地方机构。在讲授化学课程的教授中，也不乏有名的化学家，其中最典型的是蒙彼利埃市的文耐（Gabriel François Venel，1723—1775）。文耐开办的化学课程属于私人课程，收费为波美实验室费用的一半，为48利弗。化学课程的教学过程是很有趣的，据狄德罗后来回忆，鲁勒在做蒸馏操作的时候，鲁勒曾经做过一个恶作剧，他说："绅士们，你们看到火上的大锅吗？只要我停止搅拌锅里的溶液一会儿，马上就会产生一个足以击倒你们所有人的爆炸"。事实上，鲁勒并没有忘记搅拌锅里的溶液，但是200个学生早就被吓得跑出了实验室，等他们回过神来，发现他们已分散在实验室外面的花园里（Bensaude-Vincent，2007：89）。当时的化学实验充满风险，有"疯子的激情"的称号，加上化学实验水平有限，即使是第一流的化学家有时候也不能准确预测此次实验的结果。实验室里面往往充满着令人窒息的浓烟，在这个时候，听众往往随时准备夺路而逃，但教授是不能随便跑路的。例如鲁勒在做实验演示时经常烧掉了自己的帽子和衣袖，但还要很镇定地继续操作。

二、拉瓦锡早期科研工作

1764 年法国皇家科学院举办了一个竞赛，竞赛的题目是"如何使城市街道取得最佳的照明"，奖金为 2000 利弗。1764 年暑假，拉瓦锡花费了大量的时间对这个问题进行研究，并在几个月后将论文提交给法国皇家科学院。法国皇家科学院对拉瓦锡的论文评价颇高，并给拉瓦锡颁发了一枚特制的奖章。拉瓦锡之所以在 1768 年能够被评选为法国科学院的正式工作成员，与拉瓦锡在这次竞赛中的优秀表现密不可分。1765 年 2 月 27 日，拉瓦锡向法国科学院提交了他的第一篇正式论文，论文的题目为"对石膏的分析"。拉瓦锡在这个时候尚不是法国皇家科学院的正式成员，尚称为"访问科学家"。拉瓦锡在这篇论文里，介绍了他在实验中发现了石膏在煅烧后可以收集到水蒸气以及煅烧后的石膏可以吸收水的化学现象。不幸的是，法国化学家波美在不久前就发表过论文，记载了这一现象。显然，拉瓦锡在学术生涯的开始，就陷入了科学优先权之争。拉瓦锡在自己的论文中提及了波美的论文，但指出自己的论文与波美的论文有很多不同。法国科学院委派来审阅拉瓦锡这篇论文的两个审稿人蒙梭（Henry Louis du Monceau）和居梭（Bernard de Jussieu）是拉瓦锡父亲的好友，他们对拉瓦锡的论文大加赞扬，认定拉瓦锡的论文有很多创新之处。化学史学者对拉瓦锡的这篇论文也进行过广泛的研究，认定拉瓦锡这个时候已有了组成化学的基本理念，拉瓦锡已经是有意识地将复合物（生石膏）分解为简单物质（无水硫酸钙）和水。1766 年 3 月 19 日，拉瓦锡发表了关于石膏的第二篇论文，他指出石膏是石灰石与硫酸反应形成的，石膏的溶解性来源于石膏中含有的酸的数量。

拉瓦锡为什么早年热衷于石膏的实验研究呢？我们可以考察一下当时法国化学和矿物学研究背景。在十八世纪，矿物的分类方法有着两个大相径庭的流派：自然史分类法和化学分类法。自然史的分类方法主要是通过矿物的形状、颜色、质地等外部特征进行分类，自古以来人类就有这样的分类方法，不同文化程度的矿物研究者都可以使用这种分类方法，而不需要太多的数学物理知识。拥护这种分类法的学者主要为植物学家林耐和法国矿物学家阿羽依① （René Just Haüy），这种方法在科学发展的历史上曾经获得过重要的成功。例如，阿羽依通过这个研究进路创立了现代晶体学。但这种方法的主要缺陷是基本上不考虑矿物的化学成分，比较肤浅，很多时候，相同外观的矿物的化学成分完全不同；而拥有大致相同的化学成分的矿物，外观又有可能完全是截然不同的。随着十八世纪化学的发展，化学家和矿物学家都逐渐意识到了这个问题。此后，对于矿物的化学分类法开始兴起，矿物学家开始对矿物的化学成分越来越感兴趣，逐渐倾向于对矿物采用化学分类法。对于十八世纪的化学家和矿物学家来说，石膏都是非常有趣的一种物质。石膏在自然界里大量存在，外观与石灰石相似，单纯从博物学的研究进路来看，两者似乎是一种物质，因为两者的外观、形状大致相同。以往的矿物学分类也是一直把这两者视为相同的矿物。但随着十八世纪法国盐化学的发展，化学家开始逐渐认识到石膏与石灰石根本就不是一个东西。石灰石和硫酸混合起来会产生布莱克称之为"固定空气"的一种空气，可以观察到泡腾现象，如果将石膏和硫酸混合起来，则基本上观察不到特别的现象，实际上就是不发生化学反应。如果混合硫酸和石灰石，倒是可以生成石膏。这对以往的矿物学分类构成了巨大的挑战，矿物学家开始意识到单凭矿物的外观进行分类实际上可能是极为肤浅的。

德国化学家马格拉夫② （Andreas Sigismund Marggraf，1709－1782）在十八世纪四十年代做了关于石膏的多项实验，他反复地研究了结晶土③（terre speculaire），确证无疑地显示出结晶土是由石灰石和硫酸组成的。马格拉夫的实验结果曾在法国1750年出版的《柏林科学院的科学与文学论文集》上刊登过，马格拉夫的论文集1762年也被翻译成法语版而在法国出版发行。法国的科学家鲁勒、波马尔和马凯通过这些途径获知了马格拉夫的研究成果，这对于法国盐化学和矿物学界是一个不小的震动。

石膏这种以往认定的"天然"物质居然还可以使用"人工"的方法在实验室里面制造出来，这对于化学家来说是一件非常新鲜的事情。以往的化学家往往希望在实验室里面能够制造出天然物质，但往往是失败的。最典型的

---

① 勒内·茹斯·阿羽依（René Just Haüy，1743－1822），法国晶体学家、矿物学家，阿羽依提出了晶体的微观几何模型——晶胞学说，以及关于晶面的阿羽依定律——任何晶面在晶胞轴上的截距之比为整数比。

② 马格拉夫是早期分析化学发展的重要人物，长期担任普鲁士王国科学院化学实验室主任，在化学领域的主要贡献是在甜菜中发现了糖。

③ 结晶土即我们现在所说的石膏结晶。生石膏一般呈粉末状，不呈现结晶状态，而在获得水以后呈现出晶体状态，形成半水石膏或二水石膏。

例子就是，在炼金术士多年来的夙愿和奋斗的目标中，最重要的一个就是希望通过一些低廉的金属来造出天然物质——黄金，但顶多只能造出一些外观与黄金相似的"镀金"。由于以往实验水平的落后，在实验室里，不仅是"高贵"的金属不能被"人工"制造出来，几乎自然界所有的天然物质都无法被"人工"制造出来。

石膏在实验室能成功地被制造出来这个事实，对于矿物学家来说也是一个重要的启示。1769 年，法国矿物学家波马尔（Jacques-Christophe Valmont de Bomare，1731—1807）在其编著的自然史词典中，对自然界的石膏矿物的形成过程进行了推测。波马尔指出石灰石往往处于岩层中的黏土层，而黏土层往往是含有硫酸的，自然界天然存在的石膏很有可能是硫酸与石灰石在自然界中，经过长时间的化学反应而形成的。波马尔的学术观点得到了法国一些化学家的认可，1766 年，法国化学家马凯在其编著的《化学词典》中也持有类似的观点，即"石膏是充满了硫酸的石灰石"。化学分析作为矿物学著作的一部分，在十八世纪成为一个时尚。十八世纪瑞典著名化学家和矿物学家瓦勒尼乌斯（Johan Gottschalk Wallerius，1709—1785），是首次将化学分析运用到矿物学研究的矿物学家中的一个代表人物。那么，在实验室人工合成的矿物是否等同于天然的矿物呢？矿物学家有着一定的分歧，波马尔认定在实验室人工合成的矿物完全等同于天然矿物，而瓦勒尼乌斯视之为"赝品"，在实验室人工合成矿物的过程为"人工制备"。瓦勒尼乌斯在其专著里把实验室人工合成的矿物单独作为一个部分，以显示其与天然矿物的区别。

石膏土与石灰土在外观、形状上几乎完全相同，但在化学分析中是很容易发现两者的区别的。除了上文谈到的石灰土在酸中有泡腾现象、石膏土没有这一现象以外，化学家在实验室里还观察到两者之间其他的差异。例如，煅烧后的石膏加入水以后很快变为固体，而煅烧后的石灰土则不能，需要加入沙子才能实现固化，而且需要很长的时间。

十八世纪上半叶，矿物学家已经发现了透明石膏（selenite），透明石膏是二水硫酸钠，一个透明石膏的分子相当于一个生石膏的分子和两个结晶水分子。但是单从外观来看，透明石膏与生石膏是明显不同的，透明石膏与通过化学反应获得的硫酸钠是否是同一种物质，对于当时化学家和矿物学家来说，是一个极具争议性的话题。波美认定通过化学反应获得的硫酸钠与天然的透明石膏是同一种物质，鲁勒起初认定通过化学反应获得的硫酸钠与天然的透明石膏完全不一样，但随着多样本的透明石膏的化学分析，鲁勒开始转变原来的想法。

拉瓦锡对矿物的研究成果在《化学基础论》里面也有所体现，例如该书

第十六章第四节"论石灰、苦土、重晶石与黏土"中总结了拉瓦锡对这四种矿物的整体性分析：

> 这四种土质的组成全属未知，直到通过新发现确定了其组成元素时才会知道其组成。我们当然有权把它们当作简单物体。人工在这些土质的制备方面没有什么作用，因为获得的这四种土质早就按自然状态形成了；不过，由于它们，尤其是前三者，都有极强的化合倾向，所以从来没有发现它们是纯的。石灰通常被碳酸所饱和，处于白垩、方解石、大多数大理石等等状态；有时被硫酸所饱和，处于石膏矿和石膏状态；还有一些时候被萤石酸所饱和，形成玻璃石或萤石；最后，在海水和盐泉水中也发现了它，与盐酸化合在一起。在一切成盐基中，它是在自然界分布最广的。（安托万·拉瓦锡，2008：56-57）

在十八世纪，化学分析方法一般有两个分类：干法、湿法。顾名思义，这两种方法的区分主要是看是否是在水里（溶液状态）进行。干法，主要是指的燃烧或煅烧，在十八世纪前比较流行；而湿法，主要指的是在溶液状态下进行化学分析，在十八世纪开始逐渐流行起来。湿法，对于酸、碱、盐的研究比较方便和有效，此外，湿法对于各种可溶于酸的金属和矿物的分析也是非常有效的。拉瓦锡在其学术生涯的早期就已经非常熟练地掌握了"湿法"。

尽管发表了两篇论文，拉瓦锡在1766年还是没能转正。拉瓦锡决定以法国实验物理学发展中的疲软状态为出发点，要求法国皇家科学院加大对实验物理学的投入。在1766年拉瓦锡写给法国科学院秘书的一封信里，拉瓦锡提出实验物理学应在法国科学院的建制中占有重要的地位：

> 当科学院于1666年成立的时候，它的组织被分为两大类，一是物理，二是几何学。从此实验物理学就已脱离了化学家幽暗的实验室，而在惠更斯、马略特①（Mariotte）及佩罗②（Claude Perra-

---

① 马略特（Edme Mariotte，1602—1684），法国物理学家和植物生理学家。出生于法国的希尔戈尼的第戎城，曾任第戎附近的圣马丁修道院的院长。他酷爱科学，对物理学有广泛的研究，进行过多种物理实验，从事力学、热学、光学等方面的研究。他曾制成过多种物理仪器，善于用实验证实和发展当时重大的科学成果，成为法国实验物理学的创始人之一。马略特是法国皇家科学院的创建者之一，并是该院第一批院士（1666年）成员。马略特在物理学上最突出的贡献是1676年发表在《气体的本性》论文中的定律：一定质量的气体在温度不变时其体积和压强成反比。尽管1661年英国科学家波义耳首先发现该定律，但马略特明确地指出了温度不变是该定律的适用条件，对定律的表述也比波义耳的完整，实验数据也更令人信服，因此这一定律也被称为波义耳-马略特定律。

② 佩罗（Claude Perrault，1613—1688），医生、解剖学家、物理学家、建筑师。法国科学院的创建者之一，并是该院第一批院士（1666年）成员。曾参与卢浮宫以及多家天文台的建筑设计。

ult) 的带领下开始了它的新生命。在实验与事实的坚实基础上，实验物理学不断稳定发展。实验物理学被称为系统化的哲学，由于它的进展是如此迅速，它已成为科学里相当重要的一环。那么，为什么在 1699 年科学院改组时完全忽略了这门科学呢？我们可以毫无疑问地说，实验物理学所研究的主题，在数量上并不足以使它构成一个独立的部门。它也解释了实验物理学之所以在法国停滞不前的原因，而外国人则在我们抛弃的学科中得到益处。很明显地，人事任命比其他事都能促进一门新领域的发展；好的人事任命在年轻人的心灵中点燃了奋斗的火花，这些火花也促使他们取得伟大的成就。

从那以后，许多有为的人物将心血和气力贡献于本科学院中，他们已为实验物理学注入了比以往更多的活力。实验物理学丰富了科学与艺术，并在实验的协助下，它为我们的理解的所有方面都带来了确信。(Donovan，1993：51)

学术界对于拉瓦锡的这封信有着很多不同的解读，例如多诺万以此作为他的学术论点"拉瓦锡试图把化学建设为物理学的一个分支"的证据。但结合拉瓦锡当时的境况来看，这封信中讲的大道理更有可能是拉瓦锡要求尽快在法国皇家科学院转正的修辞学。不过，在科学院里真正看中拉瓦锡的却是化学家鲁勒和马凯，而这两个化学家对实验物理学兴趣有限。

在长期的生产实践中，冶金业的从业者逐步掌握了鉴定不同金属矿石的知识，这些矿石包括金、银、铜、铁、铅、汞、锡等。在鉴定中，从业者需要大量地使用天平和其他化学手段。出于实用的需要，鉴定师假定一些无法再分离的金属是简单物质和化学元素。这是最早的"简单物质"定义，比拉瓦锡的"化学元素"至少要早 100～200 年。只不过，这个元素的定义仅仅只在冶金业中被广泛使用，并没有成为同时代化学与医学的主流。在介于阿格里科拉和拉瓦锡化学革命之间的很长一段时间，有关"土"（earth）的概念模糊不清，在哲学要素与具体的化学物质之间徘徊。"土"作为抽象的理论存在物，最终可以追溯到亚里士多德的土（与水、气和火是同样意义的元素）。但十八世纪开始以后，化学家开始承认有几种不同种类的单一成分的土，其中被广泛研究的有硅土、石灰、矾土、苦土（氧化镁）和重土（氧化钡），化学家在化学分析中，逐渐认识到它们可能是不同的中性盐。矿物化学反映了十八世纪化学的实用层面，法国盐化学则反映了十八世纪化学的基础或纯粹学术层面，两者的研究对象不完全一致，但都涉及了酸、碱和中性盐，拉瓦锡显然吸收了两者的研究成果，这在《化学基础论》中得到了体现。

1764～1768 年，拉瓦锡做了大量的自然史研究。法国地质学家盖塔尔（Jean Etienne Guettard，1715—1786）对于拉瓦锡的学术成长发挥了深远的影响。以往的科学史研究早就已经表明了法国化学家鲁勒和法国实验物理学家诺莱是拉瓦锡早期科学教育的老师和领路人，但对于盖塔尔的论述非常缺乏。霍尔姆斯曾指导其学生帕默（Louise Yvonne Palmer）对于拉瓦锡早期的手稿进行了细致的研究，帕默完成的博士学位论文有很高的学术价值，使我们能够可以全面了解盖塔尔以及法国十八世纪地质学、矿物学的研究对于拉瓦锡早期的学术成长所发挥的独到的影响。

1763 年，拉瓦锡在巴黎近郊的家中开始了自己的气象学研究，他通过气压计测量大气压，1767 年，他开始有规律地使用液体比重计。1767 年 6 月 14 日，拉瓦锡跟随①盖塔尔去法国的孚日省山区进行了地质考察。法国大臣贝尔丹（Jean Baptiste Bertin）资助的一个项目对两位科学家的这一次考察提供资金支持，项目名称为"法国矿物地图"（Atlas minéragraphie de la France）。全部行程为 4 个月多一点时间。拉瓦锡携带了他的一箱化学试剂、三个温度计、一个他日常使用的气压计以及他经常使用的液体比重计（水银）中最轻的一个。由于道路的条件恶劣，所以拉瓦锡和盖塔尔无法使用马车，只能自己在马背上完成旅行，随行的还有盖塔尔的一个仆人。两位科学家在一路上进行了艰苦的劳动。他们大量采集岩石标本，将其分类、贴上标签、打上包裹并制作目录，并将这些标本托人运回巴黎。由于整个行程的持续时间大部分在夏季，有时候会遇到恶劣的天气，如雷雨、冰雹。盖塔尔在后来的回忆中对考察工作中的艰难有着详细记述，他甚至追问："这难道就是基督教徒的生活？"1767 年 9 月 3 日，他们来到了斯特拉斯堡。斯特拉斯堡处于法国的东端，与德国接壤。这里有一家名为克里希的大书店，主要出售德文书籍。拉瓦锡买了一些化学家（多半为炼金术士）的专著以及柏林、莱比锡科学院的论文集，这些著作的作者主要为德国化学家，其中包括贝

---

① 盖塔尔（Jean Etienne Guettard，1715—1786），法国植物学家和矿物学家。一生的主要工作是绘制国家矿物地图，尽管严格来说，国家矿物地图并非现代意义上的地质图，但对以后地质学的发展奠定了一定的基础。盖塔尔一生出版过多本学术专著，其中包括 1747 年出版的《植物观察》（*Observations sur les plantes*），1780 年出版的《法国矿物地图》（*Atlas et description minéralogiques de la France*），1774 年出版的《物理、自然史、科学以及艺术等的论文集》 （*Mémoires sur différentes parties de la physique，de l'histoire naturelle，des sciences et des arts，etc*）。

歇、格劳伯、斯塔尔、阿格里科拉。除了德国人，作者还有一些来自于别的国家，例如比利时（当时称为"西班牙的荷兰"或"西属荷兰"）的赫尔蒙特。拉瓦锡在巴黎难以买到这些图书，而斯特拉斯堡由于地理位置与德国接壤，是一个欧洲文化交流的枢纽，拉瓦锡在这里很幸运地买到了这些图书。1767 年 10 月 19 日，盖塔尔和拉瓦锡完成旅行，返回巴黎。拉瓦锡沿途取得了多处矿泉水的标本，这为拉瓦锡以后水的组成研究留下了伏笔。拉瓦锡在笔记中曾追问这些水究竟是如何形成结晶和矿石的。显然，拉瓦锡这个时候对赫尔蒙特的经典教义"水能变成土"并没有产生太大怀疑，不过，时间仅仅才过去一年，拉瓦锡就以其精妙的实验技巧彻底地推翻了赫尔蒙特的经典教义。

拉瓦锡对于地质学有一定的研究，但没有深入下去：

> 虽然主要想标明矿物以及在经济上有重要性的岩石（如石灰石或煤）的产地，盖塔尔的地图确实显示了三个主要的带：砂岩带、泥灰岩带和片岩或含金属矿的岩石带，后者包括了页岩、板岩、花岗岩、大理岩和金属矿。可是，盖塔尔似乎对三个单元的地层关系没有什么认识。这也不奇怪，要是他没有想到沉积物是在历史中形成的话。实际上，他假设了大规模的沉积物是同时沉积的，而且，对于我们认为的那些由于成层作用所造成的外貌，他却认为是由于某种原因在水平方向上的干燥和断裂所致。（不过，他确实承认，"原始岩"和沉积岩不同，前者是在地球创生的时候形成的，后者是以后形成的。）
>
> 相比之下，年轻的拉瓦锡汲取了他的化学老师鲁埃勒（G. F. Rouelle，1703—1770）的某些思想，认识到深海沉积（如泥岩）和沿岸沉积（如砂岩和砾岩）是不同的。他还发现，这些沉积岩层可能一个在另一个的上面。这就暗示了海进和海退的思想。于是，拉瓦锡开始思考促使他所考察的那些岩石出露（并将其标在地图上）的一系列历史事件的线索。他也绘制了简略剖面图来说明他的思想和他的地图。盖塔尔似乎接受了这些，认为它们是有用的。但是，为了回避理论，他没有发展拉瓦锡已经勾勒出的地层历史的观点。（奥尔德罗伊德，2006：101-103）

事实上，十八世纪后半叶，随着冶金业的发展，瑞典与德国的矿物化学引领了时代潮流，成为在这一时期金属化学发展的阵地。克龙斯泰特（Axel

Cronstedt，1722—1790）把吹管分析技术系统化并加以推广普及。它包括一个简单的手提式的仪器，有炭块、蜡烛、口吹吹管和一些化学试剂，这使得矿物研究者能够把矿石或其他什么物质加热到一个高温的状态，并观察所发生的那些可以见到的变化。尽管这些操作并非严格意义上的化学分析，但确实有助于对类似矿物的识别，并促进了十八世纪分析化学的发展。当瑞典化学家伯格曼（T. O. Bergman，1735—1784）发表了矿物湿法分析简略方案时，矿物分析有了重大突破。在化学史上，伯格曼第一次系统地实现了将矿物或岩石溶解到溶液中的操作规范。伯格曼巧妙地构想出了一系列方法，例如使用水和不同的碱和酸来进行沉淀、过滤和溶解，借此，他能够从初始物质中有效地分离出不同的土类物质。伯格曼最初的工作是很不精确的，但为以后的分析化学发展奠定了基础，伯格曼也成为现代分析化学的奠基人之一。

1768 年 3 月 10 日，担任法国皇家科学院助理教授的化学家巴隆（Theodore Baron）去世，这为渴望进入法国皇家科学院的年轻人提供了一个位置。法国皇家科学院对多位候选人进行了评选，这些候选人包括拉瓦锡、药剂学家波美、化学家德马西（Jacques François Demarchy）、自然史学者波马尔（Jacques Cristophe de Bomare）、冶金学家雅尔（Gabriel Jars）、矿物学家莫内（Antoine Monnet）和萨基（Balthazar Sage）7 人。1768 年 5 月 18 日，评选的结果是拉瓦锡得票第一，雅尔第二。但法国国王路易十四在考虑到雅尔资历较老等因素以后，把正式职位给予了雅尔。拉瓦锡得到了临时超额的助理教授职位，拉瓦锡从此可以在法国科学院挂职，并且得到承诺，以后任何时候只要在法国科学院有助理教授职位的空缺，拉瓦锡都可以不需要参与评选而直接就任。

自从拉瓦锡 1768 年 6 月 1 日正式在法国皇家科学院就职以后，拉瓦锡就有了更充足的时间和精力从事自己的化学实验研究。拉瓦锡在这个时期显然更注重于液体状态的化学物质（酸和盐的溶液）的研究。他对液体的比重研究有着自己的独到观点。

> 化学家有很多方法可用来精确地确定实验中所用的固体或凝聚在一起的物质的质量。借助天平可以进行准确的测量。但是对于某些盐还是存在着一些问题，因为一些盐无法被还原成固体状态，例如大量的酸、特别是矿物酸。天平可以告诉我们水与形成流体的酸的盐的部分的总的质量，但不能告诉我们它们结合的比例。而这正是液体比重计发挥效用的关键。（Lavoisier，1862i：448-449）

这主要是一个可以使用流体的比重的知识来阐明的结合方式。这部分的化学远没有我们想象中那么发达；我们对第一要素几乎一无所知。每天我们都结合酸和碱，但这两种物质是怎么样结合的？情况究竟是怎么样的？是正如莱梅里所想象的，酸的组成微粒进入到碱的细孔中？还是如同马德堡半球一样，酸和碱有着不同的断面，在相接触的时候会彼此咬合或是简单地连在一起？酸和碱单独在水里，又是怎么样的？酸和碱结合后又会保持什么样的状态？酸和碱结合后的盐只是占据了水中的细孔吗？微粒只是简单地被分割？还是存在着真正的结合？无论是单独的微粒之间的结合，还是一个微粒与其他多个微粒的结合。最后，当反应进行的时候，激烈发出的空气又是从哪里来的？这些空气在处于自然弹性状态的时候的体积远远大于制造出这些空气的酸和碱的体积。这些空气是一直存在于这两种复合物中？它们是正如黑尔斯先生和很多物理学家设想的那样，通过某种方式被固定在酸和碱中？还是艾勒先生所设想的"人造"空气，是一个结合的产物？　　（Lavoisier，1862i：449-450）

　　上面这两大段引文显示出拉瓦锡对酸、碱、盐的研究不仅在实验物理学、分析化学层面上进行，也在化学的本体论层面上进行。一般说来，十八世纪化学的本体论主要为元素论和原子论。拉瓦锡在原子论的层面上，主要受莱梅里和波义耳的影响。例如"正如莱梅里所想象的，酸的组成微粒进入到碱的细孔中"，至于"如同马德堡半球一样，酸和碱有着不同的断面，在相接触的时候会彼此咬合或是简单地连在一起"，事实上就是波义耳的锁套理论。波义耳曾经假设碱是一把锁，酸是一把钥匙，钥匙插进锁里，就成了中性盐。尽管莱梅里的理论在波义耳、牛顿看来十分庸俗，但实际上波义耳、牛顿经常阅读法国皇家科学院的化学论文（与波义耳、牛顿同时代的最著名的法国化学家就是莱梅里），至少在酸、碱、盐的理论上，波义耳的一些解释似乎与"庸俗化学家"非常接近。在化学层面上，波义耳承认酸、碱、盐的微粒在"自然"条件下保持着化学性质的不变，波义耳也曾经花费了很多时间研究盐的分类，他指出盐有三类：酸性盐、碱性盐、中性盐。拉瓦锡在元素论的层面上，主要受德国化学家斯塔尔、艾勒（J. T. Eller）的影响。斯塔尔提出"普遍酸"理论，是元素论化学要素原则的集中体现。艾勒具体的生卒日期不详，不过可以确信的是历史上确实有这个人，而且这个人并不是欧拉。欧拉是同时代的瑞士著名数学家。在化学史的早期研究中，学者有时候把艾勒和欧拉混淆，实际上，艾勒和欧拉是两个人。艾勒提出了"油状酸"（acidum pingue）理论，并指出空气就是水的一种变形①。艾勒的理论给予早年的拉瓦锡以很深远的影响。

在 1768～1769 年，拉瓦锡曾经做过一个历时一百天的实验，来研究"水能否变成土"的问题。水和土本来是亚里士多德所说的四元素中的两种元素。在拉瓦锡的时代，这四种元素有可能能够相互转变的观点在化学家中还是非常流行的。尤其是水能转变为土的观点，似乎被大量的经验事实所支持。波义耳、波尔哈夫等化学家都曾经观察到把水完全蒸干后会剩下一些土质（固体物），他们对此并没有做更深入的实验研究，就在论文中记载了这一经验事实，似乎暗示着水有可能转变为土。赫尔蒙特更是这种观点的典型代表，他做过著名的柳树实验。当赫尔蒙特持续向植物浇水而使植物不断生长时，却发现土的质量从来都没有因此而减少，因为在柳树实验中，只有水是不断添加的，赫尔蒙特因此认定植物的质量增加只可能来源于添加的水，这就证实了水可以转变为土。拉瓦锡是一个极具挑战性的科学家，他不满足于沿袭赫尔蒙特的理论，于是开始了自己的研究。他先到巴黎的郊外，从尽可能远离住户和森林的地方收集到 3 磅（1.468 千克）的雨水。拉瓦锡经过 8 次反复蒸馏而使其更加纯化后，再把水装入一个叫作鹈鹕蒸馏器的玻璃容器中，密闭后加热。具体时间为 1768 年 10 月 24 日到 1769 年 2 月 1 日，大约为 100 天。所谓鹈鹕蒸馏器，这是一个玻璃容器，上部狭窄，下部宽，有着两根弧形的细长管通向下部，形状很像一只鹈鹕鸟。当装入水加热时，产生的水蒸气在上部遇冷而凝结成水，又经容器的颈部回流到下部。无论怎样加热，水蒸气也不会散失。拉瓦锡从 1768 年 10 月 24 日开始加热，日夜不熄，连续加热到第 2 年的 2 月 1 日，发现了在容器底部积存有固体物，这似乎与以往的化学家观测的结果一致，但拉瓦锡这一次使用的是密闭容器。拉瓦锡发现整个蒸馏器的质量同加热前相比较而言，其实并没有什么变化。拉瓦锡马上认识到，在加热过程中，其实完全有这种可能，就是既未有任何物质从蒸馏器外进入，也未从蒸馏器内逸出什么物质。拉瓦锡称量鹈鹕蒸馏器和蒸馏器底部的土时，发现鹈鹕蒸馏器的质量损失大于蒸馏器底部的土的质量，差额为 12.5 格令（1 格令为 64.7989 毫克）。在实验以前，拉瓦锡已经猜想到鹈鹕蒸馏器的质量损失主要来源于玻璃的溶解，但 12.5 格令的质量

---

① 艾勒实际上把水蒸气和空气混为一谈了，不过这也是十八世纪化学家的一个思想传统。在他之后，大名鼎鼎的卡文迪许和普里斯特利也在相当一段时间内，把从水中置换出来的氢气视为水的一个变形。

又去了哪里？拉瓦锡猜测，其实是玻璃容器的一部分溶于水中了，拉瓦锡于是用液体比重计测试了水的比重，发现水的比重确实略有增加。在把水完全蒸干以后，拉瓦锡发现有一些残存的固体物质，质量相当于 15.5 格令。显然，水的质量的增加量比容器质量的减少量多 3 格令，但拉瓦锡认为这不是大的问题①。据此拉瓦锡断定，并不是水本身变成了固体物质，而是由于水在长时间加热的过程中溶解了玻璃容器的一部分，并分别以固体和液体的形式出现的。拉瓦锡从此对古希腊哲学中四元素可以嬗变的理论产生了怀疑，拉瓦锡在艰苦工作以后，发现了以往的绝大部分支持元素可以嬗变的化学实验基本上都是实验水平低下、不精确的结果。事实上，在化学家的实验室中，元素本来就不可能发生嬗变。直到二十世纪原子能科学诞生以前，科学家都没有使元素发生嬗变②的任何技术可能。拉瓦锡当然是不愿意承认元素是可以自由嬗变的，因为如果承认元素是可以自由嬗变的，化学分析将会变得毫无意义。因为存在着嬗变的可能，例如分解后得到了土，并不代表着被分解的化学物质的成分中含有土，还有另一种可能，那就是土是水嬗变后形成的。

1772 年是格拉克认定的拉瓦锡的"关键性的一年"，拉瓦锡在 1772 年下半年开始了空气研究，这是拉瓦锡走向事业的辉煌的起点。以往的科学史研究对拉瓦锡在这一年上半年所做的工作有过探讨，但一般认为这些工作部署很重要。拉瓦锡在 1772 年做的一个主要工作就是钻石的煅烧。钻石是硬度最高的自然矿物，具有自然的华丽光泽，自古以来都是一个奢侈品。但钻石的化学成分是碳元素，和自然界大量存在的、低廉的焦炭、石墨的化学成分大致相同。在十八世纪，大量的观察事实显示钻石其实是可以被烧掉的。1694 年，在当时的意大利的宫廷，两位佛罗伦萨的科学家曾利用一个大型凸透镜将太阳光聚焦在钻石上，试图将钻石摧毁。1760 年 5 月，奥地利的皇帝弗朗索瓦一世曾向法国矿物学家古塔尔描述了他做过的钻石煅烧实验。实验的步骤主要为将钻石和红宝石放入一个球形的坩埚里，使用大型凸透镜照射 24 个小时。当打开坩埚的时候，红宝石没有什么改变，但钻石消失得无踪无影。古塔尔听了弗朗索瓦一世的讲述以后，被奥地利皇帝的穷奢极欲吓得目

---

① 以往的学者认定拉瓦锡有筛选和编造实验数据的不诚实行为，这实在是有点苛责古人。其实由于当时的实验条件所限，拉瓦锡并不可能绝对保证收集的水不受任何污染。拉瓦锡认定 3 格令的质量增加是实验的误差，这在科研工作中是完全可以被接受的。

② 实际上只有核反应才有可能实现"嬗变"，而且一个元素到另一个元素的转换是有严格条件限制的，并不是炼金术士想象中的自由转换。

瞪口呆。在十七世纪，波义耳就试图用煅烧的方法来"毁"钻石，但是未能成功。1768 年春季，医学博士和化学家达塞（Jean D'arcet，1724—1801）使用大型炉子来煅烧钻石，发现钻石在煅烧后彻底消失，就像水被蒸发一样。马凯 1771 年 7 月 24 日做了重复实验，验证了钻石可以被煅烧掉。1771 年 8 月，达塞做了钻石煅烧的演示实验，观看这个实验的科学家有米图阿尔（Pierre François Mitouard，1733—1786）、小鲁勒（鲁勒的儿子，也是一名化学家）、沙耶，实验最后获得成功，马凯总结说火确实可以摧毁钻石，只不过不知道是用何种方式摧毁的。当时的化学家认为钻石的消失有三种可能，一是蒸发，二是燃烧，三是爆裂（decrepitation）。爆裂是指钻石被还原成我们肉眼无法看到的精细微粒。为了验证钻石是如何消失的？化学家又做过多个实验进行测试。拉瓦锡在手稿中记载了自己曾经做过的 31 个钻石的测试，拉瓦锡注意到除了用黏土封闭起来的、与空气隔绝的钻石最终能保持原貌，其他情况下钻石总是要消失至少一部分。1772 年 4 月 29 日，拉瓦锡将自己做过的 31 个钻石的测试结果做了报告，拉瓦锡肯定了钻石是可以被火摧毁的。马凯、米都德等化学家认定钻石是被烧掉的，卡德则认定钻石"爆裂"了，而达塞和小鲁勒则认为是钻石"蒸发"掉了。拉瓦锡其实并不完全同意这三种说法中的任何一种，只是更倾向于"蒸发"和"爆裂"的说法。法国科学院对这个学术争议做出了裁决，结论非常谨慎：一是，实验的具体条件可以解释充满争议性的实验结果，二是，不同案例的温度是不同的，而且无论是哪个案例，温度都是不充分的。从此，为了达到更高的温度，化学家开始使用大型凸透镜。

1768 年 3 月，拉瓦锡在一位朋友的劝说下，购买了高尚包税（fermiers-generaux）公司的一部分股份，这是他人生的一个重要转折点，他以后的很多重要经历，例如成为保税官以及最后被杀头，都与此有关。拉瓦锡在这个时期的一个重要的生活经历就是和玛丽·安勒结婚，玛丽·安勒即后来的拉瓦锡夫人。1771 年 12 月 16 日，拉瓦锡与玛丽·安勒举行婚礼。玛丽·安勒的父亲鲍茨 1753 年与修道院院长泰瑞的侄女结婚，婚后生育了三个儿子和一个女儿，但在生下这四个孩子以后，鲍茨的夫人不幸去世。修道院院长泰瑞后来成为法国财政主管，也拥有对高尚包税公司的监督的权力。1771 年，玛丽·安勒才 13 岁，但由于其父亲鲍茨在高尚包税（fermiers-gener-aux）公司供职并拥有股份，可以想象玛丽·安勒以后也将继承其父亲的一部分股份，这显然会给许多未婚大龄青年在婚姻和经济问题上的解决方面提供一个途径。所以泰瑞的一个同事拉加德决定提亲，他和泰瑞商量了一通，得到了泰瑞的支持，于是拉加德提议将玛丽·安勒嫁给自己 50 岁的兄弟艾美瓦（Amerval）。玛丽·安勒虽说那个时候仅 13 岁，但似乎明白自己的终身大事应该由自己来决定。她在她的父亲的面前坚决反对这桩婚事，并指出艾美瓦是一个"傻子、没有情感的粗人和怪物"。玛丽·安勒的父亲显然同意自己女儿的观点，尽管拉加德送来贵重彩礼，但鲍茨还是硬着头皮回绝了这个婚事。

他在给泰瑞的信中这样写：

> 亲爱的叔叔，当您谈及我女儿的婚事时，我想只有在很遥远的将来才能考虑这件事，而且婚姻双方的年龄、性格、财产等应该相似；我发现您的提亲与此相距甚远。艾美瓦先生都 50 岁了，我女儿才 13 岁；他有 1500 法郎的收入，我的女儿虽然也不富有，但也可以为她的丈夫带来（这个数目）2 倍的收入；您不太了解他的性格，但我得到可靠的信息，那就是他既不适合于我女儿，也不适合于您或者我。我女儿真的不喜欢他，我不会做违背我女儿意愿的事情。(Donovan，1993：111-112)

鲍茨的拒绝信引起了泰瑞的不满。泰瑞甚至一度以将鲍茨解职来进行威胁，但泰瑞的威胁引起了其他股东的不满。这些股东一致认定鲍茨是该岗位不可替代的唯一人选，因此形势进入了僵持状态。鲍茨认为只有赶紧把女儿嫁出去，才能解决危机。鲍茨想起了他的一位 28 岁的同事——拉瓦锡，显然，拉瓦锡的形象、前途和发展空间看上去都不错，另外，拉瓦锡给鲍茨的女儿留下的印象似乎也还不错。鲍茨决定撮合这两个人的婚事。泰瑞在一些历史著作中被描述成老古董、没有幽默感的人，但在这件事上，他很快转变了态度，并慷慨地将自己所拥有的一个私人教堂借给两位新人。两位新人在这座教堂里举行了婚礼。

似乎没有什么史料能够全面反映拉瓦锡对于这次婚姻的真实态度。拉瓦锡生前在真实出版物和手稿中都很少谈及这次婚姻。事实上，在以拉瓦锡为主要对象的传记中的关于这次婚姻的记载，实际上多半来源于拉瓦锡夫人晚年所写的回忆录。布瓦耶曾创作了一部拉瓦锡的传记（Poirier，1998），这在拉瓦锡的传记中是篇幅最长的一部，其英文版有 516 页。布瓦耶在拉瓦锡的婚姻生活等私人生活领域提供了许多以往科学史研究所没有涉及的有趣材料，例如拉瓦锡晚上做实验的时候，拉瓦锡夫人则坐马车出去和情人幽会。布瓦耶在传记中曾强调在当时的法国，这是一个普遍现象，尤其是当夫妻岁数相差悬殊的时候，这种现象得到当时的法国社会的宽容。尽管如此，可能由于拉瓦锡本人留下的资料还是主要集中于他的科学领域，所以传记对于拉瓦锡的性格、人格等方面的探讨仍然是比较有限的。吉利斯皮曾为这部传记写过前言，他谈及了这个情况：

> 布瓦耶给了拉瓦锡身边的人——杜邦、弗尔科瓦、德莫沃、哈森弗拉茨、杜尔戈、盖塔尔以及他最著名的夫人——以生命。作为一个未成年的新娘、一个巴黎沙龙里有智慧的年轻贵妇人、一个寡妇，拉瓦锡夫人在布瓦耶的传记中被描绘成一个靠自己能力生活的人。但我们还是不知道拉瓦锡到底是一个什么样的人。这并不是作者的失误。没有一个人能做到这一点。拉瓦锡似乎不是一个可以亲近的人。他希望自己是对的，但不希望别人熟悉自己，更不用说让人喜欢了。（Gillispie，1998：xvi-xvii）

作为老一代的科学史家、萨顿奖章的获得者，吉利斯皮一生致力于法国科学史的研究，他对拉瓦锡的定位和总结是非常独到和有趣的，值得仔细品味。

第四章

十八世纪元素论化学的
元理论的演进历程

一、十六至十八世纪元素论化学的演进

燃素论者与氧化论者之间有没有对话平台？强调"不可通约性"的学者（早期的库恩[①]）自然对这个问题持否定的回答。从历史上看，燃素论者与氧化论者之间对话首先发生在拉瓦锡本人身上。拉瓦锡1772年以前尚未明确对燃素学说产生怀疑，1772～1776年对燃素学说产生怀疑但尚未完全放弃燃素概念，甚至一度对普里斯特利的燃素学说感兴趣，直到1776年以后拉瓦锡才下决心与燃素学说划清界限，并明确提出氧的燃烧理论。在回答"燃素论者与氧化论者之间有没有对话平台"这个问题之前，需要结合上一章的内容对十七到十八世纪化学家的化学理论的形而上学的基础进行必要的梳理。

元素论的分析原则最远可以追溯到亚里士多德（Aristotle，公元前

---

① 库恩晚年对于这个问题的回答有所缓和。在这个时期，他把"不可通约性"解释为相继科学理论之间无公共词汇表，没有一种术语集合能够用来充分而准确地陈述两个理论的所有成分，但并非"不可比较"，两者仍然可以有着部分的交流。

384～前 322 年 3 月 7 日）的元素论。亚里士多德是古希腊最著名的哲学家和博学者。他批判性地继承了他老师柏拉图的哲学思想，并总结了自从泰勒斯以来古希腊哲学发展的结果。亚里士多德认定世上万物均由四元素①组成，这四个元素为土、水、气、火。土、水、气、火又分别由两种性质组成，土是冷和干，水是冷和湿，气是热和湿，火是热和干。亚里士多德最后还假设了一个第五元素，即以太。劳埃德将亚里士多德设立以太元素的目的解释为实现"（四元素的）某种近似的平衡"（劳埃德，2004：107）。亚里士多德的学说指出那些不够完美的金属都有着力图使自己变得完美、从而像黄金一样尽善尽美的"目的因"，所以它们是有可能通过很长时间的完善而形成黄金的。当然，人类的工艺无疑可以大大加快这一进程，而这个工艺后来演变成为炼金术。在帕拉塞尔苏斯以前就有这样的说法，即所有的金属都是硫和汞的结合物。硫是主动要素，积极而主宰灵魂，而汞是被动要素，消极而主宰质料。一般说来，尽管有些文献注明是古希腊学者所著，但经过考证，实际上多半是古阿拉伯的学者所写，并冠以古希腊的假名。

炼金术士认定在热力的影响下，地球内部的硫和汞缓慢结合，生成形形色色的金属。特定金属的出现有赖于所有适宜的因素都参与到成熟过程中来，这些因素包括硫和水的纯度及其结合时的比例以及反应温度。同理，炼金术士要做的不是为了生成地球上不存在的物质，就是利用人工方法来生成地球上存在的物质，即炼金。如果一切顺利，炼金过程的终点及其目标产物是金，如果未达到适宜条件或偏离了适宜条件则会炼出其他金属。具体而言，炼金术士们首先要做的是去除金属的本质和偶在形式，将其还原为基本质料，然后利用恰当的炼金配方把形式注入基本质料之中。通过这种方法，就能把贱金属重构为贵金属。另一方面，炼金术士们在努力寻找一种"哲人石"（即点金石，philosopher's stone）的配方，据说它们可以渗入到所炼金属之中，将之转化为金子。由于需要把金属或矿物分解为硫和汞等要素，炼金术士们自然在某些时候把很多组合物分解为简单物质，同时又经常将很多简单物质合成为组合物，这其实就是最早的化学分析。炼金术为化学的发展提供了一个良好的经验上的基础。在实践过程中，炼金术士们认识了许多化

---

① 学术界一般认定恩培多克勒第一次提出完整的四元素理论。恩培多克勒（Empedocles，约公元前 490—约公元前 435 年）是古希腊医生、哲学家，他强调气的作用，和已有的火、土、水三元素相结合组成了四元素理论。恩培多克勒使用了爱与憎来解释运动的动因：元素在爱的作用下结合，在憎的作用下分离。"爱"和"憎"可以对应于后来牛顿的粒子力中的吸引力与排斥力，"爱"也是十八、十九世纪化学学科中大名鼎鼎的亲和性概念的前身。

学过程，包括溶解、煅烧、熔化、蒸馏、腐败、发酵和升华，他们还制作了所需的仪器，包括用于加热和熔化的各式坩埚，用于蒸馏的净化瓶，各式长颈瓶、接收器以及用于熔化、融合、研磨、收集炼金物料的容器。炼金术的分析主要是对化学物质性质的分析，其形而上学的基础是把化学物质看作是一个性质的集合。培根的《新工具》就详细探讨了金丹术士的秘密活动的理论基础：

> 关于物体转化的规律或原理分为两种。第一种是把一个物体作为若干单纯性质的队伍或集合体来对待的。例如金子，由下述许多性质汇合在一起。它在颜色方面是黄的；有一定的质量；可以拉薄或展长到某种程度；不能蒸发，在火的动作下不失其质体；可以化为具有某种程度的流动性的液体；只有用特殊的手段才能加以分剖和熔解；以及其他等等性质。由此可见，这种原理是从若干单纯性质的若干法式来演出事物的。人们只要知道了黄色、质量、可展性、固定性、流动性、分解性以及其他等等性质的法式，并且知道了怎样把这些性质加添进去的方法以及它们的等级和形态，他们自然就要注意把它们集合在某一物体上，从而就会把那个物体转化成为黄金。（培根，1995：119）

当然，在金丹术的活动中，这些性质是需要一些物质对其负责的。这种思路就是本书谈及的要素原则。这些哲学要素包括盐、硫、汞、水、土等，这些哲学要素实际上是一个类型的众多化学物质的统称，而且这些类型的划分往往不是通过化学性质，而是通过物理性质来区分的。十六世纪最负有盛名的瑞士医生帕拉塞尔苏斯（Philippus Aureolus Paracelsus，1493—1541）提出了著名的"三要素"理论，三要素分别为盐、硫、汞。由于帕拉塞尔苏斯崇尚矿物药，因此他的学派对矿物进行了大量的研究，推动了矿物化学研究的进程。十七世纪出现了五要素学说。这个时期的分析往往是物理分析与化学分析相结合的产物。例如，十七世纪证明五要素学说的植物蒸馏方法往往是通过物理状态来区分不同要素的。例如，化学家把接收器收取的流体分为三种要素：无生气的流体视为要素水，不与黏液混合在一起的流体为要素硫，具有不同气味的流体为要素汞。另外两个要素的区分则是通过溶解度：溶于水的物质是要素盐，而不溶于水的沉淀物则是要素土。因此，植物蒸馏方法实际上只是一种物理手段，将沸点和溶解度不同的物质分离了出来。

事实上，波义耳的预言在一个世纪以后真正成为了现实，随着现代化学的建立，"真正的哲学繁荣"得以实现。根据袁江洋已有的研究成果（袁江洋，2012：69），并稍作修改，我们可以得到从波义耳到拉瓦锡的一百多年里化学的元科学理论演进的基本框架（表4-1）。

表4-1　《怀疑化学家》论战双方的元理论构架、波义耳的批判及其结果

帕拉塞尔苏斯及其信徒	本体论承诺	盐、硫、汞三要素（简单物质）构成一切物质（或四元素说或五要素说）
	方法论原则（辅助假定）	（1）组成规则：所有（矿）物体由三要素共同组成； （2）分析规则：用化学分析（主要使用干法）可分离出这些要素； （3）要素-性质对应规则：某一类性质由某一种要素引起。例如，炼金术中有主汞论（汞是物体嬗变的关键要素，哲人汞）或主硫论之分
微粒哲学波义耳版	本体论承诺	真空与同质的自然最小质、由之凝结微粒状的第一凝结物、第二凝结物、……乃至构成一般物体的最大的微粒（物质层系说）
	方法论原则（辅助假定）	（1）结构-性质对应规则：微粒的结构决定着微粒的性质； （2）自然最小质具有第一性的质：大小、形状和运动； （3）可感性质，如颜色、气味、味道等，取决于物体微粒与人的感官的相互作用； （4）物体的化学性质（第二性的质）取决于物体最大微粒的结构； （5）隐秘的质：电、磁，有待（机械论式的）理解
波义耳的目的与方法		（1）目的：反对一切元素要素论，主张从微粒论理解化学和炼金术 （2）方法：以炼金术和化学上大量实验，驳难元素论方法论上的规则和信条，论证微粒哲学的适当性（实验可分为驳难、支持两大类）
结束时，化学家们承认合理的三条批判		（1）火分析操作得到的产物并不一定都是要素，倒经常是复合物； （2）并非所有物体均由所有要素同时组成，要素数目并非恰好为三、四或五，而且没有确定的数值； （3）有一些性质不适于用任何一种要素来归结
要素论化学家们反过来要求批判者波义耳接受的三条内容		（1）有一些矿物可恰好分为3种要素，几乎植物均可分成5种要素。（坚守要素概念）； （2）虽然在分析中得到的要素并非简单物质，但实际上这并不妨碍人们将它们视为要素（暂时将在实际化学操作中不可再分的东西视为要素）； （3）结合物的性质往往与它们含有何种要素有关，因此，分出这种要素，就可以为这些结合物找到用处（坚守性质-要素规则）
元素论元理论的升级		（1）放弃"哲学要素"，发展"化学要素"。 （2）放弃以往的无效实验，如不再坚持从黄金中分离黄金的三要素。 （3）开启新的方向：发现化学新元素，研究复合物（以二元化合物为主）

古代自然哲学中即有元素论和原子论的思想分野，原子论者与元素论者在实践中都考虑物体的微小组分；但元素论者不承认真空，而原子论者承认真空。十七世纪，波义耳以实验为基础系统批判亚里士多德元素论和当时化学家们的要素论，而主张以其微粒哲学（所有物体由同一种原始粒子逐级凝结而成，承认真空，原始粒子只具有大小、形状和运动，但不具备颜色、气味、味道等第二性的质，不直接具备通常所说的化学性质）替代元素论思

路。牛顿接受波义耳物质学说并予以发展，他补充说，最小粒子及各种粒子凝结体有质量，且它们彼此之间存在着种种力。但化学家们没有接受粒子层系学说，只是接受有明确经验支持的亲和性概念（可通过实验制定出各种亲和性表，确定亲和性相对顺序而难以确定具体的数值）。波义耳的批判促使化学家们放弃了元素论学说中的这样一种观点（可看作是元素论的一条辅助假定）：所有物体均由所有元素共同组成，只是不同元素的比例有异而已。这样，诸如"二元元素结合物"这样的概念在理论上才有可能出现并得到承认。同时，元素种类在理论上也可能不再仅仅只有三、四、五种这几种可能，随着经验的发展，存在多种元素的观点开始出现。

十七世纪中期开始，哲学元素论开始向现代化学元素论进化，其主要标志是开始在经验论的框架下定义简单物质。对于简单物质的定义在十七世纪中期至十八世纪逐渐进化、完善并形成，拉瓦锡最终发展并完善了这个定义。

十八世纪法国著名化学家马凯的《化学词典》是当时著名的化学参考书，他对"要素"与"元素"定义体现了十八世纪分析化学或组成化学强调操作性的特性。他的"要素"与"元素"定义强调化学分析的有限性，将化学分析的终点视为"要素"与"元素"。"但是对于物质的分析与分解是有限的……无论我们尝试什么方法以走得更远，我们始终为无法改变的物质，即不能分解为其他物质的物质所阻止……我们可以授予这些物质以'要素'或'元素'的称号……在这类物质中最重要的是土、水、气、火"。（Macquer，1777：1-2）

十八世纪化学的发展使得化学家开始明白土不是一个元素，而是许多种土组成的一个类别；在1783年以后水不再是一个元素，而是一个结合物；气（空气）不是一个元素，而许多种不同气体组成的一个混合物；只有"火"在拉瓦锡的新化学体系中维持着"元素"或"要素"的地位。

> 如果我们所说的元素（elements）这个术语所表达的是组成物质的简单的不可分的原子的话，那么我们对它们可能一无所知；但是，如果我们用元素或者物体的要素（principles of bodies）这一术语来表达分析所能达到的终点这一观念，那么我们就必须承认，我们用任何手段分解物体所得到的物质都是元素。这并不是说，我们有资格断言，那些我们认为是简单的物质，不可能是两种要素甚或更多要素结合而成，而是说，由于不能把这些要素分离开来，或者更确切地说，由于我们迄今尚未发现分离它们的手段，它们对于我

们来说就相当于简单物质，而且在实验和观察证实它们处于结合状态之前，我们决不应当设想它们处于结合状态。（安托万·拉瓦锡，2008：5-6）

拉瓦锡的"元素"定义是十八世纪化学发展的一个里程碑，它基本上否定了"哲学要素"在化学体系中的定位。在现代原子论建立以前，化学发展主要依赖于元素论化学的发展。元素论的发展，尤其是定量化学与实验精致化进程的发展，使化学家发现了定比定律与倍比定律，为现代原子论的建立奠定了基础。本书探讨的化学革命发生在十八世纪，尽管在这个时期也有不少原子论化学家，但当时最主流的化学理论为元素论化学，化学革命的两大阵营燃素论与氧化论都属于元素论化学。本书经过比较研究，发现在元理论层面上，有两个相同的原则。也就是说，论战双方均遵循大致相同的一套元理论。

二、元素论化学的两个元理论原则

（一）分析原则

分析原则实际上是十八世纪化学家的实验原则。化学家的使命就在于通过实验来弄清楚化学物质的组成成分。尽管分析可以区分为定性分析（燃素学说）与定量分析（氧化学说），但其最终目标与价值取向基本上一致，就是通过分解与合成来揭示化学物质的组成。

分析原则在十七世纪至十八世纪有一个自然进化的过程。"分析"的概念在十七世纪以前的金丹术中即已经存在，尽管与现代意义上的化学分析概念相差很远，但两者仍然有着密不可分的关系。

随着十七世纪化学的发展，旧的要素与元素学说的"性质"分析方法开始受到指责。波义耳的《怀疑的化学家》体现了十七世纪化学发展的最新进展。波义耳一方面继承了金丹术士的实验研究成果，另一方面对金丹术士的理论中逻辑混乱的地方进行了猛烈的攻击。该书有两个主角：卡尼阿德斯与埃留提利乌斯。学术界一般认为卡尼阿德斯暗指的是波义耳本人，其实卡德里亚斯的论断既包括波义耳的思想，也包括当时元素论者的思想。埃留提利乌斯在此书的结尾试图充当一个裁判的角色，他认定当时的元素论者至少应该承认以下三个命题：

因此，倘若他们暂且承认，你的论辩已使以下三条命题成为可能成立的东西：

第一条，结合物在火作用下分解而成的那些各不相同的物质并不具有某种纯粹和某种基本的本性，而这主要是因为，它们仍然保持着凝结物才有的许多特性，以致它们看起来仍有些像复合物，而且常常使得得自于一凝结物的要素不同于得自于另一凝结物的、具相同名称的要素。

第二条，这些各不相同的物质的数目既并非恰好为三，因为就绝大多数植物体和动物体而言，土和黏液也出现在它们的组分之中；也不具有任何确定值，因为（通常被用作分析工具的）火并不恰恰总是将一切复合物，无论是矿物，还是其他被认作是完全结合物的物体，分解成数目相同的组分。

最后一条，有一些性质不能用这些要素中的任何一种来妥善地加以归结，不能只当它们是该物质内在的和固有的性质；而另一些性质，虽说它们看起来似是一切结合物所共有的那些要素或元素当中的某个要素或元素的主要性质和最普通的性质，但从该要素或元素中却无法推出这些性质，因此，对于上述这两类性质，必须采用另一些更基本的要素来进行解释。（波义耳，2007：229）

通过假借埃留提利乌斯的口吻，波义耳指出了元素论者必须承认的三条。第一条指出了火分析（植物蒸馏）的实验方法的缺陷，波义耳的这点无疑是正确的，植物蒸馏之后的产物确实不是"要素"，植物蒸馏实际上只不过是把沸点与溶解度不同的物质分离了出来而已。波义耳在第二条中指出金属可以分出三要素，而植物和动物可以分解出五要素，既然三要素和五要素都可以成立，那么帕拉塞尔苏斯的三要素学说的核心假设"所有的物质同时由三要素共同组成"是不能成立的。不仅如此，波义耳认定"要素"的数目不具有任何确定值。在第三条中，波义耳指出了"性质"化学存在的漏洞。值得指出的是，波义耳对要素学说的质疑并非只是他一个人的声音，当时的化学家基本上都承认金属不仅无法分解出五要素，对于纯净的金属单质来说，甚至连帕拉塞尔苏斯的三要素也无法分解出来。

事实上，波义耳对性质与元素的对应关系的质疑，对于十八世纪化学的影响非常深远。在十七世纪以前，四元素与三要素的任何一个元素或要素都对应着化学物质的某些性质。这种性质与元素的对应关系在十八世纪开始淡化，十八世纪的主流化学理论中的大部分元素只对应着化学物质的组成，而不解释化学物质的性质。当然，性质化学仍然得到一定的保留，燃素学说中

"燃素"就对应着化学物质的性质。

十八世纪以后，化学开始进入了组成化学的时代。高夫（J. B. Gough）认为拉瓦锡并没有开始一场革命，而是抓住了早已经开始的一场关于化学组成的革命的机会，并给这场革命附加了自己的色彩。而这场革命是什么样的革命呢？文章题目表明了这是一场斯塔尔式的革命。高夫认为斯塔尔燃素学说的创立即是一场关于化学组成的革命的开始，氧化学说并非是针对燃素理论的革命，而是斯塔尔革命的顶点。（Gough，1988：15-33）当然高夫的观点无疑过于激进，其他学者很少赞同他的这种"燃素学说和氧化学说同属于一次革命"的观点。但是很多西方学者同意燃素学说和氧化学说都有一个相同的化学理念，那就是"组成"（composition）。十八世纪的化学家认为化学研究的原则就是通过把化学物质分解（analysis）成各种组成成分以及通过各种组成成分来合成（synthesis）化学物质的方法，来研究化学物质是如何被组成的。这就是"组成"概念的主要含义，同时也是十八世纪化学的最根本特征。当然，高夫的观点也并非全新，西格弗里德（Robert Siegfried）和多布斯（Betty Jo Dobbs）早在 1968 年就指出燃素学说和氧化学说都由一个相同的化学理念"组成"，但拉瓦锡的"组成"与斯塔尔及其追随者的不同之处在于拉瓦锡颠覆了传统的化学次序：以往被视作简单的物质现在被视作复杂的，而被视作复杂的物质现在被视作简单的。（Siegfried and Dobbs，1968：275-293）其他学者亦有类似观点（Perrin 1988：53-81；McEvoy，1988a：195-213）。在斯塔尔的化学体系中，硫酸比硫简单，硫酸是水和玻璃状土的合成物，而硫是硫酸和沥青的合成物，硫比硫酸复杂；而拉瓦锡把斯塔尔"颠倒"的化学次序恢复正常，确定硫是元素或简单物质，硫酸是化合物。

国内学者任定成也有类似的观点："事实上拉瓦锡的确不仅利用了燃素说的实验材料，而且通过我们的分析可以看出，他还直接继承了燃素说的重组主义和中心元素观的传统。这个传统既有别于以前的波义耳微粒构造主义，又不同于以后的道尔顿原子构造主义。正是由于氧化说和燃素说这两个完全对立的学说处于同一个传统之中，拥有相同的形而上学预设，它们才有一致的准确解释标准和可理解性标准，才有共同的论战规则和评价标准，才有一个学说反对另一个学说并战而胜之的过程和结果。"（任定成，1993：34）

十八世纪法国著名化学家马凯 1758 年出版的《化学的理论与实践基础》中详细地描述了化学分析的几种方法与手段，化学的目标和最终原则是将物质的组成中的不同物质分离开；测试它们分开后的每一部分；去发现它们的性质与联系；如果可能的话，分解那些物质；……将它们与其他物质结合；为了重造保持所有性质的原始结合物，把它们重新结合成一个物体；或甚至将这些物质与其他物质进行混合，去制造一个全新的、在自然界中从未存在过的结合物。（Macquer，1777：1）。在拉瓦锡建立精确定量化学以前，化学分析往往是不精确的，化合物的次序甚至是颠倒的。比较严格的分析方法的推理方式应该是郎格尼（Langley，1987：228）创立的"推断-组成成分"启发式（Infer-Components）：如果 A 与 B 反应生成了 C（A＋B＝C），或者 C 分解成 A 与 B（C＝A＋B），那么可以推断 C 是由 A 与 B 组成的。

然而，在很多时候，尤其在十八世纪初，如果情况是 A 与 B 反应生成了 C、D、E，由于实验的精致化程度的有限，化学家往往也认为 C 是由 A 与 B 组成的。这就是上一章法国化学家吉奥弗瓦认定硫的组成比硫酸复杂的原因。在拉瓦锡引入精确重量分析方法以后，化学分析的精确程度得到很好的改善。由于重量分析的广泛应用，元素之间的质量关系开始变得精确，化学革命以后，化学家很快发现和确立了定比定律和倍比定律。

分析的原则往往还被运用到自然哲学的其他领域，从十七世纪末到十八世纪，分析原则成为自然哲学领域的一个最流行的方法。牛顿在其巨著《光学》结尾探讨了"分析"的原则：

> 在自然哲学里，像在数学里一样，用分析的方法研究困难的事物，应当总是先于综合的方法。这种分析包括做实验和观察，用归纳法去从中引出普遍结论，并且使这些结论没有异议的余地，除非这些异议是从实验或者其他肯定的事实得出的。因为在实验哲学中是不考虑什么假说的。尽管用归纳法来从实验和观察中进行论证不是普遍的结论的证明，可是它是事物的本性所许可的最好的例证方法，并且随着归纳的愈普遍，这种论证看来也愈为有力。如果在现象中没有出现例外，那么结论就可声称是普遍的。但是如果以后在任何时候从实验中出现了例外，那么就可以声称有这样的例外存在。用这样的分析方法，我们就可以进行从复合物到成分，从运动到产生运动的力这种过程的论证；一般地说，从结果而原因，从特殊原因而普遍原因，一直到论证终结于最普遍的原因。这就是分析的方法；而综合的方法则是假定原因已经找到，并且已确定为原理，再用这些原理去解释由它们发生的现象，并证明这些解

释。(牛顿，2007：258-259)

应该明确指出的是，牛顿的"分析"原则在实验上主要体现在光的分析和化学分析上，这为十八世纪实验物理学和分析化学的发展提供了一个榜样。

(二) 要素原则

要素原则实际上是十七到十八世纪化学家的推理原则。这个原则就是对于同一类化学现象，由同一种物质性的原因（比如某种中心或重要的要素）予以解释。燃素学说最重要的要素或中心元素为燃素，氧化学说最重要的要素或中心元素为氧。当然，燃素学说的要素无疑比氧化学说的要多。在十七世纪，帕拉塞尔苏斯的三要素说与亚里士多德的四元素说得到了一定的妥协，而发展成为五要素说。五要素说保留了三要素学说中的盐、硫、汞，并吸收了四元素说中的水和土。燃素学说中的四个要素实质上是五要素说中排除"土"要素之后剩下的四个。斯塔尔继承了贝歇尔的"四要素"的化学思想，即自然界的物质均由水、玻璃状土（vitrifiable earth）、易燃土（油状土，inflammable earth）、汞状土（mercurial earth）这四个要素所组成。易燃土即是燃素，它有多个功能，例如解释金属的性质；解释燃烧现象中的光、热、火现象。

波义耳曾经试图推翻要素原则：

> 到现在为止我们已讨论了许多内容，这些东西或许已足以驳倒化学家们的下述假定，而这一假定照他们的说法是，几乎每一种性质都必定有着某种"物质始因"，亦即某种固有的受体（receptacle），这就是说，每一种性质皆可说是其受体的属性，也就是说，每一种性质皆有其独特的、固有的物质起因；因此，一种可见于种种不同的物体的性质就是这些物体的共同属性。须知，这一基本假定一旦被推倒，那么，在此基础上建立起来的一切见解则必将不攻自破。（波义耳，1993：123）

在《怀疑的化学家》中，波义耳非常清楚这些原则不过一种哲学上的假设：

> 有许多问题，特别是哲学上的一些问题，可能容许有多种不同的假说，以致基于其中一者为假而下结论说另一者为真的做法将成为一种十分轻率的、不可靠的做法（除非在争论中只有两种截然对

立的见解）。在我们所面临的这一特殊的情形下，完全不必认为，结合物的种种性质只能用炼金术学说或亚里士多德主义者们的假说来解释，非此即彼；因为另有一些更有说服力的方法可用于这些性质的解释，而从物体的微小成分的运动、形状和配置导出这些性质则是一种尤为有力的方法；至于这种方法，我倒是很想在此说清楚，只怕说来话长，不大合乎时宜。（波义耳，1993：124）

实际上，波义耳显然更喜欢他自己的另一种假设，那就是"利用物体的微小成分的运动、形状和配置"来解释化学性质，波义耳在这段文字中说的"利用物体的微小成分的运动、形状和配置"实际上是他的机械论和微粒哲学的重要组成成分。不过，事实上，波义耳为了推翻元素论的假设，不得不提出更多的假设，他的微粒哲学基本上成为一个假设的复杂集合，远远比元素论的假设的数量要多很多。

在拉瓦锡的氧化学说体系中，由于拉瓦锡要和旧的化学彻底断绝联系，所以他尽量避免要素的作用，但很多时候"氧"和"热质"（"热素"）发挥了要素的作用。"氧"主要是拉瓦锡的分析原则的体现，但由于1780年以后拉瓦锡把"氧"视为一种中心元素，"氧"这个元素不再仅仅是一个简单的元素，它还要解释酸的性质：氧化度越高，酸性越强；反之亦然。"氧"对于酸的性质的解释保留了一定的亚里士多德"性质"化学的色彩。

"热质"（"热素"）则是拉瓦锡的化学体系中更为集中体现要素原则的一个概念。拉瓦锡在1787年后将"热质"改称为"热素"（calorique）。拉瓦锡的热素学说的要点是热素无质量，可进入一切物体内部，可分为游离热素和化学热素。拉瓦锡的"热素"的主要功能为：①解释化学反应热，如《化学基础论》第九章"论从不同种类的燃烧离析出的热素的量"中给出了很多化学物质燃烧离析出的热素的量（安托万·拉瓦锡，2008：34-40）。②解释物体内聚性的破坏，主要表现为解释气态、液态、固态转换的机制，"固性（solidité）、液性（liquidité）和气态弹性（élasticité）是同一种物质仅有的三种不同存在状态或三种特殊变态，几乎所有的物质都可被依次设想为这些状态，而这些状态唯一取决于它们所经受的温度；或者换句话说，取决于渗入其中的热素的数"（安托万·拉瓦锡，2008：10-11）。③描述宇宙论图景。拉瓦锡实际上是一个充满论者，也就是反对真空论者。他认定热素可以充满宇宙空间。

燃素与"热素"是有一定相似性的，燃素也可以部分承担"热质"的第一个功能，解释化学反应热。拉瓦锡的合作者和氧化学派的成员之一弗可努瓦（Antoine François de Fourcroy）当年就意识到拉瓦锡的热质概念与燃素概念其实很相似："存在于纯粹空气中的火质或热质，这些拉瓦锡承认在纯粹空气中存在的东西，它们的释放被他归结为燃烧中的明亮火焰的成因，不能是别的，只能是斯塔尔的燃素，或者是马凯的固定的光；这样所有的化学家自然都是承认它（燃素）的存在的。"（Fourcroy，1788：142）但斯塔尔学说中的"燃素"并不能完全对应拉瓦锡的"热素"。斯塔尔化学既没有系统的物质的固态、液态、气态三种状态的划分①，"燃素"也没有解释宇宙论图景的作用。

---

① 学术界一般认定拉瓦锡第一个比较系统地确定了固态、液态、气态的物质三种状态。

第五章

实验精致化进程与化学革命

　　库恩及其信奉者很容易看到氧化学说与燃素学说之间断裂的一面，或非连续性。2008 年，库恩学说的信奉者还以化学革命为案例撰文，对库恩的范式转换理论进行辩护（Hoyningen-Huene，2008：101-115）。当然这种非连续性是很明显的，尤其当研究的时段局限于拉瓦锡的化学革命前后几十年内；但如果将研究的时段扩宽的话，还是可以看到氧化学说与燃素学说之间的连续的一面。以往公认的现代化学开启于拉瓦锡时代的观点也受到了一些冲击，也有学者认为现代化学开启的时间更早，例如十八世纪初的斯塔尔时代。著名医学史和化学史家霍尔姆斯认为："在十七世纪末到十八世纪中叶，特别是以盐的化学为导向的化学事业不断进步的趋势已逐渐表露出来。在盐的化学这个领域里，化学已经成为一个引人注目的成功的学科。拉瓦锡能够几乎不做修改而把这个化学分支的成果直接引入到他的新化学系统中去。"（Holmes，2000：738）在这种情况下，除了极少数化学史学者以外，大部分化学史学者在研究化学革命时均不使用或否认类似"范式""不可通约性"（incommensurable）等经典科学革命的术语。

一、拉瓦锡之前的实验精致化进程

　　在几十年前，科学史界一般认定拉瓦锡以前的化学分析是定性分析，拉瓦锡的化学革命的主要标志是定量分析取代了定性分析。随着近年来化学史的发展，这种传统观点越来越受到质疑。事实上，拉瓦锡以前的赫尔蒙特、波义耳、洪伯格等化学家都有着比较强的定量意识，但由于化学实验技术水平的局限，始终没有让定量分析的作用达到它应有的高度而成为化学的主流。所以说，以往学术界所说的定性分析实际上既包括缺乏定量分析意识的定性分析，同时也包括不精确的定量分析。

例如，英国化学家波义耳在批判四元素理论的时候，就曾经通过对硫化锑和硫酸的化学反应后硫的数量的大致估量，而明确地表示硫不仅来自于硫酸，而且更多地来自于硫化锑。波义耳最后含糊地指出硫可能比硫酸盐（矾油）简单。"种种矾盐的精的存在对于我们制备这样的一种硫来说并不是必不可少的"这句话的意思是，制备单质硫并不需要硫酸（种种矾盐的精），而当时的化学家（准确地说更应该是药剂师）往往认为单质硫的制备离不开硫酸，"［冈特尔（Gunther）告诉我们的那样］，而认为这种物质是由锑矿中的含油成分与矾中的含盐成分所形成的某种复合物"。波义耳用"适量的矾油（硫酸）与粉状矿物锑"一起煮，由于这个粉状矿物锑很可能就是硫化锑（硫化锑在常温下是黄红色无定型粉末），所以"我们通过煮解所获得的硫的数量却相当大，而矾油中所潜藏的硫不可能有如此之多"（波义耳，2007：38-39）。波义耳在该书的另一处又一次谈到硫和硫酸，指出硫酸有可能是"复合而成的一种物体"而比硫复杂，"所以，从这个实验中我可以导出下面的这么一个或者说是两个命题，亦即，通过使这两种均被化学家当作是元素的物质相互作用可制得一种真正的硫，而且在这种硫中丝毫不含有那两种物质中的任何一种；又，矾油虽然是一种蒸馏中得到的液体并被当作是能产出矾油的那种凝结物的含盐要素成分，但它仍可能是经复合而成的一种物体，除含有那种含盐成分外，还含有一种类似于普通的硫石的硫，因而它本身很难说是一种简单的或非复合的物体。"（波义耳，2007：120）

纽曼（William R. Newman）和普林西比（Lawrence M. Principe）（Newman and Principe，2002：273-306）曾指出波义耳的定量分析方法可能来源于赫尔蒙特，但波义耳使用定量分析方法的目的又是为了反驳赫尔蒙特的学说。由于波义耳试图从根本上消除元素，建立其微粒哲学体系，他有一种将化学统一于物理的倾向。这种倾向如果发展到了极致，又是妨碍定量化学分析发展的。"这种理念，当它到达其逻辑的极端后，（反而）拦腰斩断了定量分析的所有可能，因为如果特定的化学类别并不必须是一个特定的'合成物'的成分，那么它们在分析中也不是必需的。所以真的分析是不可能的"。（Newman and Principe，2002：288）

波义耳的实验哲学在很大程度上得到伦敦皇家学会会员的承认。皇家学会的秘书奥登伯格是哲学会刊的出版人和编辑，他要求对实验的描述必须是事实性的，不得依赖于华丽的辞藻和修辞技巧。波义耳也规定了严格意义上的实验哲学论文应该遵循这样一个流程："在我依次列出的这些特定条件下，我观察到最先发生了什么，之后发生了什么，再后来发生了什么，X 男爵和Y 先生也观察到了同样的东西。现在，请允许我就所有这些结果作出如下可能的解释。"尽管炼金术士和医药化学家有了一定的定量分析，但由于他们的实验往往是过于与境化，缺乏客观的实验陈述，对于化学物质的定义与描述往往与自己的学说紧密地联系在一起，以至于对其他实验者来说，其实验的陈述过于艰涩难懂，也很难有效地进行重复性实验。波义耳对此进行了严格批判，这在英国和法国的科研机构中产生了巨大的影响，从此，实验的陈述开始向规范化和严格化方向发展，这对于使化学成为一个严格意义上的精密科学有极大的推动作用。

在波义耳以后，法国盐化学和英国气体化学都在一定程度上延续以往的定量方法，但进展有限。十八世纪初法国著名化学家洪伯格（Wilhelm Homberg，1652—1715）曾经在英国作过波义耳的助手，之后去法国皇家科学院任职，并在 1691 年成为法国皇家科学院的重要的科学家。根据霍尔姆斯（Holmes，1996：289-311）与金（Mi Gyung Kim）的研究，洪伯格在1703 年发表的关于硫的论文就是基于他的定量分析方法上的。当时的化学家普遍认为硫黄里面含有一种"酸盐"（acid salt），即硫酸盐，这种"酸精"燃烧的时候被释放。洪伯格试图用定量分析的方法来检验这个理论。他试图确定在普通的硫（硫黄）里面含硫酸盐的数量。他在一个大的玻璃球里燃烧了一定数量的硫，然后再收集容器里的硫酸盐。反应物为 1 磅硫，生成物为1.5 盎司的"酸精"（acid spirit，可能为亚硫酸或亚硫酸盐）。虽然洪伯格的实验设备不是密封的，硫燃烧后生成的二氧化硫挥发了不少，但得到的"酸精"的重量还是比硫的重量多。洪伯格注意到无论对于反应前和反应后的化学物质所作的重量分析有多么小心谨慎，也无法说明化学分析后为什么会多出大约四分之一的重量的普通的硫。洪伯格尽管多少感到这一实验现象有点反常，但并没有因此提高警惕，但几十年后，拉瓦锡最终真正领会了这一实验现象的理论意义。通过其他相关实验，洪伯格下了结论，硫含有几乎相同重量的酸精、油状土、真的硫或者硫要素。（Newman and Principe，2002：302）洪伯格曾经思考过"化学分析后为什么会多出大约四分之一的重量的普通的硫"，说明洪伯格或多或少地对定量分析方法有所认识，但没有将定量分析方法进行到底，或者更确切地说，定量分析在洪伯格的化学研究中的地位有限，远没有它在拉瓦锡的化学体系中的地位那么高。霍尔姆斯指出了在洪伯格和拉瓦锡的定量分析方法两者之间存在着很大的相似性："定量方法是拉瓦锡对化学所作贡献的一个重要标志，但拉瓦锡并不是这个方法的发明者。他能够让'资产负债表'以一种洪伯格没能实现的方式工作，这是因为，他能够、而洪伯格不能够让燃烧在一个密闭的空间里进行。"（Holmes，1996：301）然而，洪伯格的定量分析只限于硫的分解（实际上是燃烧）实验中。对于通过酸精、油状土、真的硫或者硫要素三者的结合来重新组成硫的实验中，并没有洪伯格的定量分析的记载。霍尔姆斯称洪伯格的分析是"有偏爱的"（partial）分析。在十八世纪初由于很多化学物质在当时并不能分解，而且定性分析的目的往往是为了证实熟悉的化学物质是由几个要素结合而成，所以定性分析更多地强调结合。例如历史上制作第一个完整的亲和性表的法国化学家吉奥弗瓦（Etienne-François Geoffroy，1672—1731）就这样诠释过分析的方法与原则，"在事实上人们绝不相信一个结合物已经被分解成为它的纯粹的要素，除非他们能够利用同样的要素将这种结合物重新造出来。这种重造并不总是可以实现的。但不可能重造时，这并不必然表明结合物的分析工作是错的，但当它被重造的时候，这个分析就是被证明的分析。"（Geoffroy，1704：37；Kim，2003：97）

由于缺乏对实验的规范控制，也缺乏必要的定量手段，定性分析往往是模糊的、不严格的，很多结论都是错误的。

吉奥弗瓦的组成硫的思路如下：

$$硫＝硫酸（盐）＋可燃部分＋土质$$
$$＝矾油＋松节油＋酒石油$$

吉奥弗瓦认定硫是由三部分组成，硫的酸精（及其盐）、可燃部分和土质。在硫的组成实验中，矾油是酸盐，松节油是硫质，也就是可燃部分，而酒石油则是土质。硫的可燃部分其实就是斯塔尔的燃素。吉奥弗瓦试图以类似的思路来解释金属的组成，如铁：

$$铁＝硫酸盐＋可燃部分＋土质$$

硫和铁的组成在后来的化学实验中遭遇了很多反例。例如任何情况下由任意量的硫酸制成的硫黄（硫单质）在质量上均小于硫酸。铁煅烧而失去可燃部分其质量反而增加。问题在哪里呢？

燃烧是否在一个密闭的空间里进行，是区别拉瓦锡与洪伯格化学成就的关键。而英国事实上是十八世纪七十年代以前世界上为数不多的热衷于密闭空气实验的国家之一，这个传统主要来源于波义耳的空气泵实验。由于空气泵的制造工艺实际上比较复杂，在十八世纪的欧洲大陆中，并非所有的自然哲学家的实验室都有条件装备空气泵。不过英国气体化学家黑尔斯、布莱克和普里斯特利对气体化学实验进行了改进，使之改进成为普遍、廉价的气体化学装置。本书在这里稍显重复地简要概括一下普里斯特利的气体实验。普里斯特利发现的几种气体之中，最为著名的气体是脱燃素空气——氧气。据柏廷顿考证，普里斯特利在 1771 年即制备出氧气，但他当时并没有把氧气与空气区分开。1774 年 8 月 1 日，普里斯特利用火镜加热红色的汞灰制备出了单质氧。他在实验中发现汞灰并不需要焦炭即能还原成水银，而且木头和蜡烛放入其制得的气体中，木头和蜡烛的燃烧明显比在空气里更猛烈。1774 年 10 月，普里斯特利去巴黎旅行时和拉瓦锡见过面，吃午餐的时候谈到过他新发现的"空气"（氧气）。这可能与拉瓦锡后来进行的氧气实验有关。拉瓦锡在半年后重做了普里斯特利的实验，证实了加热汞煅灰时逸出的气体质量与汞煅烧成煅灰后所增加的质量相等。以往学术界一般认定这是拉瓦锡用来推翻燃素学说最有力的证据，然而根据霍尔姆斯（Frederic L. Holmes）对拉瓦锡手稿的研究，1776 年前的拉瓦锡其实并没有完全放弃燃素这个概念，直到 1776 年他才勾画出新的化学体系的蓝图。(Holmes，1988：82-92)

二、1772～1777 年拉瓦锡的实验精致化进程

拉瓦锡是十八世纪化学实验精致化进程中的关键人物，他和法国著名数学家、科学家拉普拉斯（Pierre-Simon Laplace）共同发明了一个实验设备——热量计（calorimeter）。"热量计"的命名的重要意义甚至被科学史家罗伯茨评价为"一个单词和世界"（Roberts，1991：198-222）。拉瓦锡在法国大革命前是法国封建政府的包税官，这给他带来了法国皇家科学院所无法提供的高收入（当然这也是他上断头台的原因之一）。这使他有着远远高于普里斯特利这个穷牧师的经济实力，使他在购买、订购化学仪器上可以随心所欲，可以买到或订做世界上最先进的实验设备。拉瓦锡也是一个具有亲手改进实验设备能力的工匠型科学家，尤其喜欢对英国气体化学家的气体化学仪器进行简化和改进。在化学史上与拉瓦锡联系密切或者说他首次发明、改进或使用的化学仪器有很多种，其中最著名的有热量计、气体计量计（gasometer）、精确的天平、水的合成设备。拉瓦锡为了证明其实验的客观性和可重复性（这是普里斯特利所经常批评的），对实验的所有细节都详细说明。

这一点在拉瓦锡所著《化学基础论》第三部分（化学仪器与操作说明）得到充分显现。斯塔尔以往在做金属的还原实验时，必须要借助于还原剂焦炭（碳），然而这样就不容易弄清楚生成的气体是来源于金属氧化物还是来源于焦炭。拉瓦锡在化学理论上的竞争对手也喜欢在这个问题上和拉瓦锡纠缠不清。拉瓦锡起初也是需要焦炭作为还原剂来还原铅丹（一氧化铅）。1775 年后，拉瓦锡更喜欢使用汞灰（一氧化汞），因为汞灰加热就能还原而不需要还原剂。这样容器里只有一种固体物质，可以让其他化学家明白气体只能来源于汞灰，而不是焦炭。拉瓦锡曾经希望在大学化学课程中能够演示这个实验，"由于在所有的金属氧化实验中，竟然只有用汞做的实验最具结论性，因此，要是发明一个简单的装置，能够在大学化学课程中演示这种氧化并论证其结果该有多好。依照我的看法，这可以用与我已经描述过的燃烧炭和油相似的方法来完成；不过，由于其他事务，我迄今还未能重新开始这种实验"（安托万·拉瓦锡，2008：163）。虽然汞有这个很显著的优点，但由于汞的金属活泼性太低，在常用金属中仅高于银、铂、金，煅烧实验显然极其缓慢，所以拉瓦锡要想各种办法以加快汞的氧化速度。尽管如此，拉瓦锡的空气分析实验仍然耗时 12 天。拉瓦锡在《化学基础论》里公允地承认普里斯特利对于化学的贡献以及与自己在化学上取得巨大的成功的关系，他指出在"氧化过程中质量增加的原因从来就没能靠畅通空气中完成的实验发现过"，只有在封闭的容器和确定量的空气中才可能真正发现燃烧物质量增加的原因，而"用于此目的的第一种方法归功于普里斯特利博士"，但同时指出自己在实验方法上也有所贡献：

> 他把要煅烧的金属放在一个瓷杯 N 中，瓷杯放在广口瓶 A 之下的支架 IK 上，广口瓶放在盛满水的池子 BCDE 之中；用虹吸管吸出空气使水上升到 GH，并使取火镜的焦距落到金属上。氧化一发生，空气中所含的部分氧就与金属化合，并且引起空气体积按比例减少；剩下的不外是氮气，不过其中仍混有少量氧气。我在我 1773 年初版的《物理学和化学论集》（*Physical and Chemical Essays*）中，说明了用这套装置所做的一系列实验。在这个实验中可以用汞代替水，靠此使结果更具有结论性。（安托万·拉瓦锡，2008：162）

拉瓦锡承认波义耳进行过密闭煅烧实验，但同时指出波义耳的实验设备安全性差，容易爆炸。根据元素的定义，元素是有质量的。拉瓦锡认定反应物反应前、反应后的量的总和是相等的。而由于元素的性质在化学反应前后没有发生实质性的变化，所以反应物的量可以对应于天平的刻度。拉瓦锡在《化学基础论》里对他的化学分析原则有一个总体的概括："我们可以将此作为一个无可争辩的公理确定下来，即在一切人工操作和自然造化之中皆无物产生；实验前后存在着等量的物质；元素的质和量仍然完全相同，除了这些元素在化合中的变化和变更之外什么事情都不发生。实施化学实验的全部技术都依赖于这个原理。我们必须永远假定，被检验物体的元素与其分析产物的元素严格相等。"（安托万·拉瓦锡，2008：46）

尽管拉瓦锡并没有明确把他的化学分析方法称为"定量分析"，但后人根据拉瓦锡上述的化学原则及其在化学中的应用，而把"系统阐述和使用定量分析方法的第一人"的这一桂冠授予拉瓦锡。拉瓦锡利用定量分析方法成功地把斯塔尔颠倒的化学物质的次序重新纠正了过来，并推翻了持续了两千年的把水视为一种元素的传统观念，使亚里士多德的四元素学说彻底地退出了历史舞台。拉瓦锡 1770～1780 年做了大量酸的实验，纠正了斯塔尔所认定的硫比硫酸复杂的错误认识。拉瓦锡通过硫酸中硫和氧的质量比例来分析硫酸的组成，"通过我自己的实验，我可以有把握地断言，燃烧中的硫吸收氧气；产生的酸比燃烧了的硫重得多；其质量等于燃烧了的硫的质量与吸收的氧的质量之和；最后，这种酸重而不燃，可以以任何比例与水相溶和：关于这一点所剩下的唯一不确定的东西，只是关于成为该酸的组成部分的硫和氧的比例。"（安托万·拉瓦锡，2008：21）拉瓦锡把定量分析的原则也应用于对水的组成的分析上。英国化学家卡文迪许 1782 年做过水的组成实验。他把可燃空气和脱燃素空气放在一起做爆炸试验，发现容器的底部有露珠出现。他紧接着又做了可燃空气和脱燃素空气的燃烧实验，发现最后的生成物就是水。（Cavendish，1784：119-153）但卡文迪许并没有意识到水其实不是一个元素，而是将可燃空气和脱燃素空气视为含有不同数量燃素的水。1783年拉瓦锡在卡文迪许实验的启发下做了水的分解实验，创造性地将水视为可燃空气和脱燃素空气的结合物。在 1789 年的《化学基础论》中，拉瓦锡给出了一个水的氢元素和氧元素的质量比，"用水使铁发生了真正的氧化，与借助于热在空气中发生的氧化恰恰相似。由于分解了 100 格令的水，85 格令的氧就与铁化合，结果使它转变成黑色氧化物状态，离析出一种 15 格令的特殊易燃气体：由这一切清楚地看到，水是由氧与一种易燃气体的基化合而成的，它们各自的比例分别是，前者的质量为 85 份，后者的质量为 15 份。"（安托万·拉瓦锡，2008：30）

上文简单回顾了拉瓦锡的定量化学研究的概况，结合本书已经提出的

"元理论"概念,下面首先将拉瓦锡 1772～1777 年的实验工作划分为两个时期:1772～1773 年时期与 1774～1777 年时期,并分别进行探讨。划分为这样两个时期是有一定道理的。1772～1773 年时期的拉瓦锡已经试图回到元理论层面,他利用分析原则猜测金属煅烧后质量的增加来源于空气中的某种成分,但是由于他的实验精致化程度有限,他误认为金属煅烧产物中所含的空气是固定空气,拉瓦锡这个时期的实验基本上都是以失败而告终。但在 1774 年以后,巴扬和普里斯特利所做的汞的煅烧实验与汞灰还原实验为他的实验精致化进程提供了一个千载难逢的机遇。首先,汞灰的还原实验不需要使用焦炭,而根据斯塔尔的理论,金属还原必须借助于焦炭(焦炭提供燃素)。其次,汞灰的还原实验实际上是一个化合物分解生成了两个单质,是一个简单的分解反应(以往的金属还原实验不是)。在当时的实验水平状况下,汞灰的还原实验更简单,有利于化学家了解金属煅烧与金属灰还原反应的实际情况。实际上,由于当时化学实验的条件比较简陋,没有汞的煅烧实验与汞灰还原实验,拉瓦锡氧化学说的建立与确认都是难以想象的。1774 年之前与之后,拉瓦锡经常做的实验的类型有了很大的改变,他的研究焦点也从固定空气转换到纯净空气。因此,以 1774 年为分界线区分拉瓦锡的两个时期是合适的。

1. 1772～1773 年拉瓦锡的实验工作

以往认定拉瓦锡与斯塔尔化学的决裂发生在 1772 年秋季,而格拉克挑战这个观点,他认定拉瓦锡的这个决裂发生在 1772 年秋季前的几个月。拉瓦锡在这个时候受到了英国空气化学家黑尔斯的化学理论的影响,并做了硫和磷的燃烧实验,从此产生了与传统决裂的念头。格拉克同时指出拉瓦锡尽管不一定是现代化学之父,但拉瓦锡确实为现代化学学科的建立做出了不朽的贡献,拉瓦锡确实是英国气体化学和法国盐化学的集大成者。格拉克提出了"关键的一年"的概念,这个"关键的一年"就是指的是 1772 年。当然,此后的科学史研究并不支持格拉克的观点,佩林和霍尔姆斯都指出拉瓦锡在 1772 年以后并没有放弃"燃素"这个概念,霍尔姆斯指出了甚至在 1776 年,拉瓦锡还是更倾向于接受普里斯特利的燃素理论。

1772 年法国的第戎皇家科学院收到了德莫沃的一篇论文,论文名较长,简称为"关于燃素的论文",这篇论文被收录到他 1772 年出版的一本科学著作中①。在这篇论文里德莫沃明确指出所有的金属煅烧后质量增加。他一方

---

① 这本书的书名为 *Digressions Academiques:Ou Essais Sur Quelques Sujets de Physique,de Chymie et d'histoire Naturelle*.

面坚持斯塔尔的燃素学说，认定质量的增加来自于金属中燃素的失去；另一方面他又试图坚持牛顿主义，他反对负质量的解释，将"金属煅烧后失去燃素，反而质量增加"的原因解释为燃素的密度低于空气。德莫沃的论文中提及的实验和结论给予了拉瓦锡很深的印象。

在格拉克的名著《关键的一年》中，他详细地描述了英国气体化学的研究在 1772 年传播到法国的情形。1772 年的夏天，拉瓦锡通过法国皇家科学院的一个科学家特鲁戴勒（Trudaine de Montigny）得到了普里斯特利的一个小册子的副本。这个小册子的标题为"使水中充满固定空气的指南"（*Directions for Impregnating Water*）（Priestley，1772b），共 26 页，除了记载了布莱克的固定空气实验，大部分内容描述了一个使水中充满布莱克的固定空气的方法。这个充满了固定空气的水实际上与现代碳酸饮料的制作原理大体相当。普里斯特利认定这种充满了固定空气的水能治疗坏血病、肺病甚至癌症。拉瓦锡得到这个小册子之后，由于他本人的英语水平很一般，因此他没有接受特鲁德勒的建议把普里斯特利的小册子翻译成法语，而且也没有证据证明他重复了普里斯特利的实验（Guerlac，1961：58）。尽管拉瓦锡可能没有重视普里斯特利的这个小册子，但洛兹耶（L'Abbc Rozier）创办的《物理学研究》①（*Observations sur la Physique*）杂志在 1772 年 8 月刊登了普里斯特利的小册子的法语版。法语版就是洛兹耶本人翻译的。这使得法国化学家很快了解到英国化学家的空气实验的研究成果。格拉克认定拉瓦锡就是通过《物理学研究》上的法语版的《使水中充满固定空气的指南》了解到了布莱克对固定空气研究。

拉瓦锡在 1772 年 10 月开始反复地做硫和磷的燃烧实验，这是拉瓦锡建立其反燃素的化学新体系的开始。拉瓦锡采用了一种简单实用的方法来测量硫和磷燃烧后的质量增加。他发现了硫在燃烧后生成的硫酸的质量大大超过硫原来的质量。在做硫和磷的燃烧实验的同时，拉瓦锡开始设想硫和磷的质量的增加来自于空气。由于拉瓦锡 1772 年并没有意识到空气其实是几种不同化学物质组成的混合物，他把硫和磷的质量的增加认定为来自于全部空气。为了验证这个想法，拉瓦锡必须做硫和磷的还原实验。然而，在当时的实验水平下，化学性质活泼的元素硫和磷的还原实际上是不可能完成的，事

---

① 洛兹耶 1771 年 7 月创办了《物理学观察》杂志，法语全称为 *Observations sur la Physique, sur l'Histoire Naturelle et les Arts*。洛兹耶认为法国科学家对于法国之外的科学成就了解得太少，所以他拿出了这个杂志的相当篇幅来刊登国外的科学研究成果的法语版。

实上，史料也显示拉瓦锡并没有找到一个有效的方法来还原硫和磷，所以拉瓦锡只能采用别的方法来进行尝试。

因为硫和磷的燃烧现象和铅的煅烧现象比较类似，即这些化学物质燃烧后的质量都增加。拉瓦锡开始做铅丹的还原实验。他使用铅丹（四铅化三铅）和焦炭进行铅的还原实验，观察到还原实验产生的"空气"实际上是原来铅灰体积的1000倍。于是，拉瓦锡确信铅灰里含有"空气"。然而，这种"空气"的化学成分是什么，拉瓦锡其实并不清楚，在此之前也没有任何一个化学家对此有着正确的认识。拉瓦锡对铅丹释放出来的"空气"进行了测试，他发现这种"空气"的性质和布莱克的固定空气颇为相似。铅丹的还原实验释放出来的"空气"确实是固定空气（二氧化碳），但是这并不代表在铅丹里面含有的"空气"就是固定空气。实际上，今天我们知道铅丹里含有的氧元素，在铅丹的还原过程中因为结合了焦炭中的碳元素而形成了二氧化碳。但拉瓦锡当时并不清楚二氧化碳的形成过程，他认为铅丹中含有的空气就是固定空气（二氧化碳）。拉瓦锡在这段时间内，同时也做过大量硫和磷的燃烧实验。硫和磷的燃烧所吸收的空气实际上是氧气，与固定空气是不同的气体。但拉瓦锡在很长时间内都没有认识到这一点。在早期的化学史研究中，一般认为铅丹的还原实验的重要性高于拉瓦锡稍早进行的硫与磷的燃烧实验。例如，格拉克认定铅丹的还原实验明显比拉瓦锡稍早进行的硫与磷的燃烧实验重要，然而这种认识的形成其实是建立在以往学术界认定的"铅丹的还原实验早于硫与磷的燃烧实验"的基础之上的。这也与拉瓦锡本人的表述密不可分。然而，近期的化学史研究确定了拉瓦锡本人的表述中两种实验的顺序只是逻辑上的顺序，而不是时间上的顺序。拉瓦锡所做的硫与磷的燃烧实验实际上早于他做的铅丹实验，而且现在的学术界倾向于认为拉瓦锡所做的硫与磷的燃烧实验实际上比他做的铅丹实验要重要。

在科学史的领域，1772年10月拉瓦锡在备忘录上写下了几段话，这在所有关于拉瓦锡的史料中的引用率最高。学术界对这几段话的解读存在着一定的分歧。

1772年10月20日，拉瓦锡在笔记本上写下了这样一段话：

> 在我开始一系列的实验以前，我相信我应该写一些思考后的结论，对我将执行的计划进行一下阐述。这些实验将对物质在发酵、蒸馏或不同方式结合的物质中释放出来的弹性流体进行研究，也将对大量物质在燃烧过程中吸收的空气进行研究。尽管黑尔斯、布莱

克、迈克布莱德、雅克、克朗茨、普里斯特利和斯麦斯在这个课题上做了大量的实验，但他们都没有完成一个完整的理论体系。……课题的重要性迫使我重新回顾这项工作的全部，物理和化学领域里似乎发生了一场革命。我觉得应该把化学家之前做的所有事都仅仅视为信息。我决定重复化学家以往的工作，在新的警惕下，进行工作，这样，我们才能把在物质中固定的或释放的空气与已经确立起来的知识联系起来，从而使一个新理论诞生。[①]（Berthelot，1890：46-49）

在拉瓦锡的笔记本中，"物理和化学领域里似乎发生了一场革命"的法语原文为 occasionner une révolution en physique et en chimie。由于著名科学史家格拉克的贡献，这段文字在科学史领域很早就为大多数学者所熟悉，以往的科学史学者往往把拉瓦锡在笔记本中写的 révolution 等同于后来学术界所说的化学革命。例如，I. B. 科恩断言："化学革命在科学革命中占据首要位置，因为它是最早被普遍认识并且被它的发起者拉瓦锡称为革命的主要革命。拉瓦锡之前的科学家们已经认识到，他们的计划将导致某种全新的东西，而且将直接违反公认为真实的科学信条的既定规范；然而，与其他人不同，拉瓦锡也想到作为思想中一种特别变革的科学革命的概念，而且他断定，他本人所从事的工作，实际上将构成这样一场革命"。I. B. 科恩显然是把拉瓦锡说的"物理和化学领域里似乎发生了一场革命"等同于后来所说的化学革命了。其实，实际情况未必是 I. B. 科恩想象的那样。经过佩林和霍尔姆斯的不断努力，今天的读者可以了解到在拉瓦锡的学术生涯中，révolution 概念有一个长期演进的过程。简单地说，在 1789 年《化学基础论》出版以后[②]，拉瓦锡在自己的文章中所用的 révolution 接近于后来所说的化学革命，在 1789 年以前，拉瓦锡使用 révolution 这个词，往往都不是我

---

① 学术界一般认定最早由十九世纪法国化学家贝特洛（Marcellin Berthelot）完成了这段文字的收集和整理工作。我查了一下这段话在当代的科学史杂志上的出处，当代科学家基本上都是转引的贝特洛的著作。

② 例如，在 1790 年 2 月 2 日，拉瓦锡给富兰克林写了一封非常值得注意的信。他在信中就化学革命向他的这位美国朋友作了简洁的说明，然而他又论及法国的政治革命。他向富兰克林宣布，法国科学家被划分为两个阵营：一个阵营的科学家墨守和坚持旧的学说和理论；一个阵营的科学家则站在他这一边。后一个阵营包括德·莫沃、贝托莱、弗可努瓦、拉普拉斯、蒙日以及科学院的物理学家们。在介绍了英国和德国的化学状况之后，拉瓦锡断定："因而，在这里，在人类知识的一个重要部分中发生了一场自您离开欧洲以来的一场革命。"同时他又补充说："如果您同意的话，那我将把这次革命看作是充分发展了的、甚至彻底完成了的革命。"

们今天所理解的化学革命。佩林指出，拉瓦锡使用 révolution 这个词，拉瓦锡的本义并不是要推翻斯塔尔的理论，与此相反，拉瓦锡的本义是他将继续斯塔尔的研究，并进而完善斯塔尔的理论。实际上，根据 I. B. 科恩的《科学中的革命》，在拉瓦锡所处的时代，révolution 这个词不一定有"颠覆、重构"的含义，révolution 的含义有时候反而是"重复性、周期性的工作"。实际上，在拉瓦锡在 1772～1773 年的手稿中，应该肯定的是，拉瓦锡首先强调的是他将综合以往化学家的工作。拉瓦锡试图对斯塔尔的化学体系做一定的修改和补充，这就是他使用的 révolution 的准确含义。

1772 年 11 月 1 日，在拉瓦锡送给法国皇家科学院的密封文件中，拉瓦锡详细描述了硫和磷燃烧后的质量增加。为了保证自己的科学优先权不被质疑，拉瓦锡经常在研究工作尚未完成的时候就送去科学院一个密封文件，为将来学术优先权的争论提供证据。在 1772 年 11 月 1 日送给科学院秘书的密封文件中，拉瓦锡写了一句话，"对我来说，这个发现是斯塔尔以后最有趣的发现之一"[①]。这是科学史领域中引用率很高的一段话，拉瓦锡的原文为 Cette decouverte me paroit une des plus interssantes qui ait ete faitte depuis Stahl…。

科学史学者对科学家手稿往往有着不同解读，其精彩程度远远超出拉瓦锡的原文。为了让读者领略到在科学史独特的趣味性，本书首先将这段证词翻译成中文，然后再逐一分析科学史家的精彩解读，拉瓦锡的证词原文如下：

> 差不多是 8 天前，我发现了硫在燃烧的时候，与"失去质量"（的假定）相距甚远的是，硫的质量增加。就在今天，就算是把空气中的湿气因素扣除以后，我发现从 1 磅硫那里，还是可以获得远多于 1 磅的硫酸。质量的增加来自于数量可观的空气以及硫结合的蒸汽[②]。这个发现，我已经通过我自己视为决定性的实验所证实，使我开始思考在硫和磷的燃烧中所观察到的事情，是否在任何物质燃烧或煅烧后的质量增加中都能发生。我开始相信金属灰的质量增加实际上来自于同一个原因。实验证实了我的推测。我使用密闭的

---

① 著名科学史家格拉克最先整理出 1772 年 11 月 1 日拉瓦锡的这个密封文件。

② 很多参考文献显示在拉瓦锡写这段话的时代，化学家并没有明确认识到 vapor 就是水蒸气，拉瓦锡可能也是稍后才确定 vapor 就是水。中文的"水蒸气"实际上指出水蒸气就是水，这与拉瓦锡用这个词的本义未必一致，请读者注意。

容器和黑尔斯装置进行了铅丹的还原实验，我观察到，在铅丹转变成金属铅的时候，释放出数量可观的空气，其体积至少是铅丹的一千倍。对我来说，这个发现是斯塔尔以后取得的最有趣的发现之一，由于很难避免其他人在交谈中得知了这一事情以至于发现真理，我认定这是有必要的，那就是把这个证词交给科学院的秘书，直到我做公开实验的时候再解密。（Guerlac，1961：228）

事实上，除了拉瓦锡在证词中所描述的经验事实是很清楚的以外，拉瓦锡在证词中所说的"斯塔尔以后取得的最有趣的发现之一"和"我自己视为决定性的实验"到底是什么，其实是含糊不清的。"斯塔尔以后取得的最有趣的发现之一"是否指的是"建立氧化理论"？答案无疑是否定的，至少要晚十年，拉瓦锡才使用"氧"这个词。"我自己视为决定性的实验"到底指的什么？实验又证实了什么发现？在早期科学史研究中，对这段证词的解读五花八门，令人眼花缭乱。后来，由于霍尔姆斯、佩林等学者对拉瓦锡的手稿的不断挖掘，学术界开始出现一些较为公认的结论。

实际上，在1772年的德莫沃实验以后，拉瓦锡已经对燃素学说开始产生了怀疑，在标注日期为1773年4月15日的手稿中，拉瓦锡曾经这样写着：

我做过的所有实验使我相信几乎所有以往归因于燃素的现象，正如我在金属上演示过那样，只能归因于固定空气的缺乏或过剩。我开始怀疑斯塔尔称之为"燃素"的那个东西是否存在，至少在他所说的那个意义上。对我来说，在任何情况下，燃素都可以被这些名称"火质""光质"与"热质"所取代。（Perrin and Lavoisier，1986：660-661）

拉瓦锡在1772～1773年所做的实验大致分为三大类：
（1）金属的煅烧实验及其逆反应。
（2）非金属的燃烧实验及其逆反应。
（3）固定空气的生成实验。

固定空气的生成实验并非与前两类实验无关，因为拉瓦锡假设在金属与非金属的煅烧或燃烧实验中金属结合的是固定空气，而不是我们今天所认定的氧气。当然拉瓦锡在1773年的这个努力是注定失败的。但拉瓦锡在失败中摸索了前进的道路，完善了自己的实验研究方法。下文列举这个时期拉瓦锡做过的实验中具有代表性的几个，来探讨拉瓦锡如何进行实验精致化进程。

1773 年 2 月 22 日稍后的一天，拉瓦锡曾做了一个实验检验铅丹中所含的是否为固定空气。他试图使用空气泵抽出试管中的铅丹中所含的空气，实验的最终结果是不成功的，最后试管中的气体泄漏。拉瓦锡抽空气泵时试管里出现了剧烈地冒泡，气体也漏出来了，拉瓦锡最终无法得出一个确定的结论。

拉瓦锡的这个实验的推理过程为：

（1）拉瓦锡认定铅丹＝铅＋空气（实际是空气中的某种成分，他当时认为是固定空气）。（Holmes，1989：20）

（2）拉瓦锡认为固定空气肯定与碱结合，但实际上没有结合而在反应中放出（真实的过程是中和放热，以致碳酸铵大量分解）。所以他推论说，铅丹所含的空气不是固定空气。

（3）拉瓦锡分析说，从铅丹中放出来的气体含燃素不够，所以不能与碱结合。

（4）拉瓦锡说，根据某些人的见解，固定空气＝空气＋燃素。

（5）拉瓦锡觉得这个分析的全过程有不确定性。（Holmes，1989：6-29）

1773 年 3 月 29 日，拉瓦锡做了一个铅的煅烧实验，他把 3 格罗斯弯曲的铅条放在一个基座上的陶盘里，并让水通过虹吸管进入容器里，然后使用火镜进行加热。铅很快融化，容器壁也很快覆盖了黄色的铅灰，但煅烧过程很快就结束了。拉瓦锡对于这个实验现象作出了如下的推测："我开始猜测（金属）与流动的空气的接触对金属灰的形成是必要的：甚至可能的是，我们呼吸的空气并不是进入我们煅烧的金属的全部空气，而只是在给定数量的空气中的一小部分。也许金属灰的覆盖层阻止了金属的表面与空气直接接触，以至于阻止了进一步煅烧。"（Holmes，1989：23）

拉瓦锡在 1773 年中最大的实验进展就是比较准确地测定了固定空气的密度，并发现其比空气稍重，这对他以后认识到空气是一个混合物提供了很大的帮助。在 1773 年 6 月 7 日之前，拉瓦锡假定固定空气的密度与空气的密度是一样的。拉瓦锡在 1773 年 6 月 7 日做了一个实验，可能首次认识到固定空气的密度大于空气。他在这个实验中使用硝酸与白垩发生反应，测得生成的固定空气的体积 180 立方英寸（1 立方英寸为 0.5 格令），拉瓦锡将固定空气的密度等同于空气的密度，计算出固定空气的质量为 90 格令，根据"1 格罗斯＝72 格令"换算为 1 格罗斯 18 格令。由于拉瓦锡已经把质量守恒定律视为一个类似于公理的研究预设，所以拉瓦锡可以从另一个途径来获取固定空气的质量：

反应前容器的质量为：硝酸＋石灰石＋容器

反应后容器内的质量为：硝酸＋石灰石＋容器－固定空气

拉瓦锡通过反应前后容器的质量的差值来计算固定空气的质量。拉瓦锡在这次实验中没有测定反应前后容器的质量的差值，所以他使用的是1773年5月8日的实验数据。由于5月8日拉瓦锡使用的硝酸质量是6盎司，而6月7日只使用了1.5盎司。因此拉瓦锡将6月7日制得的固定空气的质量乘以4，即360格令，换算为5盎司。而5月8日反应后容器失去的质量为8盎司，这样拉瓦锡推测："不是相当数量的流体挥发掉了，就是固定空气比普通空气重。"如果实验过程没有错误，那么这个比例8∶5非常接近现代科学测定的二氧化碳的相对密度值（1.53，相对于空气）。拉瓦锡估计蒸发所损耗的质量为5格令，乘以4，结果为20格令，然而这无法解释3盎司的质量损失（3盎司＝24格罗斯＝1728格令），然而拉瓦锡不愿意承认固定空气比空气重这一事实。（Holmes，1989：76-79）

显然，在1772～1773年，拉瓦锡对空气、固定空气的性质与组成并没有形成正确的认识。由于拉瓦锡试图找到金属灰中的固定空气，所以他在这一时期所做的实验注定大多数以失败而告终。不过，拉瓦锡在这个时期并不是全无收获的，通过这段时间的实验研究，他在化学实验设备的改进、使用方面有了显著的进步，并对固定空气、空气的密度以及化学性质的差异有了初步的认识。在这个基础上，拉瓦锡在1774～1777年开始了新的研究。

> 在那些化学家所发现的事实中，有很大一部分是没有太大意义的，只有把它们联系在一起并组成一个体系以后，它们才具有重大的意义。化学家可以暂时保留这些事实，并在研究中思考如何将这些事实与其他事实联系在一起。而只有在化学家把这些事实尽可能汇集在一起以后，化学家才会公布这些事实。已经有其他的实验推翻了那些已经建立的思想体系，并开启了新的实验方法和推理途径。换句话说，这些影响相当于科学革命。化学家应即时公布这些事实，如果隐瞒这些事实而不公开，相当于阻碍了科学的发展，相当于对学术共同体隐瞒了一些事情，总之可以说是违反了我们所属的这个科学院的期望。[①]（Perrin and Lavoisier，1986：665）

从1773年9月开始，一直到当年11月，拉瓦锡集中时间写作了一个小册子，这个小册子的标题为《物理与化学的小册子》（*Opuscules physiques*

---

① 拉瓦锡的原始手稿名称为 *Sur la cause de laugmentation de pesanteur qu'acquierent les metaux et quelques autres substances par la calcination*，本书引用的是佩林整理后的版本。

et chymiques）。在该书的结尾，拉瓦锡透露了他的研究计划：

> 对于第一卷书，我希望有其他人继续写下去，其中有许多是我正在探索并希望继续的实验课题：
>
> 1. 自然界中的众多物质中不容置疑的相同的弹性流体的存在；
> 2. 三种矿物酸的完全分解；
> 3. 空气泵中的真空的流体的沸腾；
> 4. 根据比重来确定矿泉水中的盐的数量的方法；
> 5. 借助水和酒精的混合物分析复杂矿泉水；
> 6. 伴随着流体蒸发而引发的冷却的原因；
> 7. 当我在准备一篇关于巴黎街道照明的论文的时候，而这篇论文于 1766 年复活节当天在科学院的公开会议上曾获得了金奖，我曾经研究过的某些光学的问题。
> 8. 与塞纳河的水位相关的一座巴黎附近的主峰的高度问题。使用德波尔达（de Borda）骑士所创建的四分之一圆方法已经使塞纳河的水位得到了有效的测量。
>
> ……
>
> （Lavoisier，1862f：440-441）

《物理与化学的小册子》的第一部分有 184 页，里面综述了固定空气的研究概况，拉瓦锡详细地探讨了普里斯特利的工作，但对布莱克的工作谈论较少。第二部分有 167 页，主要描述拉瓦锡自己做过的实验，这些实验大致上可以区分为三个实验类型，这已经预示着拉瓦锡已有了通过不同的实验类型来建立新的化学体系的想法。

法国皇家科学院 1773 年 11 月 7 日组织了专家委员会对这本小册子进行审核，并最终批准了这本小册子的出版发行。《物理与化学的小册子》的总印数为 1250 本。出版物在印制出来以后，除了一部分送给法国皇家科学院和地方科学院，大部分小册子为拉瓦锡拥有。拉瓦锡将这些小册子广泛地寄给了伦敦、伯明翰、爱丁堡、柏林的化学家，这使得拉瓦锡在学术界的影响开始日益增加。1774 年 1 月 8 日，拉瓦锡在法国皇家科学院公开宣读了《物理与化学的小册子》。尽管《物理与化学的小册子》并未提出化学革命的口号，但已经显示出拉瓦锡的一些重要学术思想，拉瓦锡在该书中已经明确指出空气不是一个简单物质，而是一个复合物。

在《物理与化学的小册子》中的实验部分，可以看到拉瓦锡的实验系统的雏形，拉瓦锡探讨了 3 种实验类型：

（1）通过重复实验，证实不同物质中具有相同的弹性物质（该部分的第 1～3 章）。

（2）探讨金属的煅烧实验（该部分的第 4～8 章）。

（3）探讨非金属（主要是磷）的燃烧实验（该部分的第 9～11 章）。

显然，金属的煅烧实验与非金属（主要是磷）的燃烧实验是有关联的，它们的出发点，显然就是第一个实验类型中所探讨的"相同的弹性物质"。

2. 1774～1777 年拉瓦锡的实验工作与理论进展

拉瓦锡在这个时候开始设想气体并非一个元素，而是任何化学物质在特定条件下会出现的一个状态，而特定条件则是化学物质中"纯粹的火的物质"[①] 充足。拉瓦锡曾经考虑过在对"燃素"概念作出一定修正以后，保留斯塔尔的"燃素"概念，这样，拉瓦锡修正后的"燃素"概念不仅解释金属的复活问题，也解释物质状态（例如弹性状态下的空气和金属灰中"固定"的空气）的问题。

> 如果允许我放纵于推测中，我会说，尽管（实验）其完整的程度还没有充分到足以接受公众审阅的程度，这些实验促使我相信，任何弹性流体都是固体或液体与易燃物质（或者说，与纯粹的火的物质）相结合而形成的，而弹性状态都依赖与这个结合。

> 我将加上这一点，那就是在金属灰里面固定的物质，就是使金属灰增重的物质，准确地说，基于上面的这个假设，不会是一个弹性流体，而是一个弹性流体的固定部分。焦炭以及在还原过程中所使用的与焦炭性质相似的其他物质，其要素的作用，就是恢复固定的弹性流体（中所缺乏的）燃素或火的物质。

> 无论这个观点看上去和斯塔尔的观点有多大的差异，这个观点与斯塔尔的观点可能一点都不矛盾。在金属的还原过程中加入焦炭可能同时满足两个目的：第一，使金属恢复已经失去的可燃要素；第二，恢复金属灰中的固定弹性流体中所缺乏的要素，并使之重新恢复弹性。但我再一次说，对于这样一个如此微妙和困难的问题所提出的观点，我们必须保持非常谨慎；这个问题与另一个更加晦涩难懂的问题有很大的联系，我说的这个晦涩难懂的问题就是元素

---

① 拉瓦锡在当时还没有使用"热质"概念，而是使用的"纯粹的火的物质"（matter of pure fire）。

（或者至少是我们现在视为"元素"的那些物质）的性质问题。时间和实验可以最终使我们对这些观点下判断。（Lavoisier，1970：324-326）

当然最终拉瓦锡发现"燃素"概念不怎么顶用，他决定彻底推翻斯塔尔理论。至于如何解释固定空气恢复为弹性空气的机理，拉瓦锡借用"热质"概念来解释，"恢复金属灰中的固定弹性流体中所缺乏的要素，并使之重新恢复弹性"。

拉瓦锡这个时期的实验研究相对于上个时期有了重大的转折，这个转折主要起源于 1774 年 7 月 2 日的一个验证实验。

十八世纪化学家一直怀疑汞灰不是汞的真正的煅烧产物。因为根据斯塔尔的金属还原理论，金属必须借助焦炭中的燃素才能实现还原。而汞灰不需要焦炭，加热到一定程度就能还原成金属汞。十八世纪法国皇家卫队的首席药剂师巴扬（Pierre Bayen，1725—1798）在 1772～1774 年对汞和汞灰进行了详细的对比实验。巴扬通过实验结果的比对认定焦炭在汞的还原过程中不产生影响，他对燃素理论产生了怀疑，并表示"不假思索地信任一个理论体系是危险的，即使这个理论体系有很高的权威"。

巴扬 1774 年在《物理学研究》杂志上发表了一篇论文（Bayen，1774：127-143），探讨了汞灰制备的四种方法，并详细地介绍了他做过的几个与汞有关的实验。巴扬在这篇论文里把氧化汞称为 nitre mercuriel sublimd corrosif，直译为中文为"升华了的、有腐蚀性的硝化汞"，读起来感觉很别扭，但在拉瓦锡新的命名法确立以前，这是一种常用的化学命名法。十八世纪，随着化学的发展，化学物质的命名已经很少使用形状类似于甲骨文的炼金术符号①，开始使用拉丁文或本国语言进行命名，由于受到要素原则这一元科学理论的影响，化学家不能完全抛弃要素化学的影响，即相信化学反应的产物或多或少地保持着化学反应前的物质的性质②，如用硝酸制得的氧化汞，往往带有硝酸的性质，或反应产物中含有硝酸，所以会有"硝化汞"的说法。所谓的"有腐蚀性的"大概说明反应产物或多或少地残留有硝酸。

尼弗（E. W. J. Neave）对巴扬的论文进行了详细的解读，本书中关于

---

① 化学史家莱特曾经认为炼金术符号有点像中文文字，但在中国人看来，炼金术符号和汉字的长相还是差距很大的。

② 这种思想在亚里士多德时代就已经有着比较完整的表述，所以"要素化学"在化学史的参考文献中被称为"亚里士多德化学"，随着十八世纪分析化学的发展，这种化学理念开始逐渐被淘汰。

该论文的史料，如果没有特殊说明，均来自于尼弗的这篇论文。（Neave，1951：144-148）

实验1：巴扬首先将 4 磅（122.4 克）的汞溶解于硝酸中，巴扬通过缓慢地、持续不断地加入硝酸等小心翼翼的操作试图能使得汞能够在硝酸溶液中全部溶解，直到巴扬认为汞全部溶解以后，他才加入固定碱①，使汞得以沉淀。最后巴扬取出红色沉淀物反复冲洗并干燥，最终得到了 4 磅 39 格令（124.5 克）的红色沉淀物（这种红色沉淀物显然是现代化学中所说的氧化汞，在本书的其他部分简称为"硝酸汞灰"）。巴扬取出了红色沉淀物的一个样本（半盎司，15.3 克）进行了加热，得到了 1 格罗斯 46 格令（6.2 克）的汞，但容器里还剩余了 1 格罗斯 37 格令（5.8 克）的红色粉末。显然，反应后固体的总质量比反应前少了 3.3 克，即使考虑到实验操作中的误差（例如仪器中残留的物质），巴扬最终认定损失的质量应该有 2 克。巴扬意识到减少的质量是一个值得考虑的问题。从这里我们可以看出在巴扬的内心深处，他是相信质量守恒定律的，正是因为相信质量守恒定律，他在对反应前后的固体物质进行称量和计算以后，才对反应前后的质量差异感到疑惑，而进一步设法消除这个矛盾。

实验2：巴扬煅烧了 4 格罗斯（15.3 克）的硝酸汞灰和 1 格罗斯（3.8克）的炭粉。实验进行得很顺利，红色粉末全部还原成汞。巴扬发现炭粉消耗了 9 格令（0.5 克），获得了 3 格罗斯 14 格令（12.1 克）的汞。显然，反应后的固体的质量少了 15.3－12.1＋0.5＝3.7 克。如何解释这损失掉的质量呢？巴扬又一次估算了实验的误差因素，他认定硝酸②的损失为 10 格令（0.5 克），容器中剩余的"土"为 2 格令（0.1 克），还有 2 格令为炭中含有的水蒸气，还有他还又认定 6 格令（0.3 克）是实验中的误差。不过，在巴扬尽可能地减少反应前后的质量损失以后，巴扬最终还是承认有 37 格令（2克）的固体物质不翼而飞。

实验3：巴扬使用了 1 盎司（30.6 克）的硝酸汞灰进行煅烧，他得到了下列产物：

---

① 这是在拉瓦锡的化学命名法确立之前，化学家通常使用古老的化学命名法而称呼的一类化学物质，一般指的是碳酸钠或碳酸钾。

② 为什么巴扬认为这个实验中会有硝酸的损失呢？这是因为在这个实验中所使用的氧化汞是通过汞与硝酸反应生成的。如果完全使用现代化学的视角，巴扬的想法是很怪异的，且不说氧化汞里为什么会有硝酸是很令人费解的，而且即使同意巴扬的思路，巴扬显然也没有说清楚损失的硝酸到哪里去了。

水，3 格令（0.2 克）；

还原后的汞，7 格罗斯 4 格令（26.8 克）；

容器上剩余的土，3 格令（0.2 克）；

巴扬估算实验中汞的损耗，4 格令（0.2 克）；

全部加起来为 7 格罗斯 14 格令（27.4 克）。

这样反应后的固体物质质量之和显然还是比反应前少了 3.2 克。但巴扬这次计算了流体的质量，他声称流体的质量大致如此，这样正好符合了质量守恒定律，实现了数学上的完美。

巴扬开始质疑燃素理论："我所完成的实验，我还没有获得一个更好的解释，这使得我不得不下这样的结论：在我所说的汞灰中，汞的金属灰性质，不能归因于燃素的损失，汞根本就没有经历过燃素的损失，但应该将汞的金属灰性质归因于与汞直接结合的流体。流体给汞增加的质量，也就是我以前检测过的沉淀物的质量增加现象的原因。"

在这篇论文的第三部分（发表于 1775 年），巴扬介绍了上述三个实验的重复性实验的结果，他指出将汞溶解到硝酸中，得到的硝酸汞灰的质量增加为汞原来的质量的 1/16。而分解煅烧汞灰后，汞灰的质量损耗相当于汞灰质量的 1/15。值得注意的是，巴扬在 1775 年的论文中首次描述了他使用了煅烧汞灰来做实验。煅烧汞灰在拉丁语中为 mercurius praecipitatus per se，在英语和法语中拼写略有不同，但都保留了 per se。per se 在拉丁文中的含义是"本质上"，一般来说，当时的化学家只承认煅烧汞灰是名副其实的汞的金属灰，其他途径获得的汞灰都可能被视为赝品，其中就包括制备过程更简单的硝酸汞灰。由于汞的金属活泼性差，煅烧汞灰的制备过程极为漫长，一般只有拿着国家工资的法国化学家有时间、精力制备煅烧汞灰，缺乏国家财政支持的英国科学家对煅烧汞灰的制备往往只是心有余而力不足，例如普里斯特利为了获得一点煅烧汞灰，就不得不去一趟巴黎，请法国化学家赠送一点样品。在当时的法国化学命名法中，氧化汞有着三个不同的名字，"正品汞灰"（le précipité per se）、"珊瑚红色的灵药"（l'arcane coralin①）、金属泻药（le turbith minéral），可以想象的是，当时的英国或德国的化学家如果不是经常阅读法文文献的话，大概只能看得懂第一个称呼，因为 le précipité per se 基本上是用欧洲人的母语——拉丁文命名的，而后面两个都是法语命名。后面

---

① 现代法汉词典已将此词组翻译为"红色氧化汞"，不过显然使用的是拉瓦锡新的命名法确立以后该词组的意义（十八世纪八十年代以后）。试想如果是在十八世纪七十年代，这个词组怎么样翻译呢？直译大致为"珊瑚红色的灵药"。

两个命名法带有比较浓厚的医药化学的色彩。命名法的不同往往与氧化汞的制备工艺有一定的关系。本书特别要强调的是当时的化学家并不一定认为三者是一个化学物质，"珊瑚红色的灵药"在作为汞灰使用的时候，往往要加上 demi 的前缀，demi 在法语中是"半个的、不完全的"意思，当然巴扬在 1774 年的论文里第一次通过一个对比性的实验系统证实了两者是同一种物质。

巴扬在反复做了煅烧汞灰和硝酸汞灰以后，发现这两个汞灰实际上就是同一个化学物质。巴扬下了这些结论：

（1）尽管这些汞灰是通过四种不同的方法来制备的，但它们本质上是一样的；

（2）这些汞灰在还原时都能释放出质量上大致相同的"流体"；

（3）这些汞灰在溶解于酸中的时候都不发生泡腾现象；

（4）所有这些汞灰都是红色的；

（5）在任何情况下，这些汞（实际上指的是汞灰）都失去了与金结合的能力。[①]

显然，巴扬在汞的实验上，无论在实验类型的种类上，还是在实验精度上，基本上接近于拉瓦锡几年后最著名的空气分析实验的水平。巴扬显然是知道波义耳大名鼎鼎的"火微粒"理论的，但是他有勇气反对波义耳的理论。巴扬在论文中认定波义耳所认定"火微粒"透过玻璃的细孔而进入玻璃容器中的观点是推测性的，他通过自己的实验观察，指出："在空气不存在的情况下，火不能将金属转变为金属灰。我们应该和让·莱[②]一起，共同解释金属煅烧后质量增加的原因。"连《怀疑的化学家》的作者也成为被怀疑的对象，可见巴扬确实得到了波义耳这部不朽之作的真髓。对于汞结合的空气究竟是什么成分，巴扬并没有给出一个明确的结论，但他提出的两个猜想和后来拉瓦锡的氧化理论有异曲同工之妙，他指出：①一种简单物质给予了这两者相结合的性质；②它是一种大气所提供的流体。

在几乎相同的时间段里，洛兹耶主办的学术杂志《物理学研究》上登载了两篇未署名的攻击燃素说的论文，分别为 1773 年刊登的"莫尔沃的法则纲要"（précis de la doctrine de M. de Morveau）和 1774 年刊登的"关于燃

---

① 汞的单质是可以和金结合形成合金的，汞和金的合金是天然存在的，这也就是通常所说的"金汞齐"。

② 让·莱（Jean Rey, 1583-1645），法国医生、化学家，他在 1630 年首次提出金属煅烧的重量增加来源于空气，但没有给出完整的描述以及精确的实验数据。

素的讨论"(Discours sur le phlogistique)①。早期的化学史家几乎都认定这两篇均出自于拉瓦锡的手笔。当然这也是有一定道理的，因为这两篇文章的写作风格看上去与拉瓦锡十年后发表的"对于燃素的思考"这篇讨伐燃素说的檄文几乎完全一样。早期的化学史家杜汶（Denis I. Duveen）和克里克斯坦（Herbert S. Klickstein）曾编著过一本《拉瓦锡的著作目录》（Duveen and Klickstein，1954c），直接就把这两篇文章列在拉瓦锡的著作目录中。后来也有化学史家怀疑这个说法，例如史派特和尼弗就曾经认为巴扬是最有可能的作者。与现在时间相距最近的关于这个问题的讨论的论文是发表于 1970 年的《英国科学史杂志》上的"对燃素论的早期攻击：两篇未署名的论文"（Perrin，1970），该论文是学术界公认为当代拉瓦锡研究水平最高的少数几个学者之一佩林的早期代表作。佩林比较研究了拉瓦锡、巴扬、布丰、布里松等科学家的思想状况、写作风格以及他们对燃素说的态度，认定巴扬是这两篇论文最有可能的候选人，但同时也承认不能排除作者是拉瓦锡的可能。由于佩林在任何一个科学家的手稿中，始终没有找到与这两篇论文相似的手稿，所以他在论文里最后承认无法下定论。佩林的论文虽然是一个开放性的结局，但他的论文充分显示了在拉瓦锡化学革命之前，很多法国科学家对燃素论抱有一定程度上的怀疑。例如，达朗贝尔在给《百科全书》写词条的时候，就曾有意或无意地把"燃素"这一词条遗漏掉。在佩林的这篇论文以后，由于缺乏更多的证据，学术界基本上没有对这一问题进行讨论。本书不准备对这一问题进行更深入的探讨，在简单概述这两篇论文的概要以后，仅摘录几条史料做一点点评。

这两篇论文都指出了燃素说存在严重的逻辑漏洞，那就是中世纪以来哲学家攻击其反对的理论的常用套路，即指责对方进行"循环论证"，显然，燃素论的"循环论证"是很严重的，首先燃素论认定之所以同一类物质有相同的性质，这是因为它们里面含有燃素，然后，燃素论在另一个地方，又把燃素作为解释各种化学物质的不同性质的原因②。加上，燃素又是找不到一个原子的，它既不符合波义耳、牛顿的物质定义中的任何一条，甚至和元素论中的水、土、酸等其他元素也有很大的差异。论文认定燃素其实只是一种推测出来的物质，它完全有可能是不存在的。第一篇论文在结尾里指出在自

---

① 出处分别为 précis de la doctrine de M. de Morveau, *Observations sur la Physique*，ii（1773），281-291. 和 Discours sur le phlogistique，*Observations sur la Physique.*，iii（1774），185-200.

② 值得注意的是，在拉瓦锡几年后写的公开发表的论文中，拉瓦锡对燃素的质疑的表述大致与此相同。正是因为这一点，早期的化学史家毫不犹豫地认定这两篇未署名的论文是拉瓦锡写的。

然科学得到发展以后，留下燃素的空间就只有电流体①了。第二篇论文回顾了洪伯格的"硫"的合成（在本书上文曾详细探讨过）的实验，作者对洪伯格的实验进行了肯定，但同时也提醒读者注意，波义耳和格劳伯都曾经怀疑这些合成出来的"硫"并非一定是真正地被合成出来的，在反应前的反应物里面都可能含有一定成分的硫，只不过是在反应后被提取出来罢了。论文后面介绍了自己做的硫的"分解"实验，他发现了水蒸气在硫燃烧后生成硫酸的反应过程中的作用，因为他观察到在干燥的日子里就无法获得硫酸。他于是断定硫的里面不可能含有硫酸。硫酸是硫与空气中的水的微粒结合而生成的。

在1774年的论文里，这位作者再一次对燃素进行了整体性的批判：

> 燃素与其他元素完全不同；它从来就没有以一定数量的形式被分离出来和收集起来过；它的存在也没有被显示过，假如它真的存在的话；它在燃烧中被毁灭了，它蒸发了，但就是连一个原子②也没有被（化学家）获得过；在这些方面，它是非常与众不同的，其他的元素，例如水、土、酸③，它们都是可以被分离出来并获得一个自由的状态；（燃素论者）声称燃素可以从一个拥有充足燃素的物质中转移到一个缺乏燃素的物质中去，当它离开前者之后，它又和后者结合；这些断言实际上都是基于这样一个假设，那就是可燃物质只是那些饱含燃素的物质，而当这些可燃物质与被称为不可燃物质的那类物质反应的时候，可燃物质把燃素传递给了那些不可燃物质。我曾经做过多次金属灰的还原反应，我从来就不能说服自己来相信焦炭中的燃素是金属还原的原因。有一些金属灰，例如铅和

---

① 随着十八世纪电学的发展，"电流体"的概念开始逐渐深入人心。拉瓦锡在其学术生涯的早期就已经通过诺莱的演讲知晓了"电流体"概念，在拉瓦锡成名以后，拉瓦锡和著名美国科学家富兰克林、意大利科学家伏打保持着长期密切的交往。十八世纪后期，多位科学家都曾经猜想过电流体在非金属燃烧和金属煅烧反应中发挥了一定的作用，在拉瓦锡的化学新体系建立以后，仍然有一些科学家试图以"电流体"概念来复活燃素学说。由于在十八世纪，实验水平尚比较落后，"电流体"概念和化学的结合基本上处于哲学思辨状态，并没有在科学领域中取得丰厚的成果，但这种思路无疑为今后的科学研究指明了道路。在十九世纪初，英国化学家戴维在历史上首次实现了"电流体"概念与化学的综合，从此为化学研究开辟了一条崭新的道路，这就是我们今天现代化学中的一个重要分支——电化学。

② 原文为 pas un atome。

③ 根据斯塔尔的学说，硫酸比硫的组成更简单，由于当时化学的实验水平较低，无法分解硫酸，所以硫酸被视为一种普遍酸，甚至是简单物质或元素。但在此论文发表之后的十年内，拉瓦锡通过化学实验揭示出硫酸里面含有氧，之后硫酸作为元素的观念逐渐为主流化学家所放弃。

汞的金属灰，不需要一个燃素原子就可以实现"复活"；近来的一些使用火镜的实验表明，太阳光对于金属的还原也可以起到燃素的作用。①

在这些事实里面，只有一个是确定的，那就是可燃物质可以使还原过程更加顺利；而不可燃物质是绝对做不到这一点的。

这段文字一会儿谈到"元素"，一会儿谈到"原子"，但值得注意的是，作者在谈到"元素"的时候往往带有假设性的意味，而谈到"原子"的时候，其语气则显得更为镇定，显然作者更偏爱原子论一些。文字中具有很浓厚的《怀疑的化学家》的语言风格，使得人们不得不猜测作者熟读过波义耳的著作。文字中表现出作者的思维很活跃，明显超越了他当时所处的时代。应该说，从原子论出发，燃素论的困难显然更加暴露无遗，毫不夸张地说，作者几乎是在使用最锐利的解剖刀在解剖燃素论。《物理学研究》杂志的编辑显然比较支持和欣赏这位作者的观点及其辩论的风格，他甚至在脚注里略带着调侃的口吻评论了这样一句："斯塔尔的体系建造得太好了，以至于这样一篇批判性的文章就可以使它被抛弃。"严格说来，这篇文章的风格和拉瓦锡十年后的檄文并不完全一样。拉瓦锡是从燃素的定义混乱多变为出发点来否定燃素，用现代科学哲学的术语来理解，可以视为"这个科学概念没有确定的指称，因此不如取消"，在经验层面上无法证实存在着物理原子的科学概念，例如"热质"，只要保持逻辑上的自洽，也还是可以保留下来的；而上文则是从原子实在论的角度上来否定燃素概念，依照这样的逻辑，其实"热质"概念也是可以取消掉的。从这一点来看，其实作者是拉瓦锡的可能性是不能被排除掉的。如果这两篇文章是拉瓦锡写的，因为这两篇文章明显是和拉瓦锡后来建立起来的新化学体系中的概念（主要是"热质"）是有内在的逻辑冲突的，所以拉瓦锡当然不愿意公开承认是自己写的。佩林在以往的研究中尽管罗列了很多证据试图证明作者是巴扬，但最终也没有下定论，他的这种谨慎其实是有道理的。总体上说，在1774年，真正能达到这两篇文章的思想深度的法国科学家其实并不多，这在下文中将详细讨论。

上面一大段中的"火镜"特别值得注意。法国皇家科学院自从成立以来，就有一个传统，就是使用火镜进行金属煅烧。1660年，"庸俗的化学家"勒费伯（Nicaise Le Febvre，1610—1669）就使用火镜来实现金属的煅烧，

---

① Discours sur le phlogistique，*Observations sur la Physique.*，iii (1774)：187-188.

而英国的化学家则酷爱使用玻璃器皿进行金属的煅烧,最著名的器皿就是所谓的"波义耳地狱"(Boyle's Hell,任定成翻译为"波义耳巢")。显然,由于不是每天都是阳光明媚的,"光的化学"的研究明显受到自然条件的限制较大。为了应对这一实际困难,化学家花重金去购置尺寸更大的火镜。这里所说的火镜指的是契恩豪斯火镜,本书第二章第二节中曾经提及过。法国皇家科学院的化学家曾经向德国制造商订做过这些火镜,其中最大的火镜直径达到 1.6 米,洪伯格和吉奥弗瓦在十八世纪初期大量地使用火镜。火镜的使用有炼金术的背景,十七世纪的炼金术家认定太阳光有神奇的力量,而火镜可以集中这些神奇的力量,完成人类实现金属嬗变的理想。这也就是所谓的"光的化学"。洪伯格明显比波义耳更喜欢使用火镜,这与洪伯格的炼金术工作有关,不过由于炼金术在当时的法国皇家科学院已经处于边缘化的地位了,所以洪伯格也从未在法国皇家科学院的论文集中公开发表自己在炼金术领域的工作。法国科学院在 1720 年左右开始公开反对炼金术①,这可能是在洪伯格和吉奥弗瓦之后法国就没有多少化学家喜欢使用火镜的一个现实的因素。由于洪伯格和吉奥弗瓦之后就再没有科学家使用契恩豪斯火镜,法国皇家科学院就将其一直存放在自己的博物馆里。在 1772 年,这些火镜又开始得到了重视,与当初配置的时间,大约相差 60 多年。化学史研究者一直没有找到契恩豪斯火镜的原图,但是在拉瓦锡的文集中找到一个改进后的火镜的图。1772 年,法国皇家科学院对钻石是否能被摧毁以及钻石摧毁的原理进行了研究,研究者包括布里松、伽里库、拉瓦锡等多名化学家,研究的过程在本书的第三章第二节中曾详细探讨,当时使用的火镜是布里松私人所有的一个小型火镜,正如本书上文所说的,法国皇家科学院最终的裁决意见是所有的钻石摧毁实验中所达到的温度都是有限的。基于上述情况,布里松、伽里库向法国科学院申请使用已经封存很久的契恩豪斯火镜。法国皇家科学院同意了这两位化学家的申请,并建议老一代化学家马凯和年轻有为的拉瓦锡参加这一研究活动。拉瓦锡本人非常喜爱使用火镜,本书的附录部分可以很好地显示这一点。由于契恩豪斯火镜年代久远,玻璃表面开始出现瑕疵,使

---

① 与此同时,伦敦皇家学会、荷兰的几个著名大学都公开反对炼金术。这个时间恰好是牛顿去世后不久,事实上,这可能并非完全是巧合。牛顿的炼金术研究早就被伦敦皇家学会的其他会员所知晓。牛顿在世的时候,伦敦皇家学会多少要给牛顿一点面子。牛顿去世后,伦敦皇家学会就可以放开手脚,公开反对炼金术了。事实上,凯恩斯所说的"最后一个炼金术士"确实是一个非常准确的定位,尽管牛顿是一位炼金术士,但牛顿的科学研究工作的实际效果确实是最终加速了炼金术的衰亡。

得加热的效果越来越差，所以法国的化学家开始试图制造新的火镜。拉瓦锡曾试图使用水（也就是利用水对太阳光的折射现象来制造凸透镜）来研制火镜，但法国化学家最终发现这个想法的技术可行性比较差，水的质量往往使玻璃变形。由于酒精的密度更小，而且具有更高的折射率，所以最终使用酒精来制造火镜。火镜的具体形状如图 5-1 所示，火镜显然是由两个玻璃仪器所组成，尺寸大的那个玻璃仪器的直径为 1.3 米，里面注满了酒精，尺寸小的玻璃仪器直径为 22 厘米，这样设计的目的大致是为了火镜的聚焦效果更为充分。法国皇家玻璃工厂最终制造出来了这个火镜。这个火镜的制作工艺非常复杂，外观也比较豪华，但实际情况是法国科学院在 1776 年以后就很少使用这个火镜了。首先，关于火镜的效果，法国化学家之间存在着争议；其次，火镜的使用情况受自然条件的限制太多，同一个火镜，冬季和夏季的焦距都有着显著的差异；最后，也不是每天都是艳阳天。因此，用了几年以后，法国化学家就把这个玩意束之高阁了。

图 5-1　法国皇家科学院的火镜之一

转引于 Smeaton, 1987[①]：267

普里斯特利 1774 年开始购置火镜，来进行汞灰的研究。普里斯特利拥有一个直径为 51 厘米的火镜（这可能是普里斯特利所拥有的最大尺寸的火镜），另外还有一个直径为 30.5 厘米的火镜。普里斯特利观察到只有用尺寸较大的

---

　　① 　原始出处为该图中标注的出处，原图实际上为两张图，但没有标明页码。斯密顿将其合并为一张图，本书使用的是斯密顿合并后的这张图。电子版的原始出处在该 pdf 文档的 816～817 页。在这张图里，有两位法国的贵妇人打着伞，正在津津有味地观看实验员的操作。

火镜（即上述两个火镜）才能成功实现脱燃素空气的制备，尺寸较小的火镜一般难以成功制备出脱燃素空气。这两个火镜由当时伦敦的一位玻璃制造商帕克（William Parker）提供，在 1791 年 7 月 14 日的伯明翰暴动中被烧毁。

1774 年法国科学家成立了一个委员会来重复巴扬的实验，以测试汞灰加热后产生的流体（即氧气）的性质。委员会包括伽西库（Louis-Claude Cadet de Gassicourt）、布立松（Mathurin-Jacques Brisson）、波美①（Antoine Baume，1728—1794）以及拉瓦锡。1774 年 7 月 2 日，委员会在布立松家里做了这个汞灰的分解实验。实验的结果是汞灰不需要焦炭就能还原成金属汞，并且产生了一种流体。波美是一个死心塌地的燃素论者，他并不信服实验的结果。于是委员会又重新做了两个重复实验，其结果完全一样。巴扬的实验给予拉瓦锡很大的震动，拉瓦锡开始了对汞灰（氧化汞）的研究，但拉瓦锡后来承认他在看完巴扬实验之后的几个月内并未进行大型的煅烧实验，这种状况一直持续到普里斯特利来巴黎。在普里斯特利的巴黎之行后，拉瓦锡开始将普里斯特利与巴扬的实验联系起来，并开始了更有挑战性的工作。

1774 年 8 月，普里斯特利在加热汞灰的时候发现了纯净空气，但普里斯特利经济实力有限，他使用的汞灰并不都是 Mercuius calcinatus。Mercuius calcinatus 是指把汞放在一个开口的玻璃器皿中用文火长时间地加热煅烧而得到的汞灰，在本书中简称为"煅烧汞灰"。由于汞的化学性质不活泼，制备的时间过于漫长，一般只有拿着国家俸禄的法国皇家科学院的化学家才有能力制备这个"煅烧汞灰"。当时经济状况一般的化学家往往使用另一种方法来制备汞灰，这个制备过程是把汞置入硝酸溶液溶解后，通过蒸干溶液而制备出汞灰。这种汞灰又称为 mercurius praecipitatus rubber，在本书中成为"硝酸汞灰"。拉瓦锡在《化学基础论》描述了"硝酸汞灰"的制备过程，"但是汞也可以用硝酸氧化；用这种方式，我们甚至获得比煅烧制得的更纯的红色氧化物。我有时候用在曲颈瓶中或在长颈卵形瓶和曲颈瓶碎片形成的小皿中，用前述方式将汞溶解于硝酸，蒸发至干，并煅烧此盐，而制备这种氧化物。"（安托万·拉瓦锡，2008：163）

其实这两种汞灰的化学成分都是氧化汞，不过当时的化学家并不完全明

---

① 波美（Antoine Baume，1728—1794），法国十八世纪著名的化学家，"波美度""波美比重计"以他的姓名命名。波美比重计有两种：一种叫重表，用于测量比水重的液体；另一种叫轻表，用于测量比水轻的液体。当测得波美度后，从相应化学手册的对照表中可以方便地查出溶液的质量百分比浓度。

白这一点。普里斯特利担心纯净空气其实并不纯净，因为在汞灰的制备过程中使用了硝酸，很可能混入含氮空气。因此，普里斯特利对纯净空气的研究结果并不怎么确信，他决定去一趟巴黎，找法国的化学家要一点更完美的汞灰，也就是仅通过煅烧而得到的汞灰。

拉瓦锡在《化学基础论》里详细探讨了煅烧汞灰的制备过程的艰难：

> 汞甚至在畅通的空气中都难以氧化。在化学实验室里，这个过程通常在一个长颈卵形瓶中进行，该卵形瓶有非常扁平的瓶体和非常长的瓶颈，此器皿通常称为波义耳巢（Boyle's hell）。导入的汞量足以盖住瓶底，将其置于沙浴之中，沙浴保持的持续的热接近使汞沸腾。用五或六个类似的长颈卵形瓶继续这种操作几个月，不时地更新汞，最后得到几盎司红色氧化物。此装置极缓慢极不方便是由于不充分更换空气；但是另一方面，如果与外部空气的循环过于流畅，就会夺走蒸气状态的汞，以致容器中几天之内都不会留下任何东西。（安托万·拉瓦锡，2008：163）

1774 年 10 月，普里斯特利的赞助人谢尔本伯爵[①]（Lord Shelbourne）去巴黎办理公务，普里斯特利得以有机会陪同他去一趟巴黎。普里斯特利在后来出版的论文集中曾这样回忆："我知道那里（巴黎）有很多著名的化学家，我没有错过这个机会，在我的朋友麦哲伦[②]（John Hyacinth de Magellan）的帮助下，我从伽西库先生（Louis-Claude Cadet de Gassicourt）那里获得了一盎司的煅烧汞灰（Mercuius calcinatus）。这是真正的、不容置疑的煅烧汞灰"。（Priestley，1775：36）

在普里斯特利逗留巴黎期间，拉瓦锡曾举办了一个宴会来款待普里斯特利。普里斯特利告诉了拉瓦锡他在之前不久所做的汞灰还原实验以及他对实验现象的思考。参加这个宴会的人还包括法国科学家马凯。这个实验就是普里斯特利"发现"氧气的实验。普里斯特利在宴会上告诉了拉瓦锡及其夫人他在实验中得到了一种非常支持燃烧与呼吸的空气，并在晚年的著作中曾这样回忆当时的情形：

---

① 即佩蒂（William Petty，1737—1805），英国辉格党人，政治家，1782～1783 年曾担任英国首相，曾代表英国与独立战争胜利后的美国签署和平协议。

② John Hyacinth de Magellan（1722—1790），葡萄牙人，医学家、物理学家，1763 年移居伦敦，与伦敦皇家学会和法国皇家科学院的多位科学家交往密切，是十八世纪英国和欧洲科学传播的重要节点。

拉瓦锡与其夫人以及在场的所有人听了我说的这个事情以后，都露出了惊讶的表情。我告诉他们我通过汞灰（praecipitatus per se）和铅丹得到了这种空气，我能够流利地说法语，但我不怎么会使用当时的化学语言（也就是炼金术士语言），我当时说的是"红色的铅"（plomb rouge），没有什么人能听得懂，直到马凯解释说"红铅"肯定指的是铅丹（minium）。(Priestley，1800：32)

　　这是一个很著名的故事，在英国科学史家的著作中被经常提及，例如柏廷顿的《化学史》。拉瓦锡举办的这次宴会的气氛是不错的，但很快就引发了科学优先权上的一场争论。普里斯特利在 1774 年知晓了拉瓦锡在法国皇家科学院公开的论文，普里斯特利没花太多气力，就明白了拉瓦锡虽然换掉了一些概念，但谈的不过就是"脱燃素空气"：

　　我在巴黎说过了我做过的实验，也获得了煅烧汞灰（Mercuius calcinatus）。在我离开巴黎以后，他（拉瓦锡）开始了同样的物质的实验，现在发现了我称之为"脱燃素空气"的这种空气，不过，他并没有研究这种空气的性质，实际上，也没有评价这种空气的纯净程度。尽管他说这种空气与普通空气相比较而言，更有助于动物的呼吸，但他并没有说他做过实验来确定动物在这种空气中能活多久。如同我曾说过我已完成了的那样，他因此那样推论到，在煅烧过程中，金属吸收了空气的全部，而不是仅仅一部分。但他扩展了他的理论，对于我来说，他的结论没有任何依据；拉瓦锡下结论，金属都会像煅烧汞灰那样，能够在不添加任何化学物质的前提下被还原，它们很有可能都能生成普通空气。(Priestley，1774：320)

　　显然，普里斯特利对拉瓦锡的学术道德颇有一番抱怨，对拉瓦锡做化学研究的进路和方法也多少有点不屑一顾。拉瓦锡坚持称自己在 1774 年 4 月就开始了他的煅烧汞灰研究，但拉瓦锡也在自己的正式论文中承认直到 1774 年 11 月他才开始使用凸透镜来进行化学研究。有些证词对拉瓦锡可能更为不利，例如法国外交家盖内[①]（Edmond C. Genêt）曾这样回忆：

　　我在伯明翰待了一段时间，我和普里斯特利开始熟识起来，他非常大方地向我重复了他的空气和气体实验。我将这些实验汇报给

---

　　① 盖内（Edmond C. Genêt，1763—1834），法国外交家，1793 年赴美国争取美国对法国的支持，1794 年，雅各宾派执政后，曾准备逮捕盖内，盖内得到华盛顿的保护，从此移居美国。

了法国皇家科学院。那个时候，拉瓦锡也在做这个课题。当我回到法国皇家科学院的时候，我吃惊地听见拉瓦锡正坐在科学院的一个座位上朗读着一篇论文，这篇论文其实是普里斯特利的实验的一个翻版，只不过换了几个词而已。拉瓦锡大笑，和我说："我的朋友，你知道很多人是最先开始抓野兔的，但最终也没有抓住野兔"。(Poirier，1998：320)

除了普里斯特利以外，当时法国化学家巴扬也认定在"金属煅烧时的质量增加的原因来源于空气"这一发现上，科学优先权不属于拉瓦锡。巴扬的汞灰实验稍早于普里斯特利的巴黎之行，详见上文。1775 年 1 月，巴扬将法国医生和化学家让·莱（Jean Rey，1583—1645）150 年前写的一本书重新出版。莱曾指出金属煅烧以后的质量增加来源于空气的固定，但让·莱的这一论断在之后漫长的 150 年里没有产生过很明显的学术影响。至于巴扬为什么要重新出版雷的这本书，贝特洛猜测巴扬不希望拉瓦锡独占科学优先权，不过贝特洛实际上并没有提供任何证据，贝特洛的这一猜测与当时拉瓦锡的激烈反应有一定关系。实际上巴扬对拉瓦锡和让·莱的贡献的定位还是很符合实际情况的，巴扬指出让·莱只是提出了一个猜测，而拉瓦锡则证实了这个猜测，拉瓦锡使用了更精确和合适的术语。

但拉瓦锡对巴扬的这一举动是颇为不满的，他后来在自己的论文"关于燃素的思考"一文中这样发表意见：

> 无论我所依赖的实验是多么有演示作用，我开始按照常识来质问这些事实，以此开始工作。进一步地说，一些人试图让公众相信，所有的新东西都不是真的，所有的真东西都不是新的，为了证实他们的说法，他们在以前的作者那里找到了这个发现的起源。（有人）没有考证过这本著作的真伪性，就匆匆忙忙地弄出来一个新版本，我带有惊喜地注意到不带偏见的公众有自己独立的判断，那就是这个偶然弄出来的、没有任何实验来做基础、科学家从未听说过的模糊断言（即让·莱 100 多年前的理论），没有阻止我成为金属灰质量增加的原因的发现者。(Lavoisier，1783：629)

拉瓦锡的这段表白显得有点过于精神紧张了。拉瓦锡甚至怀疑这本书是伪书，也就是说拉瓦锡怀疑这本书实际写出的年代远比 1630 年要晚。拉瓦锡在 1792 年还有过这个抱怨，拉瓦锡指出这本书中的一些概念和一般认定十八世纪才出现的亲和性、饱和概念如此相似，使他不得不想到这本书的实际写作时间远远比这本书封面上写的时间要晚。不过，拉瓦锡说的"科学家从未听说过"倒是可能符合真实情况的，巴扬的工作对澄清史实有一定贡献，实际上可以理解为早期的化学史研究。十八世纪的化学研究一般包括大量的化学史研究内容，这与化学这门学科的性质有一定关系，化学研究一般建立在大量的经验事实基础上，但十八世纪，由于时间、精力、财力上的限制，化学家实际上已经不太可能把以往化学家做过的实验逐个做一遍①，因此查阅前人的研究文献也是化学家需要做的工作之一。在做这个工作的同时，化学家实际上也做了一定的化学史研究工作。

不过实际上，在"金属灰质量增加的原因"有过接近现代科学的论断的化学家，在拉瓦锡以前的化学史上，除了让·莱以外，还有"俄罗斯科学上的彼得大帝"——罗蒙洛索夫，罗蒙洛索夫的表述实际上比让·莱还要接近于拉瓦锡后来的表述，时间至少早于拉瓦锡 40 年，但由于俄罗斯当时尚是一个科学技术落后的农业国，罗蒙洛索夫的著作很少被翻译成一些更主流的语言的版本。拉瓦锡在其作品中基本上没有引用过罗蒙洛索夫的著作，实际上拉瓦锡也可能确实没看过。

虽然拉瓦锡有可能在普里斯特利来巴黎之前就开始了对汞灰的研究，但拉瓦锡对于普里斯特利的实验技巧的学习也是不可否认的。拉瓦锡对普里斯特利的空气精华（goodness）实验、动物呼吸实验的模仿、学习以及后来的改进是拉瓦锡成功的秘诀之一。1774 年 10 月普里斯特利的巴黎之行对于拉瓦锡的实验精致化进程有着极大的促进作用。

空气精华实验是普里斯特利的著名实验，其目的在普里斯特利看来是测试空气的好坏，今天看来是测试空气中氧气的含量。普里斯特利向集气槽中的空气中加入硝气（即一氧化氮），观察到空气的体积很快地减少了五分之一。这是由于空气中的氧气与一氧化氮发生化学反应，生成溶于水的二氧化氮。普里斯特利发现如果在集气槽中的空气是空气精华（即氧气）的话，那么空气体积的减少则更加明显。

拉瓦锡曾一度认为汞灰里的空气就是固定空气，他将从汞灰中分离出来的气体通入生石灰水中，水仅仅轻微地变得浑浊，并没有发生沉淀。这个现象强烈地暗示了这种气体并非固定空气。于是拉瓦锡重复了普里斯特利的空气精华（goodness）实验。拉瓦锡对从汞灰中分解出的流体做了空气精华实

---

① 在十八世纪以前，化学家查阅文献的目的还包括寻找自己感兴趣的配方、寻找先贤真理的理论研究。

验，发现这种流体体积的减少远远高于固定空气，他认定这种流体处于普通空气的状态，除了保持着一点易燃空气的性质。（Holmes，1985：45）

1775 年 3 月 31 号，拉瓦锡做了汞灰分解的重复实验。拉瓦锡使用了 6 格罗斯的汞灰，除去容器中原有的 1.40 立方英寸的空气，拉瓦锡估算汞灰中释放出来的空气为 58 立方英寸。通过容器前后质量的差值，并去除了误差之后，拉瓦锡认定汞灰损失的质量为 49 格令。由于知道了这种空气的体积与质量，拉瓦锡很容易地估算出这种空气的密度，"这种空气每一立方英寸的质量小于三分之二格令，与普通空气的密度相差不是太远。"（Holmes，1985：46）由于 49：58 明显大于 2：3，霍尔姆斯认定拉瓦锡并不相信这个测量的结果。拉瓦锡将收集到的空气做了动物实验。他将一只小鸟放入盛有这种气体的容器里半分钟，小鸟没有出现痛苦或窒息的迹象，而且在被放出来之后自由地飞走了。在动物实验之后，拉瓦锡又一次地重复了普里斯特利的空气精华（goodness）实验。拉瓦锡使用了 2 份（5.4 立方英寸）汞灰分解后收集的空气，并加入一份（2.7 立方英寸）硝气（一氧化氮），总体积为 8.1 立方英寸，他很快发现空气的体积减少到 4.42 立方英寸。从今天来看，这个实验说明了 5.4 立方英寸汞灰分解后收集的空气含有 8.1－4.42＝3.68 立方英寸的氧气。而如果使用普通空气来做这个实验，根据普里斯特利的见解，只能消耗掉五分之一的空气体积，即 1.08 立方英寸。所以，毫无疑问，汞灰分解后收集的空气的性能明显好于空气。拉瓦锡接着做了蜡烛的燃烧实验，发现火焰很大且明亮，比在普通空气中漂亮得多。

1776 年 2 月 13 日，拉瓦锡再一次做了汞灰分解的重复实验。他在波美那里买了 2 份汞灰。他采取了一些改进的方法以试图收集到更多的气体。他确定了收集到的气体是普里斯特利所说的"脱燃素空气"。

1776 年 4 月 7 日，拉瓦锡开始试图超越普里斯特利。我们已经可以从这次做的实验看出他 1777 年的判决性实验的雏形。他开始试图煅烧汞。起先他试图煅烧 4 格罗斯汞，可惜没多久细颈烧瓶破裂。他改用了 2 盎司汞，将细颈烧瓶调节得离火远一些，并将火调小。尽管汞一直保持着沸腾的状态，但第一天晚上没有任何汞灰产生。第二天早上终于可以看见一点汞灰的薄膜。由于汞不是活泼金属，汞的氧化极其缓慢，直到 4 月 9 日，都没有看出汞发生了显著的变化。但拉瓦锡并没有灰心，他将这个实验继续进行下去，在过了几天之后，他发现了细颈烧瓶的空气减少了六分之一。实验进行了一个星期，由于传统的实验仪器在这么长的时间内保持着汞的沸腾是非常困难的，霍尔姆斯赞叹道："无论这个实验是拉瓦锡一个人全部做的，或是另请了助手，实验的努力都值得尊重"。（Holmes，1985：56）前文中谈及了十八世纪元素论化学的元理论之一为分析原则。这个分析原则在实际操作中既强调化学物质的分解，同时也强调其逆过程——合成。只有同时完成了分解与合成，才是真正地、完美地完成了化学分析。拉瓦锡煅烧汞，一方面是在合成汞灰，另一方面，也是在分解空气。当然，从今天的化学来看，空气应该是一个混合物，而不是化合物。但拉瓦锡当时的化学认识尚不能完全区分混合物与化合物。上一个实验空气损失了六分之一，拉瓦锡认定空气损失的部分即为脱燃素空气。于是他就又添加了同等体积的脱燃素空气。为了证实"合成"的空气是否与煅烧之前的空气是同样的性质，他将蜡烛放进去燃烧，发现蜡烛燃烧得如同在普通空气里一样。在一年后，拉瓦锡将这个实验的精致程度又提高了一大步。

按照斯塔尔学说，金属的复活必须使用焦炭、松节油或其他含有燃素的物质。但是 1776 年 4 月 7 日开始的持续一个星期的实验表明了汞的还原不需要别的物质的帮助；空气很可能并不是一个元素或者简单物质；空气是可以"分解"与"合成"的。对于这个实验，拉瓦锡回到元理论的层面，思考燃烧现象与空气的关系，将燃烧理论的理论实体区分为两个理论实体：一个是可观察的理论实体，即"空气中十分支持燃烧的部分""非常纯净的空气"以及后来的"氧气"，解释煅烧与燃烧物质质量的增加；一个是不可观察的理论实体，即通过上文所说的"要素原则"来假设"一个特殊类型的燃素"，即拉瓦锡的"热质""热素"概念。斯塔尔的燃素是可观察的理论实体（在可观察的天平范畴内显示为负质量）与不可观察的理论实体（在天平范畴内不可观察）的结合，而拉瓦锡的这个"一个特殊类型的燃素"只具有不可观察的理论实体的性质，用于解释光、热、火现象：

> 肯定会有人会问："金属的燃素在这个操作（即通过加热红色汞灰而制备出氧气）中发挥了重要作用没有？"当我并不试图解决这个如此重要的问题的时候，我将回答操作后与操作前的汞是完全一样的，至少在不假设燃素可以通过壁而进入容器里来参与金属的还原的情况下，没有任何证据显示汞灰失去或获得了燃素。如果要进行这个假设的话，那么就得假设一个特殊类型的燃素，它明显不同于斯塔尔及其信徒的燃素。这个燃素将是向"火素"——和物质结合的火的要素——一个明显不同于斯塔尔的观点的回归。（Lavoisier，1776a：679-680）

最晚在 1775 年年初以前，拉瓦锡就明确了这种从红色汞灰中分解出来的空气不是固定空气，它明显具备了普通空气的性质，而且这种气体的不寻常之处在于它在支持呼吸和燃烧方面上的能力要比空气强很多。拉瓦锡在洛兹耶的《物理学观察》杂志 1775 年 5 月出版的那一期中发表了论文，记载了他做的汞灰的实验以及他不同于普里斯特利的理解。当普里斯特利看到了这篇论文的时候，他迅速指出了拉瓦锡在论文中没有提及自己在这种空气发现上的优先权。拉瓦锡在听到了普里斯特利的微词后把论文进行了修改。拉瓦锡在 3 年后（1778 年）的 4 月在法国皇家科学院的会议上报告了修改后的论文，这篇论文也在当年被收录到法国皇家科学院的论文集。（Lavoisier，1775：520-526）1775 年拉瓦锡和普里斯特利已经开始显现出分道扬镳的迹象，虽然双方似乎都还保持了克制，但很快科学史上最有影响的科学辩论之一就要开场了。拉瓦锡欣赏普里斯特利高超的实验技巧和对于实验现象的敏锐，但拉瓦锡同时又认为普里斯特利的化学研究有点肤浅。早在 1774 年，拉瓦锡就在其代表作之一的《物理与化学论文集》（*Opuscules physiques et chimiques*）中对普里斯特利做过这样的评价："普里斯特利的论文，在某种意义上说，是一张用实验织起来、几乎不被任何一个推理所打断的布……"①（Lavoisier，1862f：512）

在拉瓦锡的眼里，普里斯特利可能只不过是一个"上帝的痴迷者"（one of God's fool），他的全部快乐只是对于上帝创造的深不可测的自豪。拉瓦锡的观点有一定的道理，普里斯特利与拉瓦锡相比较而言，其经验主义哲学的倾向更为浓厚：

> 当我们能平等地将我们的错误以及别人的错误拿来作为一种消遣，这是很愉快的。当我完全有权利隐藏这个错误的时候，我还是很情愿给别人很多机会，使他们把我的错误作为消遣。但我决定让大家知道在实验哲学的事业里，奇迹是多么的少，而且不需要多少智慧，或者甚至设计，就能有科学发现。（Priestley，1774：320-323）

拉瓦锡是一个温和的经验主义者，除了质量守恒定律，他并不认为化学

---

① 原文为 Le traité de M. priestley n'étant, en quelque façon, qu'un tissu d'expériences, qui n'est presque interrompu par aucun raisonnement, un assemblage de faits, la plupart nouveaux, soit par eux-mêmes, soit par les circonstances qui les accompagnent, on conçoit qu'il est peu susceptible d'extrait.

里有着其他不言自明的公理。拉瓦锡在寄往柏林科学院的一封信中这样写道："习惯了需要使用手的实验与观察的工作之后，你会很容易理解在物理学与化学去达到像几何学的演示那样的精确程度，是几乎不可能的……但是，通过增加实验，通过对比实验，通过不同的途径达到相同的结果，你可以成功地达到一个可能的程度，足以与确信相当。我很荣幸地告诉你，这就是我工作中严格执行的路线。"（Holmes，1989：138）

尽管拉瓦锡 1775 年还不能完全放弃燃素概念来解释燃烧现象，但随后的一年里，他的注意力转移到了对于酸的研究。他反复地做通过硫和磷的燃烧来形成硫酸和硝酸的实验，发现了硫酸和硝酸的组成中含有大量的空气。当然，拉瓦锡在 1772 年时就曾有过这样的想法。但 1776 年时拉瓦锡的最显著的变化就是他开始把这种空气不再视为空气全部，而是"纯净空气"，即氧气，也就是普里斯特利所说的"脱燃素空气"。拉瓦锡明显不愿意背上"剽窃"的恶名，在发表的论文开头就申明了普里斯特利的贡献，但又坚定地申明了自己理论的优先权：

> 在开始这一正确的事情之前，我要说明的是我并非进行这个研究报告中所涉及的几个实验的第一个人，严格地说，只有普里斯特利先生才有资格宣称自己的原创性。但是，当同样的一些事实正好导致了完全相反的结论时，如果因为我采用了这位杰出的科学家的实验操作而受到批评的话，我的结论的原创性不会因此而受到质疑。（Lavoisier，1776a：671-680）

1776 年拉瓦锡已经意识到我们呼吸的空气和酸中含有的空气其实都是纯净空气，他认定纯净空气在空气中所占比例为四分之一，在一年后他把这个比例改为六分之一或五分之一。他认定硝酸的酸性来自于纯净空气，当硝酸和金属发生反应时，金属夺走了硝酸中的氧。然而，按照拉瓦锡的理论，在硝酸和金属发生反应时，应该没有气体产生，也就无法解释硝酸和金属发生反应时的泡腾现象。不过，拉瓦锡依然沿着这个思路继续前进，以致后来发展完善自己的酸理论（即四个等级的氧化度理论）。后来拉瓦锡在《化学基础论》里曾这样总结磷酸形成的过程：

> 我已经指出过，磷经燃烧变成了一种极亮的白色片状物质；而且其性质完全被这种转化所改变：它不仅由不溶于水而变成可溶的，而且极为贪潮以致吸引空气中的湿气迅速得惊人；它用这种方式变成一种比水稠得多，比水的比重大的液体。磷在燃烧前所处的

状态中，几乎没有任何感觉得到的味道；通过与氧结合，它获得了一种极强烈的酸味：一句话，它由一种可燃物体变成了一种不可燃物质，并且成为被称作酸的那类物体中的一种。（Holmes，1989：138）

拉瓦锡说"燃烧生成酸"中"酸"现在看来实际上是酸酐，即硫和磷的燃烧生成的是诸如五氧化二磷、二氧化硫这样的氧化物。然而，由于拉瓦锡的酸的生成实验中都是用水来接收的，所以，拉瓦锡谈到的酸有时候是酸酐，有时是酸酐的水溶液。拉瓦锡没有明确区分两者的区别。

1777 年 11 月 3 日，拉瓦锡在法国皇家科学院演讲了他的一篇论文的概要，这篇论文的标题为"燃烧总论"（Mémoire sur la combustion en général），他在论文的开头论述了自己的认识论和方法论。从他的表述中可以看出他的认识论和方法论带有经验主义、实用主义和工具主义的色彩：

> 物理科学的整个体系的灵魂是危险的，这就等于说我们应该担心这种情况，那就是把一大堆实验乱糟糟地堆放在一起，这不是使科学更加明了易懂，而是使它更加模糊不清，给那些希望得到提高的初级水平的人制造障碍，从而使长期艰巨的研究只能制造混乱和困惑。事实、观察和实验是建造一座化学体系大厦的砖头，但是当我们把他们集合在一起的时候要注意避免制造障碍。我们更应该把它们组织起来，区分它们的类别，确定它们中的每一个属于整体的哪个部分。
>
> 以这个观点来看，物理的体系只是一些用于克服我们感官的弱点的适当工具。更加精确地说，它们是我们解决问题时使用的一些近似方法。它们是一些在与经验不符合的时候应随时不断地得到转换、纠正和改变的假定。在将来的某天，可以准确无误地通过（错误的）排除和消除，从而获得对自然的真正法则的认识。①
>
> 今天，受这些想法的鼓励，我冒险向科学院提出一个新的燃烧理论，或者更谨慎地说，这是一个假说，它可以对燃烧和煅烧的全

---

① 这段话很重要，附上法语原文：Les systèmes，en physique，considérés sous ce point de vue，ne sont plus que des instruments propres à soulager la faiblesse de nos organes：ce sont，à proprement parler，des méthodes d'approximation qui nous mettent sur la voie de la solution du problème；ce sont des hypothèses qui，successivement modifiées，corrigées et changées à mesure qu'elles sont démenties par l'expérience，doivent nous conduire immanquablement un jour，à force d'exclusions et d'éliminations，à la connaissance des vraies lois de la nature.

部现象，甚至包括部分的动物呼吸现象提供一个非常令人满意的解释。(Lavoisier，1777：592-593)

从这段话可以看出，拉瓦锡把当前的物理体系视为一个工具，一些有助于将来获得"对真实的自然法则的认识"(la connaissance des vraies lois de la nature) 的"近似方法"(des méthodes d'approximation)。在拉瓦锡的眼里，当前的物理体系是一个工具，自己的燃烧理论也是一个工具。拉瓦锡在《化学基础论》里再一次重申了他的经验主义，从下面这段话可以看到洛克的经验主义中的核心思想"观念的联结"的痕迹：

> 在探索进程中应当从已知事实进到未知事实，这是几何学乃至一切知识部门中的一条普遍公认的准则。在幼年时期，我们的观念出自我们的需求；需求感唤起关于客体的观念，这客体使需求感得到满足。某种连续的观念秩序就这样由一系列感觉、观察和分析而产生，这些观念如此联系在一起，以致留心的观察者能够在某一点上追溯到人类知识总和的秩序和联系。(安托万·拉瓦锡，2008：3)

拉瓦锡1777年就对燃素学说提出批评和质疑，但他一直避免和燃素论者发生正面的冲突。直到1783年，他才正式发出了推翻燃素学说的宣言。他1783年尖锐地指出燃素概念存在的问题，"所有这些思考进一步证实了我先前所说的、我将证实的对象、我将重复的话，那就是化学家们制造了燃素这个含糊的要素，它没有严格的定义，因此适用于一切可能引用它的解释。这要素时而有重量，时而无重量；它时而是自由的火，时而又是与元素土相化合的火；它时而能穿透容器壁的微孔，时而又无法穿透它们。它同时解释苛性和非苛性、透明和不透明、有色和无色。它是名副其实的波塞冬，时时刻刻都在变形。"(Lavoisier，1783：523)在此以后，拉瓦锡的氧化学说与燃素学说的冲突顿时激烈起来，但拉瓦锡在很短时间内就彻底推翻了燃素学说，并奠定了现代化学的基础。

拉瓦锡的酸理论和他的燃烧理论是同时期发展起来的。克罗斯兰德对拉瓦锡的酸性氧化理论的形成时间做过详细研究，认为其形成于1772～1780年，并这样区分他的早期理论和后期的精致理论：早期理论中的酸含有"空气"，而晚期理论是把酸性和空气中的一个简单组成成分——氧联系起来。他同时指出拉瓦锡的酸的氧化理论的核心观点是判断一个化合物是不是为酸的必要条件是它是否含有氧，氧化程度决定了酸性程度 (Crosland，1973：307)。克罗斯兰德很好地概括了拉瓦锡的酸理论，《化学基础论》则有更详细的说明:"我可以成倍地增加这些实验,并可以用为数甚多的一个接一个的事实说明,所有的酸都是由某些物质燃烧形成的;……可以清楚地看到,氧是所有由其构成酸性的物质所共有的一种元素,这些物质随被氧化或被酸化的物质本性的不同而相互区别。因此,在每一种酸中,我们必须注意对可酸化的基,即德·莫维先生所称的根(radical),与酸化要素或氧加以区分"。(安托万·拉瓦锡,2008:22)

从上文我们可以知道拉瓦锡把酸的形成等同于燃烧。实际上,在拉瓦锡的化学体系里,酸是比简单氧化物更高级的燃烧产物。他在《化学基础论》里面将化合物根据氧化程度的不同分成四个等级,第一个等级是简单氧化物,基本上相当于现代化学所说的氧化物。第二、三、四等级则是高级氧化物——酸。

> 物体的第一或最低氧化度使物体转变成氧化物;增加的第二氧化度构成酸类,其种名取自其特定的基,以 ous 结尾,如亚硝酸和亚硫酸(nitrous and sulphurous acids);第三氧化度把这些酸变成以 ic 为词尾来区分的酸种,如硝酸和硫酸(nitric and sulphuric acids);最后,我们可以在酸的名称上加上被氧化的(oxygenated)一词,来表达第四或最高氧化度,如已经用过的氧化盐酸一词。
> (安托万·拉瓦锡,2008:27)

在拉瓦锡的理论框架里,化学物质分为两大类:简单物质(simple body)[①]和化合物(compound),而其中一部分化合物是通过氧化形成的。简单物质的氧化物和酸的形成过程就是简单物质加不同分量的氧气。以硫为例,

(第一氧化度)硫 + 　　氧气　　 === 　氧化硫
(第二氧化度)硫 + 　更多的氧气　 === 　亚硫酸
(第三氧化度)硫 + 　充足的氧气　 === 　硫酸

如果不暂时忘掉我们学过的现代化学知识,看到上面这个示意图确实难以理解。但是如果仔细阅读一下拉瓦锡关于酸的论述,还是能发现拉瓦锡的思路在他的理论框架里至少是合乎逻辑的。

关于划分第二氧化度和第三氧化度的原因,拉瓦锡做过详细解释:

> 然而,在可燃物及部分可转化为酸的物体的氧化过程中,有一

---

① 拉瓦锡的"简单物质"概念与他的"元素"概念(element)的含义相同,是指尚未被证明是化合物的物质,跟现代化学的"元素"概念并不完全等同。

件值得注意的事情，即它们与氧可以有不同的饱和度，而且，所产生的酸虽然是由相同的元素结合而形成，但依比例的差异而具有不同的性质。关于这一点，磷酸，尤其是硫酸，给我们提供了例子。当硫与小比例的氧化合时，它就形成一种处于第一或较低氧化度的挥发性酸，该酸有刺激性气味，具有非常特殊的性质。……从前斯塔尔所知道的由硫产生的挥发酸名叫亚硫酸（sulphurous acid）。我们已经保留了这个术语，表示未被氧充分饱和的硫所产生的这种酸；用硫酸这个名称表示另一种完全饱和或氧化了的酸。因此，我们将用这种新的化学语言来说，硫在与氧化合的过程中可有两种饱和度：第一度或低度构成亚硫酸，该酸是挥发性的和刺激性的；而第二饱和度或高饱和度产生硫酸，该酸是固定的和无气味的。我们将采用词尾的这种差异表示所有取几种饱和度的酸。因此，我们就有亚硫酸、亚醋酸和醋酸（an acetous and an acetic acid）；以及类似情况下的其他名称。（安托万·拉瓦锡，2008：23）

这段引文与上段引文明显矛盾，例如"第一或较低氧化度的挥发性酸"明显是上段引文的第二氧化度中的亚硫酸。这个矛盾既可能是笔误，也可能正好反映了拉瓦锡对于第一氧化度和第二氧化度的划分本身就是很勉强的，存在很多矛盾之处。例如金属燃烧后的产物属于第一氧化度，而硫燃烧后的产物则属于第二氧化度。又如磷的第一氧化度（氧化磷）和第二氧化度（挥发性磷酸）实际上都是磷的氧化物。拉瓦锡对硫和硫酸情有独钟，在《化学基础论》里反复强调，这和硫在斯塔尔的体系中的显赫地位有关，"低氧化度使硫变成挥发性气态酸，它只以很小的比例与水混合，而高氧化度则形成具有许多强酸性质的酸，它极为固定，不能保持气体状态，但在高温下无气味而且以很大比例与水混合。"（安托万·拉瓦锡，2008：25）

尽管已有多篇文献探讨过拉瓦锡的酸理论，但其实并没有全面地揭示拉瓦锡建立自己的氧化酸理论的历程。拉瓦锡在 1789 年出版《化学基础论》以前所写的一篇论文也许可以提供一些线索。在这篇论文中，拉瓦锡曾经将金属的煅烧与金属在酸中的溶解过程进行了对比，认定金属在酸中的溶解相当于"湿法"煅烧：

考虑到证据是容易受到攻击和削弱的，我们可以很容易地增加别的证据来支持它。在事实上，为了证明金属在酸中溶解是被氧化，我已经引用了这个例子，那就是硝酸在溶解金属以后丧失了一定比例的氧化要素，而且存在着硝酸的分解；如果我能证实硝酸损失的质量正好是金属增加的质量，这就证明了金属的煅烧是以硝酸的耗费为代价的。最后，如果我能证明酸中被移除的要素以及与金属结合的要素就是氧化要素，我将证明在"湿法"中的煅烧，也就是在金属在酸中溶解的这种煅烧，完全与"干法"中的操作一样。①

(Lavoisier，1862g：511-512)

显然，拉瓦锡找到的这个例子是很特殊的。首先，硝酸是含氧酸，但并不是所有的酸都是含氧酸。而且，在这篇论文里，拉瓦锡使用的金属主要是汞，其实验过程正好是本书中反复谈到的十八世纪"硝酸汞灰"的制备工艺。实际上，假如拉瓦锡使用盐酸做金属溶解实验，在实验结束以后，拉瓦锡无法收集到氧气。所以，可以猜测的是，拉瓦锡多半是通过以"汞溶解于硝酸之中"等少数特例进行了不完全归纳，而推断出"酸中都含有氧"这样一个全称命题。

拉瓦锡发现很多元素形成的酸的酸性存在这样的规律：亚硫酸＜硫酸、亚磷酸＜磷酸、亚硝酸＜硝酸。基于这样的实验结果，拉瓦锡确定了第二氧化度和第三氧化度。在有限的实验结果的支持下，拉瓦锡1780年以后逐渐得出了这样的结论：一切酸都含有氧，而且氧化程度越高，酸性越强。

1777年，拉瓦锡向皇家科学院提交了论文，其中记载了他的一个最著名的实验，即汞的十二天煅烧实验，也被称为空气分析实验。因为这个实验是氧化学说最关键的两个实验（另一个是水的组成实验）中的一个，所以本书用较长篇幅详细介绍这个实验：

> 我向一个适宜的容器里充满50立方法尺的空气，没有别人的帮助这是很难想到的。我已经向这个容器导入四盎司纯汞，并煅烧后者，让火持续烧燃了差不多十二天，保持几乎相当于使水银总是处于其沸点状态的必需的热度。
>
> 第一天没有发生值得注意的情况：汞虽然没有沸腾，但却保持不断蒸发的状态，以微滴形式覆盖了器皿的内表面，这些汞滴起初非常细微，由于一点一点地增大，而且到达足够的体积，掉进器皿底部中。第二天，我看到汞的表面上开始出现红色微粒，接下来的四五天，这些微粒在大小和数目上不断增加，此后，两方面的增加便停止下来。在第十二天末，在灭了火让器皿冷却以后，我发现了

---

① 该论文最早发表于1782年的法国皇家科学院论文集。在1789年出版的《化学基础论》中，拉瓦锡的态度似乎有所转变，没有强调金属在酸中的溶解是一种"湿法"煅烧。

空气少了 8 至 9 立方法尺，换句话说，就是六分之一的体积。

其次，我细心地收集上次煅烧形成的 45 格令煅烧汞，将其置于一个小玻璃曲颈瓶之内……然后我进行了不需添加其他物质的汞的还原。我观察到，通过这个操作，与在煅烧中被吸收的空气大致相同数量的空气，大约 8 至 9 磅，我把这 8 至 9 磅和在汞的煅烧实验中被玷污的空气集中起来，我得到了和煅烧前几乎完全一样的空气。（Lavoisier，1862b：174-176）

拉瓦锡在当时发表的论文里并没有附上实验设备图，但在《化学基础论》谈及这个实验时给出了一个实验设备图（图 5-2）。

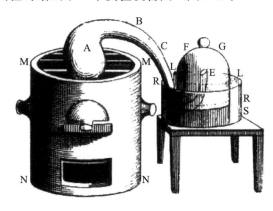

图 5-2　1777 年空气分析实验的实验仪器图（安托万·拉瓦锡，2008：200）

拉瓦锡得出了四个结论：

（1）我们呼吸的空气中有六分之五，正如我在先前的论文中说的那样，处于不能支持呼吸的空气状态[①]，换句话说，就是既不能延续动物的呼吸，也不能支持燃烧或煅烧。

（2）剩下的空气，换句话说，仅仅只有五分之一体积的空气是能支持呼吸的。

（3）在汞的煅烧过程中，金属物质吸收了空气中有益于健康的部分，而仅仅剩下了不能支持呼吸的空气。

（4）把这样分开的两部分，能支持呼吸的部分和不能支持呼吸的部分，再混合在一起，就可以重新获得与大气几乎相同的空气。（Lavoisier，1862b：

———————

[①]　原文为 mofette。mofette 在现代法语中的意思为碳酸喷气、臭鼬等，但根据上下文，意译为"不能支持呼吸的空气"。

177）

在 1777 年写成的论文"燃烧通论"（Mémoire sur la combustion en général）中，拉瓦锡提出了崭新的燃烧理论，彻底地取消了燃素在燃烧中的地位。拉瓦锡列举了燃烧的四个现象，现概括如下：

（1）在每个燃烧过程中都有火质或光质的释放；

（2）物体只能在极个别种类的空气中燃烧，或者更确切地说，物体只有在一种空气——普里斯特利称之为"脱燃素空气"，而我命名为"纯净空气"——中可以燃烧；

（3）在整个燃烧过程中，纯粹空气被破坏和分解，燃烧物质量增加，增加的质量精确等于被消耗和分解的纯净空气质量；

（4）在燃烧过程中，燃烧物增加了使其更重的物质，并转变为酸。（Lavoisier，1862e：225-227）

拉瓦锡的这篇论文基本上概括了他的燃烧理论的要点，只是没有涉及这一要点："纯粹空气是火质或光和一个基的化合物。燃烧物在燃烧中移除了这个基，因为燃烧物对这个基的吸引力比热质大得多，使热质从纯净空气中释放出来，表现为火焰、热和光。"（柏廷顿，1979：140）

拉瓦锡并非是第一个提出燃烧物的质量增加来自于空气的化学家。在他之前，1750 年俄国著名化学家罗蒙诺索夫就公开反对燃素学说和波义耳的"火微粒"理论，指出燃烧物的质量增加来自于空气。（Leicester，1967：240-244）然而，罗蒙诺索夫并没有明确指出燃烧物的质量增加的数量精确等于空气质量的减少，给燃素学说仍保留了很大的生存空间。拉瓦锡的燃烧理论由于完全排除了燃素在天平范畴里存在的任何可能，因此具有了以往怀疑燃素论的化学家所不具有的彻底的革命性。

普里斯特利根据拉瓦锡的实验记录做了重复实验，由于普里斯特利的多次实验结果都显示，最终收集到的汞总是少于实验开始时的汞，普里斯特利于是对拉瓦锡的结论提出了质疑。造成这个结果的原因可能有多个，一个原因可能是普里斯特利在实验中没有做到容器的完全密闭；另一个原因可能是拉瓦锡的实验是"理想"实验，拉瓦锡实际上得到的实验结果也没有他声称的如同"代数方程"那样完美。其实在拉瓦锡所处的时代，就已经有人怀疑拉瓦锡经常修改自己的实验数据，以支持自己的理论。终其一生，普里斯特利都不能理解拉瓦锡的实验结果为什么能精确到小数点后四到五位，普里斯特利从来都是认为拉瓦锡这样不过是在装点门面。

三、拉瓦锡1777年后的实验及其化学新体系的确立

拉瓦锡早年的科学活动往往是通过单打独斗进行，在与拉瓦锡夫人结婚以后，拉瓦锡开始有了自己的助手。不过，拉瓦锡夫人实际上尚不属于职业化学家，尽管有些文献尊称她为"化学之母"。拉瓦锡在 1777 年第一次拥有了真正意义上的专业助手。年轻的化学家布凯（Jean-Baptiste Michel Bucquet）成为了拉瓦锡的助手。布凯 1746 年出生，1780 年去世，去世时年仅 34 岁，属于英年早逝。布凯和拉瓦锡在 1777~1780 年的合作是卓有成效的，布凯的一些思想可能对拉瓦锡产生了重要和深远的影响，但好景不长，合作的时间仅仅延续了 3 年。在布凯去世以后，拉瓦锡和拉普拉斯展开了富有成效的合作。除了这几位长期固定合作的助手，拉瓦锡后来还拥有了一个团队，一般来说，我们可以称之为早期现代科学的学派。实际上，在 1785 年左右，拉瓦锡已经和多名法国化学家组成了氧化学说学派，有时候这个学派也被称为"兵工厂团队"（The Arsenal Group）。拉瓦锡实际上已经承认了氧化学说的第一本专著《化学基础论》并非自己一个人的贡献：

> 不过，除此之外，化学家们将容易察觉到，在本书的第一部分，除了我本人所做的实验，我很少利用其他任何实验：无论何时，如果我采用了贝托莱先生、拉普拉斯先生和蒙日先生的实验与想法，或者一般地采用了他们那些与我本人的原则相同的原则，而又未言明的话，那么，这应归因于以下情况，即我们经常往来，彼此交流我们的思想、我们的观察以及我们的思维方式已经成为习惯，我们各自的见解已经为我们所共有，每个人要想知道哪个观点是他自己的往往很困难。（安托万·拉瓦锡，1993：xxviii）

事实证明，尽管有着一个所谓的"氧化学派"或者是"兵工厂团队"，拉瓦锡还是不愿意将自己在科学优先权上的荣誉施舍给他的三个"跟班"，哪怕就是为数不多的一点。拉瓦锡在自己的论文中再三强调自己的科学优先权：

> 这是容易看得到的，从 1772 年开始，我就设想出这个从发表关于燃烧的论文以后开始建立的（化学）体系的所有部分。我在 1777 年取得了许多发展的这个理论，从我开始致力于发展的那个时候一直发展到现在这个状态的这个理论，直到 1786~1787 年的冬季，弗尔科瓦才开始用于教学；德莫沃则是更晚才接受这个理论；贝托莱直到 1785 年还是继续用燃素体系的概念进行写作。所以这

个理论并不是正如我听到的那样，法国化学家的理论，这个理论是我自己的理论①，这是一个我对我的同辈人和后代的学术优先权的声明。毫无疑问，其他化学家增加了理论的完美程度，但我希望以下（的优先权）不会被挑战：氧化和燃烧的全部理论；通过金属和可燃物进行的空气分析和分解；成酸理论；大量的各种酸，尤其是植物酸的更精确的知识；植物和动物物质的组成的第一个思想；我和塞甘合作完成的呼吸理论。(Lavoisier，1862h：104)

尽管布瓦耶在其传记中对拉瓦锡的科学成就进行了高度的赞扬，对拉瓦锡的命运给予了极大的同情，但也很尖锐地指出拉瓦锡的这一段话透露出了一种灵魂深处的卑鄙。拉瓦锡的逻辑显然是"我的学术成果是我的，你们这些跟班的学术成果也是我的"。拉瓦锡过于贪功，这无疑影响了他与学派其他成员的关系。在拉瓦锡被捕之后，贝托莱曾找过哈森弗拉茨、蒙日等氧化学派成员，请求他们营救拉瓦锡，他们对此无动于衷。哈森弗拉茨、蒙日当时是雅各宾派的重要人物，他们是可能有能力营救出拉瓦锡的。

拉瓦锡在法国皇家科学院宣读自己的论文《关于燃素的思考》的时候，遭到了很严厉的反对。荷兰化学家范马伦曾经在当时访问过法国，并参与了法国皇家科学院的这一例会，他对当时的激烈场面感到很惊讶。他回忆，在拉瓦锡朗读论文的时候，拉瓦锡的讲话往往被无礼地打断。这使得直到会议结束以后，范马伦都不太明白整个会议讲了一些什么内容。不过拉瓦锡毕竟也见惯了此等场面，他对此非常坦然，并曾这样说：

> 我并不奢望我的构想能很快被采纳。人的心灵会逐渐习惯以特殊的方式来看待事物，那些在职业生涯的一段时间内以某种成见来感受自然的人会发现调整到另一个新观念是很困难的。只有时间可以证实或者摧毁我已经展示的观念。与此同时，我指出下面这些人是非常令人满意的：一些刚开始学习科学而不带有任何偏见的年轻人，对化学真理持开放态度的、不再相信斯塔尔所提出的燃素理论的数学家和物理学家。他们把斯塔尔学说视为脚手架（échafaudage），但在化学大厦的进一步建立中，这个脚手架与其说是有帮助的，还不如说是令人尴尬。(Lavoisier，1783：655)

英国化学家卡文迪许 1782 年做过水的组成实验。他把可燃空气和脱燃素空气放在一起做爆炸试验，发现容器的底部有露珠出现。他紧接着又做了可燃空气和脱燃素空气的燃烧实验，发现最后的生成物就是水。(Caven-

---

① 原文为 elle est la mienne。

dish，1784：119-153）但卡文迪许并没有得到这个结论，即"水是一个结合物而不是简单物质或元素"。拉瓦锡知晓了卡文迪许的这个实验以后，很快明白了这个实验的理论意义。在 1783 年 6 月 24 日，拉瓦锡和拉普拉斯在法国国王、一个大臣和英国化学家布莱戈登面前演示了一个实验，他们将可燃空气和脱燃素空气装在一个玻璃容器中，然后拧开这个容器的旋塞点火，结果收集到了水。（Lavoisier，1862d：334-359）在拉瓦锡和拉普拉斯眼里，这个实验的意义是水不再是古希腊以来将近两千年里所认定的元素或简单物质，而是一个结合物。"水是一个结合物"可以解释氧化学说以往无法解释的化学现象。例如，某些金属放入水中为什么可以产生泡腾现象，以往的氧化学说无法解释，但是自从认识到水是可燃空气和纯净空气的结合物之后，可以这样解释泡腾现象：某些金属放入水中，水首先被金属分解为可燃空气和纯净空气，金属和纯净空气结合，而可燃空气得以释放。拉瓦锡 1783 年的水的合成实验的最大缺陷是定量还不够精确，这使得拉瓦锡的水的组成理论尽管有着法国国王这样的目击证人，但真正相信的人寥寥无几。对于拉瓦锡认定氢气来自于金属从水中分解出来的一部分，普里斯特利坚决反对。普里斯特利向伦敦皇家学会的《哲学汇刊》提交论文，指出他通过精确定量的实验已经证明了氢气来自于金属，而不是来自于水。普里斯特利说了一段话，尽管没有明指是针对拉瓦锡，但应该可以看出他这段话的用意。普里斯特利的下面这段话和以往的一样，即告诫大家不要使用太多的假设，哲学家的使命只能是描述观察到的现象：

> 当哲学家是对他们观察到的现象的忠实的描述者的同时，没有人有理由抱怨被他们（哲学家）所误导；因为对于根据被提供的事实来进行推理（理性化地梳理）一事，事实发现者（暗指自己，普里斯特利）的职责至多和非事实发现者一样多。（Priestley，1785：280）

柯万则认定氢气是水从金属中置换出来的燃素。面对着普里斯特利和柯万这两个顽固的对手，拉瓦锡只好再寻找更有说服力的证据[①]。在 1783 年 6 月和 7 月，拉瓦锡与蒙日[②]（Gaspard Monge，1746—1818）分别独自进行

[①]　他必须使反应物或反应产物除了水之外不能有其他物质，因为如果有其他物质的话，那么普里斯特利和柯万可以说燃素在水之外的物质里存在。这和拉瓦锡之所以青睐汞的煅烧和分解实验的道理一样。氧化汞的分解不需要焦炭，这样可以彻底地摒弃了燃素这一因素。

[②]　法国数学家，创立了画法几何，是法国第一所综合理工大学——巴黎理工学院（École Polytechnique）的创始人之一。

了水的合成实验。蒙日通过测定反应的两种气体的质量以及反应后生成的水的重量，得出了一个结论，即水的质量是参与反应的两种气体的质量之和。拉瓦锡知道这个实验之后，非常高兴，他说自己早就预感到了这一点，"整体等于部分之和，这个规律在物理中的出现次数不比在几何里少。"（Lavoisier，1862d：339）为了能更精确地显示这个实验，拉瓦锡和蒙日的学生梅斯尼埃[①]（Jean-Baptiste Meusnier）合作，通过水的实验来揭示水是一种结合物（即不是简单物质）的性质。他们将水蒸气通过红热的枪管，实验结果是有氢气生成，而且枪管重量增加，并这样解释实验现象：水蒸气被高温的铁所分解而生成氢气和氧气，铁和氧气结合生成了铁的氧化物，而氢气没有发生反应并得以释放。由于铁管的外壁没有和空气隔绝，高温下的铁管外壁和空气中的氧气可以发生一定程度的氧化反应，这样，铁管的质量的增加有一部分来源于铁管外的空气。拉瓦锡在后来的论文中承认反应产物的质量之和大于反应以前的质量之和，但他坚信水是一种结合物的观点不会有什么问题。（Lavoisier and Meusnier，1862：371）在 1783～1785 年，拉瓦锡主要是和拉普拉斯、梅斯尼埃以及化学仪器制造者梅尼（Mégnié）进行合作。拉瓦锡在实验设备上花费了不少钱，一共支付了梅尼 1814 利弗[②]（livres）的费用，其中 1783 年支付给梅尼 338 利弗的费用。只有不超过 400 利弗的费用来自于拉瓦锡在皇家科学院的收入，剩余的部分只能是来自于拉瓦锡其他方面的收入（主要来自于他作为包税官交完定额后的盈余）。格林斯基（Jan Golinski）对拉瓦锡所拥有的实验仪器做过详细的研究，指出由于拉瓦锡的政治地位和经济收入远远高于普里斯特利，拉瓦锡可以使用昂贵的先进精确仪器，使自己和普里斯特利相比，根本就不在一个起跑线上（Golinski，1994：36）。拉瓦锡耗费大量的财力和人力，为 1785 年大型的水的组成实验做准备。

二十世纪五十年代，法国化学史和技术史家吉杜马[③]（Maurice Daumas）和英国化学史家杜汶[④]（Denis Duveen）通过深入研究，在他们的论文中展

---

① 法国十八世纪末十九世纪初著名数学家和工程师，为是世界上第一个设计出可控制的飞艇的工程师，是"梅斯里埃"定理的创立者，是世界上第一篇微分几何论文的作者。

② 法国旧货币。

③ 杜马（Maurice Daumas，1910—1984），法国化学史和技术史家，1980 年获得德克斯特奖（化学史终身成就奖），其代表作为 1955 年出版的《拉瓦锡——理论家和实验家》（*Lavoisier, Théoricien et Expérimentateur*）。他在技术史领域也作出了重要贡献，其代表作为他 1962～1979 年主编的五卷本《技术通史》（*Histoire Générale des Techniques*）。

④ 杜汶（Denis Duveen，1910—1992），英国化学史家，1960 年获得德克斯特奖（化学史终身成就奖），他在化学史的文献抢救和收集上作出了重要的贡献。其代表作为 1954 年初版和 1965 年重印的《拉瓦锡的作品书目》（*A Bibliography of the Works of Antoine Laurent Lavoisier*）。

现了拉瓦锡 1785 年 2 月 27 日到 28 日进行的大规模的水的分解和合成实验的丰富细节。两人使用的文献主要包括当时尚未出版的拉瓦锡的手稿、笔记本、信件以及已出版的十八世纪化学文献。根据前人的研究，本书将简要介绍这个大型实验的基本步骤。第一个水的分解实验在第 2 号枪管里进行，反应开始于 1785 年 2 月 27 日上午 11 点 59 分 55 秒，结束于下午 6 点 30 分。当天下午，第一个水的合成实验在第一个水的分解实验结束前开始。具体的开始时间为下午 5 点 35 分 15 秒，因为氢气和氧气的燃烧过程进行得很快，实验在 5 分钟 10 秒后结束。第二天又进行了另一个水的分解实验。

水的分解实验和合成实验可以用现代化学方程式表示如下：

水的分解实验：$3Fe + 4H_2O = Fe_3O_4 + 4H_2$

水的合成实验：$2H_2 + O_2 = 2H_2O$

拉瓦锡在这两天做的实验的数据见表 5-1～表 5-3：

表 5-1　第一个分解实验

	盎司（onces）	格罗斯（gros）	格令（grains）
被分解的水的质量	4	49	$64\frac{3}{8}$
枪管增加的质量	3	6	7
收集到的氢气的质量		4	47
水的损耗		2	$10\frac{3}{8}$

结论：1 公担（quintal）水总计有 82 利弗（livres）氧。

表 5-2　第二个分解实验

	盎司	格罗斯	格令
被分解的水的质量	3	5	16
枪管增加的质量	2	7	53
收集到的氢气的质量		3	31
水的损耗		2	4

结论：1 公担（quintal）水总计有 81.5 利弗（livres）氧。

表 5-3　水的合成实验

	盎司	格罗斯	格令
使用了的氢气的质量	4	6	60.62
燃烧了的氧气的质量		6	39.30
气体中的湿度的校正		1	7.5
形成的水的质量	5	4	51

结论：1 公担（quintal）水总计有 86 利弗（livres）氧。（Daumas and Duveen，1959：126）

拉瓦锡非常明白水的组成实验的重要意义，他是这样劝说柯万放弃燃素概念的，"在现代法则的要点中最坚实的一个似乎是水的构成、分解、再组成。当我们看到 15 格令的易燃空气和 85 格令的生命空气燃烧后的产物精确为 100 格令的水；而用分解的方法，我们又能从 100 格令的水那里得到相同比例的两种要素。如果这么简单明了的实验确立的事实还要被怀疑的话，那么在自然哲学里面就再没有什么确定性了"。（Lavoisier，1789：16）贝托莱看到这个实验后感到非常高兴，在 1785 年 3 月 19 日写给伦敦皇家学会秘书长布莱戈登的一封信中饱含深情地记载他所见到的这个实验，而且于 1785年 4 月 6 日在法国皇家科学院演讲一篇论文时这样说："当我看了这个美丽的实验后，就开始坚信水是一个结合物"。（Berthollet，1785：324）当然，即使当时在场的化学家也不是都对这个实验心悦诚服，老一辈的法国化学家沙耶（Balthazar Georges Sage，1740—1824）和波美原本就是坚定的燃素论者，看了这个实验对结果都表示一定的怀疑，并不放弃其燃素论的立场。

尽管拉瓦锡 1785 年的这个大型的水的分解和合成实验的设备远比 1783年拉瓦锡在法国国王面前做的实验的设备精致和标准，但拉瓦锡的这个实验报告传播到了英国后，结果却和 1783 年差不多。英国化学家仍然不相信拉瓦锡的实验结果，例如贝多斯[①]（Thomas Beddoes，1760—1808）对拉瓦锡的水的合成和分解实验并不表示信服。很多英国科学家对于这个实验都有着大致相同的质疑，即拉瓦锡所说的氢气和氧气是不是原本就是某一种形式的水呢？或者氢气和氧气里面是否原本就含有水呢？贝多斯的观点就是这种质疑的典型代表。

> 比如，使我不能像相信欧几里得的任何一个命题那样去相信水是氢气和氧气组成的原因，肯定只有我在感觉上的无能为力了。第一，我在实验前不能察觉到空气里面是否含有大量的水；第二，热看上去出现了，而对于这个我没有充分的感受；第三，水中偶尔会出现酸。现在如果我能感受到少量的独立的氮气与一定比例的氧气结合而生成酸，而这时氢气与剩下的氧气结合生成水。如果我在实验前能够看见这些空气根本没有或只含有一点水，如果实验中没有热和光，我就有演示的证据（使我相信水是一个结合物）。（Beddoes，1793：108-109）

[①] 贝多斯（Thomas Beddoes，1760—1808）是十八世纪至十九世纪初英国著名的业余科学家、医生、翻译家和一个忠实的经验主义者。

普里斯特利没有直接质疑拉瓦锡的水的合成实验，而是对拉瓦锡的水的分解实验表示怀疑。他在伦敦皇家学会的《哲学汇刊》上发表论文，详细地介绍了他的一个实验，以此来证明焦炭里面含有可燃空气（氢气）：

从这个实验以及从其他的任何一个我使用过焦炭的实验出发，我们可以确信无疑地下一个结论，那就是除了焦炭自身被假定能提供的可燃空气之外，就没有更多的纯净的可燃空气生成了。(Priestley，1785：295)

柯万认为拉瓦锡和拉普拉斯1785年的水的合成实验确实是真实的，因为他的同胞卡文迪许的实验结果也是如此，他实际上在一定程度上默认了拉瓦锡和拉普拉斯的实验结果。但他要怀疑的是"可燃空气和脱燃素空气结合一定为水"的观点，他认为只有在拉瓦锡和拉普拉斯的实验或类似情况中，可燃空气和脱燃素空气的结合才生成水，而在大多数情况下则生成固定空气。"只有一个环境可以证明水是由可燃空气和脱燃素空气结合而成，那就是（可燃空气和脱燃素空气的）一个或两个都处于高热中，但这不能够正确地推论两者在低一点的热中能够结合生成水。正好相反的是，两者的结合似乎生成的是另一种结合物——固定空气。"(Kirwan，1789：43)

卡文迪许和瓦特则延续着卡文迪许在1781年就提出的老观点，即水不是结合物，或者至多是水和一个工具元素——燃素的结合物。而脱燃素空气和可燃空气都不是简单物质，而是含有不同数量燃素和潜热的水。由于卡文迪许和瓦特发现在实验中参与反应的可燃空气的质量远低于脱燃素空气，所以他们认定脱燃素空气含有大量的水，而可燃空气则正好相反。他们把脱燃素空气视为被剥夺了燃素和潜热的水，而可燃空气则是燃素加上一点水和潜热。

脱燃素空气＝水－燃素－潜热

可燃空气＝水＋燃素＋潜热

尽管如此，但稍微把时间段拉长点，我们不得不承认1785年水的组成实验（水的组合与分解实验）在10年（顶多20年）内摧毁了以往化学家把水视为一种不可再分的元素或简单物质的传统观念。例如，1780~1790年燃素学说的代表人物柯万尽管找到很多理由为自己的燃素学说辩护，但到了1791年，柯万也不得不承认："（我）知道没有可以向大家显示固定空气是生命空气（氧气）与燃素（氢气）的组合的明确的和决定性的实验；如果没有这样的一个演示（即实验），去证明金属、硫、氮气以及其他物质存在着易燃物，对于我来说似乎是不可能的"。(Mauskopf，2002：202)拉瓦锡在《化学基础论》中不无得意地炫耀着自己在水的组成的发现上的功绩，"水的这种分解与重组……在我们的眼前无休止地进行着。一会儿我们就要看到，酒的发酵，腐烂，甚至植物生长所伴随的现象，至少在一定程度上就是由水的分解产生的。非常使人惊奇的是，自然哲学家们和化学家们迄今竟然对这个事实熟视无睹：它的确有力地证明，在化学中如同在道德哲学中一样，要战胜早期教育中接受的偏见，沿着不同于我们一直惯于遵循的任何途径去探求真理，是极端困难的"。（安托万·拉瓦锡，1993：53）

尽管没有任何证据证明卡文迪许和普里斯特利——这两位十八世纪英国科学的最杰出代表——在他们的一生中曾经放弃过燃素学说和接受了拉瓦锡对于水的组成的解释，但他们的同胞、年青一代的英国科学家很快接受了氧化学说。佩林曾制作一个统计表（Perrin，1988a：116-117），用于统计1773~1793年从燃素论者转变为氧化论者的法国科学家，本书将这个表绘制成图（图5-3），我们可以从图中看出1784年水的组成实验对于氧化学说的意义。在从燃素学说者转变为氧化学说者的人数中，1779至1783年尚无一人，1784年一下增加到4人，1785年更是增加到8人（包括上文所说的贝托莱），这个现象可以理解为1784年水的组成实验的延迟效应。从此以后，直至1793年（拉瓦锡上断头台的那一年），燃素论者络绎不绝地转变为氧化论者。1795年燃素概念已基本上从主流的科学期刊中消失，氧化学说取得了决定性的胜利。

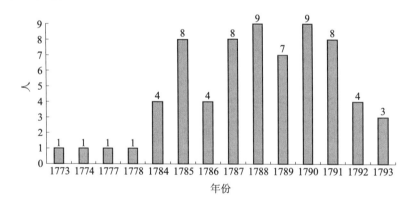

图 5-3　1773~1793年从燃素学说转变为氧化学说的法国科家的人数统计
1779~1783 年人数为 0

在弄清楚水的组成以后，拉瓦锡开始采取各种措施来巩固自己的化学新体系。他积极推行标准化的方法，宣传自己的化学体系。在标准化的工作中，最重要的工作就是他和氧化学派的其他成员倡导的命名法改革。这个改革结束了当时化学名称混乱无章的状况。十八世纪化学物质的名称来源很复杂。有些名称来自于晦涩的炼金术符号，例如最著名的名称是牛顿的"绿狮子"（green lion）；有些名称来自于制备这些化学物质的过程，但由于同一种物质很多时候都可以用几种途径制得，所以同一种化学物质往往有几个名称，例如氧化汞根据其制备的工艺分别称为"mercurius praecipitatus per se"，"mercurius praecipitatus rubber"[①]；有时候则是借助化学物质的物理性质来命名，例如"硫肝"（liver of sulfur）。这些化学名称并不反映化学物质的组成，使得这些名称很难为初学者记住。拉瓦锡曾指出初学者学习旧的化学遇到的很多困难就是由这些杂乱无章的化学名称造成的，"几乎在所有情况下，这些课程和化学论著都是由论述物质的元素和解释亲和性表开始的，而没有考虑到他们这么做一开始就必须把重要的化学现象放入视界之中：他们使用的术语尚未加定义，他们假定他们刚开始教的人理解科学。同样还应考虑到，在一门基本课程中只能学到极少的化学知识，这种课程简直不足以使人耳谙科学语言，眼熟仪器设备。没有三四年恒心致志的努力，成为一位化学家几乎是不可能的"。（安托万·拉瓦锡，2008：4）

在十八世纪，盐化学有了长足的进步，化学家发现的化学物质越来越多。亲和性表中的物质从十八世纪初吉奥弗瓦的几十个到十八世纪后期的几百个，以至于一张纸根本无法记下所有的化学物质。在这个情况下，化学家就试图通过新的化学命名法给化学物质分类，来重新组织化学体系，使之清晰。分类的原则建立在组成化学的基础上，即分类的基础是不同化学物质之间共同的组成部分。

十八世纪瑞典杰出的化学家和矿物学家伯格曼（Torbern Bergman，1735—1784）[②]深受他的同胞林奈的植物命名法启发，早在1773年就曾经尝

---

① 这两个名称的不同来源于其制作方法的不同。十八世纪化学家一般通过两种途径来制备氧化汞。一种途径是把汞放在一个开口的瓶子用文火长时间地加热，得到的氧化汞称为"mercurius praecipitatus per se"，另一种途径是汞置入硝酸溶液里再蒸干溶液，得到的氧化汞称为"mercurius praecipitatus rubber"。这两种方法最后都可以得到完全相同的氧化汞，但在拉瓦锡的命名法改革以前却是两个名称，而且当时确实也有很多化学家就认定它们是两个不同的化学物质。

② 伯格曼（Torbern Bergman，1735—1784），十八世纪瑞典杰出的化学家和矿物学家。贝格曼一生做了大量化学分析工作，对化学分析做过很多改进，被誉为"分析化学之父"。他和舍勒是十八世纪瑞典化学的最杰出代表，他们的工作使瑞典化学发展水平在十八世纪处于世界先进水平。他改进了以往测定化合物中金属含量的方法，只需将金属成分的沉淀（金属处于化合物状态）分离出来，通过以往测定的该化合物的组成数据来换算金属的含量；而以往的方法必须先将金属成分还原为金属单质，十分烦琐费力。他改进了"湿法"，使银、铅、锌、铋、镍、钴、锌、锑、镁、铁等金属的矿物量分析法比以往精确得多。

试改革化学命名法。1780年德莫沃将伯格曼的论文翻译成法语版，并对伯格曼的化学工作深表佩服。德莫沃1782年就试图进行化学语言的改革，然而现实因素的阻挠使这个宏伟的计划无疾而终。在这篇发表在1782年《物理学评论》上的论文中，德莫沃对新的化学语言提出五个原则：

（1）一个短语不能视为一个名字；化学实体及它们的产物必须有它们自己的名字，这些名字在任何时候都指向它们，而不需要求助于使用不必要的啰唆且迂回的语言。

（2）命名应该尽可能与物体的本质相一致。在这个原则中，德莫沃使用了3个辅助说明，①简单物质更应该使用一个简单的名字；②对于一个化学结合物的命名只有它的与其本质相一致的名字能够使人回忆起它的组成部分时，才是清楚的和精确的。③命名法应该摒弃化学物质的发现者的姓名。

（3）当一些知识缺乏在原则上确定命名法的特质的时候，宁可使用一个什么都没有表示的名字，也不要使用一个错误的名字。

（4）在将来会被使用的命名法中，那些扎根于最为人熟知的死语言的命名法是值得推荐的，所以词语可以轻易地被感觉获得，反之亦如此。

（5）名字在它们形成的时候应该适当考虑语言天才的意见，不过这一条不是最重要的。（Crosland，1978：157-159）

当德莫沃发表这篇论文时，他只是地方科学院的一位默默无闻的中年人，然而当时德高望重的、曾编著当时世界上最著名的化学辞典的法国著名化学家马凯却非常欣赏德莫沃的胆识与其华丽的构思。马凯在回复德莫沃的信中指出他个人完全同意德莫沃的主张，但也同时说出了自己的担忧，即很多人在初次看到德莫沃的命名法时会感觉这个命名法很奇怪。法国博物学家布封著有十八世纪最著名的百科全书式的自然史，和德莫沃都曾是第戎科学院的成员。布封尽管不是一个职业化学家，但也非常关心化学。和马凯一样，布封也很欣赏德莫沃的命名法，并在自己大部头的《自然史》中对该命名法表示了赞许。

德莫沃此后试图与伯格曼合作，以实现自己的计划。但两人之间经常发生一些小的摩擦，例如伯格曼是瑞典人，他欣赏他的同胞林奈使用拉丁文的植物学命名方法，并认定只有使用拉丁文这个已死亡的语言才能使化学命名摆脱民族主义；然而德莫沃和当时的很多法国科学家一样，认为只有法语才是普遍的科学语言，德莫沃并不完全反对使用拉丁文，但认定在使用拉丁文的时候应该尊重法语。当然，德莫沃的这个想法最终得到了实施，在1787年的命名法中化学物质的命名法大多数使用了法语，而在氧化体系中最关键的一些元素或简单物质则采用了通过希腊和拉丁词根来组成。这些基本上基于法语的化学命名在传播到英国以后，往往只是在去除了法语特有、而英语没有的上标和下标以后，就变成了英语的化学命名。德莫沃无疑是现代化学命名法能够得以实现的关键人物，他1782年提出的命名原则基本上在1787年的《化学命名法》①中得以沿用，也正因为如此，德莫沃在1787年的《化学命名法》的署名排在拉瓦锡前面，而成为第一作者。然而，只是依靠德莫沃一人，正如马凯曾担心的那样，是不足以推翻原有的化学命名法的。这是因为德莫沃的名气和掌握的资源有限，而且长期在地方科学院工作，但十八世纪法国科学的中心则是在法国首都巴黎。这些障碍最终因为德莫沃加入氧化学派而得到了有效的消除。由于氧化学说取得的巨大成就，拉瓦锡1787年时的名望已如日中天，在法国科学院有了很强的话语权，拉瓦锡和德莫沃的结盟大大加速了现代化学命名法的进程。

在1770~1780年对燃烧和酸的研究中，拉瓦锡已经充分体会到化学命名法的重要性，尽管德莫沃在1782年时还是一个燃素论者，拉瓦锡就非常赞赏德莫沃的化学命名法改革主张。尽管拉瓦锡通常被认定为不太慷慨和大度，这主要表现为拉瓦锡只喜欢强调自己而不愿意承认别人的贡献。然而拉瓦锡在命名法改革中是充分地肯定了德莫沃的贡献的，除了将德莫沃在《化学命名法》的署名排为第一之外，拉瓦锡还在论文中明确肯定了德莫沃在命名法改革事业上的努力，并指出"在此以前没有一个化学家曾经构想出这样

---

① De Morveau, Lavoisier, de la Place, Monge, Berthollet, and de Fourcroy. *Méthode de Nomenclature Chimique. On y a Joint un Nouveau Système de Caractères Chimiques, Adaptés a Cette Nomenclature, Par Mm. Hassenfratz & Adet* . 1787. Paris. chez Couchet, Libraire, rue et hotel Serpente. 这部著作在出版后不久就在欧洲广为传播，至少有7个法语版本，1个英语版本、2个德语版本、1个西班牙版本和1个意大利语版本，但没有汉语版本。在法语版出版一年后的1788年，圣约翰（James St. John）就翻译成了英语版。De Morveau, Lavoisier, de la Place, Monge, Berthollet, and de Fourcroy. *Method of chymical nomenclature, proposed by Messrs. De Morveau, Lavoisier, Bertholet [sic] and De Fourcroy. To which is added, a new system of chymical characters, adapted to the nomenclautre by Mess. Hassenfratz and Adet. Translated from the French, and the new chymical names adapted to the genius of the English language*, translated by James St. John, M. D. 1788. London.

一个计划，其广度能够达到德莫沃 1782 年的表的水平"。拉瓦锡在《化学命名法》中除了强调德莫沃的作用外，还提及了法国化学家马凯和波美的贡献。"这些绅士通过金属盐中含有的金属和生成这些盐所用的酸，第一次区分了这些盐；他们将金属物质在硫酸中溶解所生成的盐，使用'矾'（vitiols）这个名称来归为一类；将不同物质与硝酸形成的盐，使用'硝'（nitres）这个名称来归为一类。"（Guyton De Morveau et al.，1788：2）拉瓦锡确立盐的命名规则为：

> 由三种简单物质结合而成的物体的命名仍然还有较大困难，这些困难与物质的数目（之多）有关，尤其是因为我们不用非常复杂的名称就无法表达其组成要素的本质。对于构成这一类的物体，譬如中性盐，我们就得考虑，第一，它们全都共有的酸化要素；第二，构成它们的酸的酸化要素；第三，决定各种盐的土的特定的盐土基与金属基（la base saline terreuse et métallique）。我们借用这类个体全都共有的可酸化要素的名称来给出每类盐的名称，并通过不同的盐土基与金属基来区分一种盐。尽管由同样三种相同的要素（des trois mêmes principes）结合而成，然而仅仅由于它们的比例不同，就可以处于三种不同的状态。（Lavoisier，1862c：354）

拉瓦锡在这篇论文中给出了盐的命名规则，即

盐的名称＝这种盐的共有的可酸化要素的名称＋这种盐的盐土基与金属基

拉瓦锡在这篇论文里并没有列出具体的化学物质的命名，这在《化学命名法》中得到了实现。《化学命名法》中给出了化学物质的新的和旧的命名的对照表。这部著作应用了拉瓦锡 1787 年论文中曾探讨的化学命名规则，例如硫酸钾（sulfate de posttsse）和硫酸铅（sulfate de plomb）的可酸化要素是共有的，即硫酸根（sulfate），而硫酸钾的盐土基与金属基是钾，所以取名为"硫酸钠"（sulfate de posttsse）。（Guyton De Morveau et al，1788：227）

与普里斯特利一样，拉瓦锡也鼓吹经验主义。当然，与普里斯特利青睐的是其英国同胞洛克的经验主义相似的是，拉瓦锡青睐的是他的法国同胞孔迪亚克（Abbé Étienne Bonnot de Condillac，1724—1780）的经验主义。孔迪亚克是法国启蒙运动的哲学代表，他的经验主义也带有强烈的启蒙运动精

神。孔迪亚克早年曾学习神学，但因为对神学并无兴趣，因此在神学上成绩一般，没有谋取到神学的职位。他自己也觉得做教士很无趣，就进入世俗社会。他喜欢阅读机械论和英国经验主义的著作，尤其敬佩英国经验主义哲学家洛克。孔迪亚克通过对语言及其在思维中的地位的界定，发展了洛克的经验主义哲学。孔迪亚克的哲学思想体现了十八世纪欧洲对分析的原则和方法的推崇和尊敬。在 1746 年，孔迪亚克出版了《人类知识起源论》——"把一切与理解力有关的东西全都归之于一条唯一的原理的著作"。他的目的在于对形而上学进行一种革新，以一种建立在观察、经验以及应用专门适合于数学和物理的方法，即分析的方法之上的人类精神的研究，来代替一门建筑在实体的观念和抽象的观念之上的第一原理的科学。

> 在我看来，在形而上学和伦理学中，似乎也可以用与几何学同样的精确性来进行推理；也可以同几何学家一样，得出确切的观念；也可以同他们一样用精确的、不变的方式来规定词语的意义；最后，也能为自己制定出一种极其简洁明了而又极其浅显易懂的推理顺序，这种顺序也许要比几何学家们所已制订的顺序更为优越，足以达到一目了然的目的。（孔迪亚克，2007：3）

尽管没有证据显示拉瓦锡的化学研究工作的认识论直接来源于孔迪亚克的哲学，但如果说两者的认识论之间存在着很多的联系却是确凿无疑的。在从两人的来往书信和各自的著作中可以看出这一点。由于孔迪亚克年长于拉瓦锡，所以理论上孔迪亚克对拉瓦锡的影响似应比拉瓦锡对孔迪亚克的影响要大。实际上，孔迪亚克的"分析"概念自始至终在拉瓦锡的所有作品中都有所体现。孔迪亚克在哲学上力图证明把语言作为分析的一种重要的、基础的手段的合理性和合法性。孔迪亚克对于分析的推崇，正好和拉瓦锡的化学理念以及十八世纪化学家共同的元理论不谋而合。拉瓦锡为了进行化学语言改革，使用孔迪亚克的哲学作为其理论基础，在一定程度上减轻了反对者对其化学命名法的质疑。拉瓦锡在《化学基础论》的前言中写道：

阿贝·德·孔狄亚克（Abbé de Condillac）在其《逻辑学》（*Logic*）及其他一些著作中所述下列箴言的确当性。我们只有通过言词之媒介进行思考。——语言是真正的分析方法。——代数在每一种表达中都以最简单、最确切和尽可能好的方式与其目的相适合，它同时也是一种语言和一种分析方法。——推理的艺术不过是

一种整理得很好的语言而已。（安托万·拉瓦锡，2008：3）

拉瓦锡在孔迪亚克的理论指引下，对以往的化学命名法进行了严厉的批判，"潮解酒石油（oil of tartar per deliquium）、矾油（oil of vitriol）、砒霜酪和锑酪（butter of arsenic and of antimony）以及锌华（flowers of zinc）等名称就更不合适，因为它们暗含着错误观念：在整个矿物界，尤其是金属类，并不存在诸如酪、油、华之类的东西；简言之，被冠上这些荒谬名称的物质简直就是极坏的毒药"（安托万·拉瓦锡，2008：7）。在拉瓦锡的命名法改革之后，由于燃素这一集中体现要素原则的理论实体被摒弃在新化学的体系之外，将近两千年以来所一直保持水是一种元素的观点被颠覆，加上"酪、油、华"等名称被废止，要素原则在新的化学体系中实际上已荡然无存。当然，拉瓦锡的"热素"概念仍然反映了要素原则，"氧"在拉瓦锡的化学体系中仍然发挥着要素原则的作用（解释酸的性质）。但是，从总体上说，拉瓦锡的新的化学体系使分析原则达到有史以来的最高水平，使"哲学要素"基本上退出了历史舞台。

拉瓦锡在《化学基础论》的序中解释了他为什么要反对三要素、四元素：

> 在一部论述化学基础的著作中居然没有论述物质的组成或基本部分的专章，无疑是一件令人惊奇的事；不过，我将趁这个机会指出，把自然界的一切物体都归结为三种或四种元素的癖好出自于一种偏见，这种偏见已经从希腊哲学家那里传到我们这里。四元素说认为，四种元素通过比例的变化而构成自然界中一切已知物质，这种看法是一个纯粹的假说，是在实验哲学或化学的基本原理出现之前很久被人们设想出来的。当时，他们不掌握事实就构造体系；而我们已经搜集了事实，但当它们与我们的偏见不一致时，我们似乎决意要抛弃它们。这些人类哲学之父的权威至今仍然很有分量，并且我们有理由担心它还会对后代人施以沉重的压迫。
>
> 非常值得注意的是，尽管有一批哲学化学家曾赞成四元素说，但却没有一个人出于事实证据而不得不在他们的理论中承认有更多的元素。在文艺复兴之后从事著述的第一批化学家们认为，硫和盐是组成许多物质的基本物质；因此，他们认为存在六种元素，而不是四种。贝歇尔（Becher）假定存在三种土质，认为各种金属就是

它们以不同比例化合而成的。斯塔尔（Stahl）对这个体系作了新的修正；而后来的化学家们则贸然作出了或设想出了一种类似性质的改变或增补。所有这些化学家都受他们生活于其中的那个时代的思潮的影响而弄昏了头，这种思潮满足于不加证明地作出断言；或者起码认为证明的可能性极小，得不到现代哲学所要求的严格分析的支持。

在我看来，关于元素的数目和性质所能说的一切，全都限于一种形而上学性质的讨论。这个主题仅仅给我们提供了含糊的问题，我们可以用一千种不同的方式解决这些问题，而很可能又没有一种解答与自然相一致。因此关于这个主题我要补充的只是，如果我们所说的元素（elements）这个术语所表达的是组成物质的简单的不可分的原子的话，那么我们对它们可能一无所知；但是，如果我们用元素或者物体的要素（principles of bodies）这一术语来表达分析所能达到的终点这一观念，那么我们就必须承认，我们用任何手段分解物体所得到的物质都是元素。这并不是说，我们有资格断言，那些我们认为是简单的物质，不可能是两种要素甚或更多要素结合而成，而是说，由于不能把这些要素分离开来，或者更确切地说，由于我们迄今尚未发现分离它们的手段，它们对于我们来说就相当于简单物质，而且在实验和观察证实它们处于结合状态之前，我们决不应当设想它们处于结合状态。（安托万·拉瓦锡，2008：5-6）

尽管拉瓦锡早期的学术生涯非常顺利，但在氧气发现过程中的科学优先权也备受质疑，普里斯特利曾含蓄地指出拉瓦锡抄袭了他的实验结果，英国的多名科学家也有着类似的指责，但这些科学家毕竟和拉瓦锡都是学术界的同行，对拉瓦锡的科学成就还是认可的，所以惺惺相惜，还算比较宽容。马拉（Jean-Paul Marat）是法国大革命时期的一位激进的政治家，同时又是一个医生和"民间科学家"。马拉的一生具有浓厚的传奇色彩，他曾鼓动民众绞死很多著名人士，其中包括本书重点研究的拉瓦锡，但马拉在拉瓦锡被绞死前一年就死于暗杀，"马拉之死"是艺术史上很著名的一幅油画。马拉一生对科学有着非同一般人的狂热，幻想着自己是一位在电学领域取得卓越贡献的科学家，但一生始终未能进入正式的科研机构任职。应该说，马拉在科学领域曾做出过一定的贡献，他翻译的牛顿的《光学》于 1787 年在法国出版，被公认为是该书的法语版中一个比较好的版本。但由于法国皇家科学院的抵制，马拉一生未能进入法国皇家科学院。马拉 1780 年发表了"关于火的特性的研究"，本来指望依靠这篇论文进入法国皇家科学院，但令马拉极为失望和愤慨的是，这篇论文不但没有获得法国皇家科学院的学者们的认同，而且拉瓦锡还认定这篇论文毫无价值。所以马拉对拉瓦锡恨之入骨，他曾经这样诋毁拉瓦锡的学术成就：

> 拉瓦锡，这位普通民众所认定的发现之父。因为他没有自己的思想，在窃取了其他人的思想以后，并不知道这些思想是怎么样形成的，所以他在窃取这些思想的时候，又随时准备放弃它们。他像换自己的鞋一样随时改变自己的思想体系。在六个月里，我看过他依次将火要素、火流体、潜热的最新理论占为己有。在一个更短的时间里，我看过他曾皈依纯粹的燃素，然后又毫无怜悯地反对燃素。拉瓦锡对自己的不断取得的成就引以为傲，而吹捧者则把他捧上了天。(Donovan，1993：229)

当然，马拉在雅各宾派得势以后，曾发出"绞死拉瓦锡"的口号，但这已超出学术评价的范畴了。

在《人类精神进步史表纲要》中，孔多塞①讴歌了同时代的化学革命对人类的精神进步的卓越贡献：

> 但是这些海市蜃楼都一点一点地让位给了笛卡儿的力学哲学，后者本身又被人抛弃并让位给了一种真正实验的化学。对与物体相互的合成与分解相伴随的各种现象的观察、对这些作用的规律的研究、把物质分析为越来越简单的元素，——这些都获得了一种日益增长的精确性和严谨性。

> 但是对化学的这些进步，还应该补充以某些完善化，它们包括一门科学的完整体系，并且那更在于扩大了它的方法而不是增多了形成它的总体的真理数量；它们预告了并准备好了一场很好的革命。这样就发现了采集可膨胀的流体并使之接受实验的新方法，而

---

① 孔多塞（Marie Jean Antoine Nicolas de Caritat，marquis de Condorcet，1743.9.17—1794.3.29），是十八世纪法国著名哲学家、思想史家、数学家，启蒙运动的杰出代表人物之一。孔多塞是法国大革命的支持者，但死于伴随着法国大革命而来的国家恐怖主义。

可膨胀的流体一直是规避着实验的。〔这一发现使人触及到整个一类新的存在物，并触及到那些虽然已知、但却沦为一种在躲避着我们的研究的状态之中的存在物，并且对于几乎所有的化合物都再增加上一种成分，它可以说是改变了化学的整个体系。〕这样就形成了一种语言，那里面指示着这些物质的名词表达了或则是有着一种共同的元素的那些物质的关系或差异，或则是它们所属的那个类别。这样就既是一种科学书写法的使用（在那里，这些物质是由经过分析而组合的文字来表现的，它甚至能表达最通常的那些操作，以及亲合力的普遍规律），也是所有各种手段、各种工具的运用（它们可以在物理学中以严格的精确性来计算各种实验的结果），并且还是对结晶现象的计算的应用以及对某些物体的元素相结合时影响到自己经常的和固定的形式所遵守的那些规律的计算的应用。

（孔多塞，2006：137-138）

显然，这段文字中的"可膨胀的流体"就是指的化学革命期间化学家广泛研究的气体或空气，而"一种语言"则是拉瓦锡创立的化学命名法。实际上，孔多塞曾经是一位燃素论者，也曾经质疑过拉瓦锡的学术观点，但在《人类精神进步史表纲要》的写作期间①，孔多塞已经成为氧化学说的忠实信徒。

1776年，拉瓦锡因为国王的任命，将自己的办公地点从法国皇家科学院搬到法国国营的火药厂。拉瓦锡的实验室因此也搬到了火药厂。法国皇家科学院依然为拉瓦锡提供做科学讲演以及与其他贵族社交的场所，但拉瓦锡的大部分时间是在火药厂度过的。拉瓦锡的实验室越来越接近现代意义上的公

---

① 历史学家一般认定《人类精神进步史表纲要》的写作时间是1793年，孔多塞曾在手稿中注明完稿时间为1793年10月4日。因为参与了吉伦特派的宪法修订，孔多塞在1793年被罗伯斯庇尔政府以叛国罪名义通缉，孔多塞在短暂的流亡期间写成此书，1794年春孔多塞被捕，并在当年3月29日服毒自杀。该手稿由于是在孔多塞人身安全得不到保障之下的匆忙之作，因此笔误较多，但近年来的历史研究证实该手稿虽然写作时间不长，但确实是孔多塞多年学术思想的总结和提炼。《人类精神进步史表纲要》本来只是孔多塞预期完成的宏大的历史著作的一个纲要，但由于雅各宾的暴政，预期的历史著作的写作最终夭折。《人类精神进步史表纲要》体现了十八世纪法国启蒙运动的时代特征，表达了作者对人类命运的美好憧憬。由于孔多塞本身就从事过数学研究，并熟悉十八世纪科学进步的成果，并与拉瓦锡等多名法国皇家科学院的科学家有着深厚的友谊，该书大力颂扬了科学革命和科学进步对于人类精神进步的贡献，并重点强调了化学。由于孔多塞的手稿过于潦草，加上该书有多位修订者，所以该书有多个版本，但中文版一般为剑桥大学普雷尔教授修订的英文版翻译而成。

共实验室。拉瓦锡早已不像中世纪的金丹术士那样一个人在实验室里喃喃自语，也不像波义耳那样开发出至少九套密码系统来掩饰自己的私人科学，由于在拉瓦锡出生的年代，法国皇家科学院就已经拒绝接收与炼金术有关的论文，所以拉瓦锡在炼金术领域没有任何兴趣。拉瓦锡以开放的心态，积极地向年轻人开放，传授自己的学术，发展壮大自己的氧化学派。

拉瓦锡夫人曾经这样回忆自己的丈夫在这段时期的工作：

> 每天拉瓦锡都会花费很多时间用于自己的新事情上。科学工作往往占据了他一天的大部分时间。他早上 6 点起床，一直工作到上午 8 点[①]，他从晚上 7 点工作到晚上 10 点。每个星期，拉瓦锡会有一个整天（星期天），全身心地投入到实验中，拉瓦锡以前常说，这是他的快乐日。一些学有所成的朋友以及一些以与拉瓦锡合作实验看作自己的荣耀的年轻人，早上都会在实验室齐聚一堂。他们在那里共进早餐，在那里进行讨论，在那里一起工作，在那里，他们共同完成的实验，给予了一个美丽的理论（即氧化学说）以生命，而这使得这个理论的作者（即拉瓦锡）得以不朽。啊，就是在那里，一个拥有美丽心灵、正确判断、纯粹天才、宏伟才智的人需要被看见与领会。正是通过他们的谈话，我们才能判断出他的品格之美好、思想之崇高、道德原则之严格。拉瓦锡提及过的每一位老朋友，如果读到这里，都会深深地感动的。(Gillispie，1980：64)

拉瓦锡夫人的写作风格有点像赞美诗，这与拉瓦锡夫人的性格特点有一定关系。由于拉瓦锡夫人在和拉瓦锡结婚的时候年纪较小，记忆力较好，所以她能够在较短时间内掌握英语，这在以后拉瓦锡的科学交流活动中发挥了很大的作用。拉瓦锡和英国、美国科学家的交流往往借助于拉瓦锡夫人的翻译。拉瓦锡夫人一生爱好社交活动，这和法国大革命时代的贵妇人的爱好接近。不过，拉瓦锡夫人的陈述基本上是真实的，这在弗可努瓦后来的回忆[②]中得到验证：

> 每周两次在他（拉瓦锡）的寓所内举行的聚会里，那些在几何学、物理学和化学领域里最知名的人士都受邀参加；建设性的交谈

---

① 拉瓦锡每天上午 9 点到下午 5 点在法国国家经营的火药厂工作。
② 这段话大致写于 1796~1797 年，弗可努瓦在那个时候接替了德莫沃的工作，开始撰写《方法论百科全书》的第三卷。

和交流与法国科学院成立前的情形很相似，他的寓所成为所有启蒙的中心。欧洲受到最好的启蒙的人在进行学术讨论，邻国最有震撼力的也是最新发表的论文在那里被阅读，那里有与实验相比较的理论。我将永生不会忘记我度过的这些时光，在这些时光里我进行了富有学术性的交流，能获得许可参与这些学术交流对于我来说是很快乐的事情。(Perrin，1981：41-42)

拉瓦锡领导的化学革命完全改变了化学学科的秩序，以至于出版商在第二代《百科全书》的出版上遇到了诸多的困难。1782 年，法国出版商庞库克(Charles-Joseph Panckoucke，1736—1798) 开始组稿，编纂《方法论百科全书》，这是第二代《百科全书》。一般来说，学术界把狄德罗组织撰稿的《百科全书》称为第一代百科全书。由于科学发展是如此迅速，原先预计的书的规模以及其中的条目数量往往远远超出庞库克的预计。为了能使书早点出版，庞库克自己甚至充当起科学家的角色，对当时还处于辩论状况下的科学概念进行决断，例如在 1788 年 11 月 10 日庞库克给作者塞内比耶的信件中，庞库克对空气在植物生理学中的作用大放厥词：

> 至于空气一词，我相信，最好是把它看作是植物所必需的，在讲述完人们有关它被吸入植物中的方式的不同观点之后，如果您有对这部分的怀疑的话，请表明，它似乎确实是通过多种方式被吸入植物中的，并在其中分解，正是为了使这一观点和他自己的观点为人理解，必须向读者们指出人们在空气分解中的发现，但不用加入那些属于物理和化学辞典的细节部分。因此很有必要依据你的观察，确立怎样只是溶解于水中的不挥发空气进入植物，阳光使其转变，并以洁净空气的形式散发出来……

> 先生，我并不认为在我们讨论的这部分中应该涉及新的燃素说。这一问题至今仍然过于复杂，而且我觉得人们还是在就词语进行争吵，就像您说的，应该限于提供对植物的各种行为的解释，通过运用两种阐述方法，而这种谨慎自然导致词语萎缩。(达恩顿，2005：416-417)

本书在这里对于上面两段文字做一点解释。第一段文字写得比较拗口，其实就是讲的植物的光合作用。只不过在 1788 年，尽管很多化学家，例如黑尔斯、普里斯特利、拉瓦锡，对光合作用现象有详细的描述，但还没有正式提出"光合作用"的概念。第二段文字主要是谈的是氧化论和燃素论的命名法之争，庞库克显然不希望作者过于沉溺于学术上的争议，而影响出版的进度。在化学革命期间，作者在编写《化学辞典》的时候遇到了很大的困难，例如德莫沃和蒙日十八世纪八十年代中期已经加入了氧化学派，但当他们开始撰写条目的时候，他们终于又发现自己其实不怎么明白新化学究竟是怎么一回事：

> 德莫沃[①]描述了当化学学科正在经历一场革命的时候撰写有关条目所遭遇的困难："我不知道这些每年完成一卷的人是怎么样做的；就我而言，我不离开家，别的事都不做，全力从事这一工作，甚至忽略了我的家庭事务，然而我还是一无进展。当我写一个条目的时候，我发现自己已积累了3、4倍于其长度的笔记、材料和草稿，我要花费几个星期或几个月以使它达到我所希望的程度"。蒙日也有类似的说法，他说不得不推迟《物理辞典》的编纂工作，直到他能够搞清楚刚从过时的"空气、水、火"的观念中浮现出来、还处于模糊状态的"有弹性的流体"的本质。（达恩顿，2005：463）

拉瓦锡在研究有机物的时候，由于当时化学分析的能力有限，往往需要通过反应后的产物来推算有机物的组成。

> 我们可以认为，经受发酵的物质与由该操作引起的产物形成一个代数方程；而且通过逐次设定该方程中的每个元素是未知的，我们就能相继计算它们的值，这样就能用计算来验证我们的实验，并且相应地用实验来验证我们的计算。我经常成功地使用这个方法更正我的实验的最初结果，并指导我按更加合适的途径重复它们。我本人在一篇已经提交给科学院并很快就将出版的关于酒发酵的论文中，详尽解释了这个主题。（安托万·拉瓦锡，1993：215）

这也就是后来化学史中大名鼎鼎的拉瓦锡"资产负债表"方法。"资产负债表"是一个经济学概念，主要用于评估财务状况。因为拉瓦锡是一个包税官与经济学家，历史学者最初认定拉瓦锡的重量分析方法来源于他的经济学实践，这是拉瓦锡的著名"资产负债表"方法最初的含义。但在吉利斯皮反驳这一观点之后，这种观点开始消失，但"资产负债表"的说法在科学史的文献里还是一直保留着。由于大多数学者在使用"资产负债表"的时候都

---

① 在氧化学派成员中，德莫沃是最晚一个加入于"兵工厂团队"的科学家。德莫沃对于氧化学说的化学命名法有着重要的贡献和影响，在他和拉瓦锡的合著中，德莫沃的姓名排在第一，这种现象在拉瓦锡与氧化学派之间共同完成的合著中极为罕见。但德莫沃自己一直对氧化学说的大部分内容并不是很理解。德莫沃大致在1786~1787年撰写《方法论百科全书》的化学卷。

加上了引号，所以可以理解为一种隐喻，实际上是指的拉瓦锡的"代数方程"。事实上拉瓦锡并未在自己的化学文献中使用"资产负债表"的概念，而是更多地使用"代数方程"的概念。事实上，拉瓦锡在以质量守恒定律为化学分析的基本前提，这样就可以形成一个代数方程，并依靠这个等式来推断反应物的组成。由于当时的化学反应手段不能直接分析酒精、糖、各种有机酸的组成，拉瓦锡通过反应后的产物（二氧化碳、水）的质量分析可以大致分析出这些有机物含有什么元素以及这些元素的大致比例。

> 用我们的命名原则，以构成植物酸基的两种物质的名称，给这些植物酸取名，这大概是容易的：因而，它们就是氢—亚碳酸和氧化物。用这种方法，我们可以仿照鲁埃尔（Rouelle）先生给植物提取物命名的方式，毫不啰唆地表示出，其元素中的哪一种过量存在：当提取物质在植物提取物的组成中占优势时他称它们为提取-树脂物（extracto-resinous），当它们含有很大比例的树脂物质时就称它们为树脂-提取物（resino-extractive）。按照这个方案，并根据我们以前所确立的命名原则，我们就有下列名称：氢-亚碳（hydro-carbonous）氧化物、氢-碳（hydro-carbonic）氧化物；碳-亚氢（carbono-hydrous）氧化物、碳-氢（carbono-hydric）氧化物。而对于酸，我们就有：氢-亚碳酸、氢-碳酸、氧化氢-碳酸；碳-亚氢酸、碳-氢酸及氧化碳-氢酸。很可能以上术语足以表示自然界中的一切种类，而且，随着植物酸被人们所熟悉，它们就将自然而然地排列在这些名称之下。不过，尽管我们知道组成这些酸的元素，但我们尚不知道这些成分的比例，并且远远不能按以上方式方法给它们分类；因此，我们已经决定暂时保留以往的名称。我现在在这项研究中比我们联合发表关于化学命名法的论著时稍微有所前进，但由尚不够精确的实验引出推论还不合适。虽然我承认化学的这个部分至今尚不明了，但我还得表达我的期待，我希望很快阐明这个部分。（安托万·拉瓦锡，1993：66-67）

很多科学史家认定拉瓦锡是将实验物理学的方法引入化学的最重要人物，这是有道理的。尽管在拉瓦锡之前，很多化学家都热衷于使用天平，例如本书上文中谈及的赫尔蒙特、斯塔基、洪伯格，但把反应前后的化学物质进行代数方程的运算，拉瓦锡可以说是第一个，应该说，拉瓦锡的所有化学成就都与他有意识地运用"代数方程"密不可分：

的确，如果我们考虑到实验前后原料和产物都必须称量，那么，这些预备步骤和善后步骤所需要的时间和注意力比实验本身所需要的要多得多。但是，当实验完全成功时，我们付出的时间和辛劳就全部得到了回报，因为通过以这种精确的方式所进行的过程所获得的关于被探索的植物物质和动物物质的本质的知识，比以通常的方法通过许多星期的辛勤劳动所获得的知识要合理得多、广博得多。（安托万·拉瓦锡，1993：265）

拉瓦锡在1791年以后曾经试图实现物理学和化学的综合。于是，在拉瓦锡的手稿中，他引入了牛顿主义的"吸引力"概念，并将热从定义为一种物质（"热质"）改成定义为一种力，这样，以牛顿主义为主要理论基础，拉瓦锡试图构建一个物理学与化学综合的学科体系：

我们必须承认有一种力是存在的，这种力的效果是和前面说过的一种力是相反的，这种力约束着物质的微粒，使它们一个接着一个结合起来。这种力，无论它的成因是怎么样的，是普遍的吸引力（gravitation universelle），这种力的特长是使得物质的一个微粒倾向于和另一个微粒结合，一个词：吸引力（l'attraction）。

我们必须考虑到在微粒组成物质的过程中服从两种力的作用，热力（即热质）——持续不断地试图分离这些微粒，而吸引力，对抗着这种力。当吸引力的力量大于热力的时候，物质是固态的。当这两种力处于平衡的时候，物质是液态的。最后，当热力的分离作用更强大的时候，物质进入气体状态。（Beretta，2001：342）

一般说来，尽管一些理论实体在科学研究中是"不可观察的"，但由于科学家在研究过程中对自己假设的理论实体都有某种期待，科学家一般会试图找到一些间接证据。对最难于捉摸的对象所花的工作时间和努力越多，那些对象对他们就变得越真实和直观。哲学家哈金曾说过："对我来说，我从未有两次想过科学实在论，直到有一位朋友告诉我一次正在进行的检测分数电荷（夸克）存在的实验……'（为了改变一个检验铌球上的电荷，）我们用注入正电子的办法去增加电荷或注入电子以减少电荷。'从那一天之后，我就成为一名科学实在论者。如我所见，如果你能注入它们，它们就是真实的。"（罗杰·牛顿，2009：175）拉瓦锡对于"热质"做了很多实验研究，大部分是与拉普拉斯合作完成的，拉瓦锡在这些研究中加强了自己对热质的信心。但到了十八世纪九十年代，拉瓦锡试图实现物理学与化学的综合，在这个情况下，拉瓦锡感觉与其把热看作是一种物质，还不如把热看作是一种力。

在法国大革命爆发以后，拉瓦锡没有清醒地觉察到政治大环境的险恶，这为他在 1794 年被处死埋下了伏笔。应该说，在 1793 年被捕之前，拉瓦锡并没有被剥夺人身自由，他实际上可以很从容逃亡国外。由于拉瓦锡的一生很顺利，拉瓦锡在法国有大量的股权和不动产，加上拉瓦锡试图维护法国皇家科学院的尊严，这些因素使得拉瓦锡在法国大革命期间始终都义无反顾地留在了法国。不过法国的局势就像拉瓦锡被砍头之前说的那句一针见血的话（"法国现在发生了一场瘟疫"）一样，法国处于一种混乱的状态，由于内忧外患、政权不稳，雅各宾派采取了"恐怖统治"，对"叛国者"大砍大杀。但整个大革命对法国科学的破坏很严重，法国很快失去了世界科学中心的地位。很多法国科学家就算没在大革命期间被杀死，也从此放弃了科学研究。

1789 年 7 月，巴黎市民攻克巴士底狱，之后的相当一段时间，巴黎处于动乱或无政府状态，拉瓦锡的处境开始变得非常艰难，随时有被胡乱处死的可能。由于拉瓦锡是法国国家兵工厂的主管之一，直接处于旋涡之中。1789 年 8 月 5 日，法国国家兵工厂有大量火药向外运输，巴黎市民怀疑这些火药是送给所谓的"叛国者"①。巴黎市民并不知晓这些火药的运输活动是当时巴黎市的临时政府（市政厅）批准的，他们群情激愤，愤怒地把运输火药的士兵和货船扣押下来。第二天，拉瓦锡试图安抚愤怒的巴黎市民，出示了市政厅签署的正式文件，这似乎获得了一定的效果，群众释放了被扣押的士兵。拉瓦锡为了进一步平息巴黎市民的愤怒，有点自作聪明地解释这些火药只不过是品质低劣的处理品，但是巴黎市民并没有完全相信拉瓦锡的解释，他们要求拉瓦锡当面测试这些火药。拉瓦锡最后不得不进行测试，这些火药被顺利地起爆，这无疑激发了巴黎市民的愤怒。巴黎市民迫使拉瓦锡和火药局的另一位主管和他们一起去市政厅对质，之后的具体情况不详。有资料显示拉瓦锡的夫人在此次事件中也被巴黎市民扣押了下来。不过巴黎市民的行动带有无政府主义的色彩，巴黎市民很快又去追捕另一个大人物，放松了对拉瓦锡夫妇的警惕，使得拉瓦锡夫妇得以顺利逃脱，并跑到他们在巴黎拥有的另一个寓所避难。

在这个事件之后 1～2 年里，拉瓦锡似乎进入了一个相对稳定的时期。在这段时期，拉瓦锡的人身安全没有受到太大的冲击，但拉瓦锡的职业生涯

---

① "叛国者"在这里的意思是反对法国大革命的人或是势力。

还是受到了很大的冲击。1791 年 1 月，法国大革命的领袖对拉瓦锡及火药局的其他 3 个主管进行了指控。1791 年 10 月，拉瓦锡被火药局解雇。拉瓦锡随后提出了申诉，申诉有一定的效果，拉瓦锡获得了许可，可以继续保留火药局提供给他的寓所。1792 年 2 月，拉瓦锡又被重新任命为主任。火药局的其他几个主任曾向代表大会求情，并强调拉瓦锡是火药局不可或缺的技术骨干，拉瓦锡得以暂时恢复原职。不过好景不长，在 1792 年 8 月 15 日，拉瓦锡又被迫离开火药局，这一次是永久性的。本书上文已经说过，火药局的实验室是拉瓦锡在十八世纪八十年代～九十年代所使用的实验室中最大的一个，也是"兵工厂团队"进行学术交流的主要场所。拉瓦锡在失去这样一个最重要的阵地以后，只能依靠法国皇家科学院为其保留的一个小型实验室做化学实验。然而，1793 年 8 月 8 日以后，拉瓦锡失去了在其任职的所有科研机构工作的权利。

拉瓦锡在这个时期做了一定的有机化学和"生命化学"① 的研究。拉瓦锡显然已经意识到人体的生理活动在某种意义上是与化学反应有相似之处。他开始测量人体的生理活动的"力"（在拉瓦锡所处的时代，尚未出现"能量"概念）。拉瓦锡在实验中观察到随着人体的体力耗费和疲劳的增加，人体的脉搏和对氧气的耗费也以相应的比例增加。拉瓦锡认定无论是哲学家的思考过程、演讲家的演讲活动、音乐家的演奏乐器的演出活动，"尽管这些力的使用之间看上去似乎没有任何关系"，或者被认为是"纯粹精神上的活动"，"但总有一些物理或者物质上的东西是可以比较的"。拉瓦锡试图用人体在固定时间内消耗掉的氧气、食物来测量人体所耗费的能量。贝瑞塔（Marco Beretta）在最近的论文中已经提供了一些以往文献中没有出现过的油画的扫描件，这些油画多为拉瓦锡夫人所画，显示出拉瓦锡在这一时期的实验工作的详细情况（Beretta，2012）。

拉瓦锡与法国国王路易十四及其王朝有着密切的联系，拉瓦锡在十八世纪八十年代曾主持修筑巴黎市的城墙，对往来车辆进行收费，以挽救当时法国岌岌可危的财政状况。在法国大革命爆发以后，拉瓦锡的做法显然不得人心，马拉指责拉瓦锡的这一做法污染了巴黎市的空气。拉瓦锡是国家兵工厂和火药局的主管之一，在 1792 年路易十六被逮捕并最终被砍头的最恐怖的时刻，拉瓦锡带领着士兵保卫国家兵工厂，以防止暴民将兵工厂洗劫一空。法国大革命爆发以后，拉瓦锡试图维护法国皇家科学院的尊严，并保持法国

---

① 这是著名科学史家霍尔姆斯对拉瓦锡的关于动植物的化学分析工作的定位。

皇家科学院在欧洲的领先地位。在政治领域，拉瓦锡试图采取一种调和的姿态，他对革命者的政治态度持支持态度，试图能从一些敏感的领域退出，这可以从他的一些信件看到。

1792年，法国国王路易十六曾试图将拉瓦锡任命为法国税务最高主管，拉瓦锡因此向法国国王回复了一封信（信件上的日期是1792年6月15日），谢绝了这一任命：

陛下，您任命我为法国税务部的最高长官，这表明了您对我的信任，对我来说，这是一个至高的荣誉。希望您能相信，迫使我谢绝陛下任命的，既不是与我的本性格格不入的懦弱，也不是对于公共事务的漠视，更不是缺乏动力。在我就职于国家财政部的时候，我掌握了很多证据，能证实陛下的爱国心、您对人民福利的热切关怀、您的始终不渝的公正与正直。……

然而，除非一个正直的人与公民能够履行自己全部的义务，他是有义务不接受这个重要职务的。

我既不是雅各宾派，也不是费洋社派，更不属于任何一个党派或者俱乐部；由于习惯在自己的良心和理智中衡量每一件事情，我从来都不允许任何党派来决定我的观点。我真心诚意地宣誓拥护过您所承认的宪法与人民所赋予您的权力，但是陛下，你作为法国君主立宪制的国王，您的艰难困苦与廉洁并没有得到充分的了解。我确信立法会议已经超越了宪法的约束，一个立宪制的官员又该如何是好呢？身处那个职位的人，无法按照自己的原则和良心来有所作为，他试图诉诸所有法国人曾庄严宣誓过、并受之约束的法律，但这又是徒劳的。他对这种情况可能做出的反抗，就是使用一些宪法曾经允许陛下您使用的方法，但这又会被视为一种罪恶。他将死去，成为自己的责任感的受害者，他的坚定性格也将成为不幸命运的另一个来源。

陛下，请允许我继续在一些不是太重要的职务上来为国家尽微薄之力，在这些职务里，我的工作也许更重要，能发挥作用的时间更长久。我曾经致力于公共教育上，我将寻找一些方法来教导民众尽职；身为军人和公民，我将为国家而战，为维护法律而战，为法国人民的不可侵犯的权利而战。（Grimaux，1888：215-216）

与此同时，拉瓦锡在试图编著《化学论文集》（*Memoires de Chimie*），不幸的是，由于1794年拉瓦锡遇害，这个文集的编写工作最终夭折。拉瓦锡夫人曾在朋友的帮助下，收集了部分文稿，在1803年，她曾为拉瓦锡的这个论文集写了一个序，我们可以从中看到这部论文集的主要内容：

> 在1792年，拉瓦锡先生决定把他20年以来在法国皇家科学院朗读过的所有论文收集起来。他希望这次收集工作会成为现代化学的历史的一部分。为了使这个历史更加有趣和完整，他试图收录一些化学家的论文，这些化学家在采纳了他的理论以后，曾做过一些实验以加强他的理论。拉瓦锡设想这个文集一共有8卷。欧洲人都知道这个计划为什么没有最终完成。我们找到了这个文集的第一卷、第二卷的全部以及第四卷的一些章节。一些科学家曾经表达过希望这些文集能早日出版的愿望。我们曾经犹豫过很长时间。出版一位拥有着极高声望的人的未完成的著作，是很难让人不感到害怕的。现在他已经不在这里了，那些尊敬他的人的判断必须开始变得特别严格了，而且只能出版那些可以给一个受尊敬和爱戴的人增添荣耀的内容。……

> 尽管拉瓦锡先生知道自己被谋杀是已经预定好的，但他还是非常平静和勇敢地继续投身于一个自己认定对科学有用的工作中，给我们大家一个从容不迫的榜样，显示出智慧和美德可以在可怕的灾难中得以保持。(Poirier, 1998: 406)

在1789年7月14日巴黎人民攻克巴士底狱之后，法国国王路易十六并没有立即被废黜，人民仍然幻想国王能接受君主立宪制。路易十六在1790年7月14日攻克巴士底狱一周年的庆祝仪式上同意接受君主立宪制，但路易十六在内心深处还是希望能恢复王权，因此之后又反复动摇、变卦，1791年6月20～22日，路易十六及其家属试图潜逃到国外，以实现恢复王权的目的，但最终被法国民众发现，并被押回法国巴黎。1791年9月，经过斡旋，路易十六批准《1791年宪法》，使法国成为一个君主立宪制的国家。由于法国当时的社会各阶层矛盾并没有得到有效缓解，国家的财政状况依旧非常糟糕，人民处于饥寒交迫的处境，这与英国建立君主立宪制之时的社会状况差距甚远。因此，总体上说，法国缺乏使君主立宪制长期稳定的现实基础，君主立宪制在法国持续的时间很短。1792年4月，为了恢复王权，路易十六发动了对奥地利的战争。战争开始不久，法国民众很快捕获到路易十六与欧洲其他国家王室的秘密信件，这样路易十六试图通过战争推翻临时政府的企图得以公开。1792 年 8 月 10 日，路易十六被捕并被关押。1793 年，在雅各宾派领袖罗伯斯庇尔的鼓动下，雅各宾政府于当年 1 月 21 日处决了路易十六。

由于拉瓦锡一直是路易十六执政期间的政府官员，拉瓦锡对法国国王表示出较多的同情。拉瓦锡对法国国王路易十六的评价比较客观，和一些著名的历史学家（例如托克维尔等）的评价相似。总体来说，由于路易十六性格软弱，所以他实际上并非真正意义上的"暴君"。路易十六在执政初期曾大量地使用杜尔戈等经济学家进行改革，但并没有解决国家破产等主要问题，反而使得以往存在的矛盾更为尖锐。路易十六也缺乏作为一个最高统治者的胆量和魄力，例如他的祖先"太阳王"路易十四对待反对者的杀手锏是解散议会，路易十六自始至终都没有敢使用过。拉瓦锡的身份是复杂的，他既是十八世纪法国科学辉煌的代表人物，也是十八世纪法国国家灾难的殉难者，而作为旧王朝的链条中的重要一环，他在大革命中的角色和身份则更是尴尬的。尽管拉瓦锡在经济学和国家管理中有着自己独到的见解，但他的各种经济管理方法和手段与十八世纪法国国王一直以来的做法极为相似，就是不断地增加赋税，这些做法不可能避免地引发革命者或者暴民的反感。在生命结束前的两年里，拉瓦锡一直在为法国皇家科学院的生存做最后的努力，但是很不幸，他的努力最终化为乌有，拉瓦锡自己最终也无法摆脱殉难者的命运。

1793 年 3 月，法国皇家科学院的大厅中陈列的雕像被拆除，7 月，随着法国国王被逮捕，大厅内所有与法国国王有关的标志物一律被撤销。在这段时期内，由于拉瓦锡与当时的代表大会委员会的委员拉卡诺私交不错，拉瓦锡曾幻想代表大会委员会能将法国科学院①与其他的组织区别开来。拉瓦锡强调法国科学院在科学技术上的领先地位、技术的实用性以及法国科学院在国家安全领域中不可替代的作用。拉瓦锡在当年 7 月的手稿中写下了一份备忘录，对法国科学院进行了思考，拉瓦锡认定科学院的功能主要有两个：一是，科学院是结合多位学者的组织，他们为科学、工艺与国家工业的发展以及为人类精神的持续发展而努力；二是，科学院是永久而且积极的委员会，组成委员会的成员都是权威，他们能商议大事。在法国国王路易十六被彻底剥夺人身自由以后，时局显然已经到了非常险恶的地步。法国科学院是旧的

---

① 1793 年 7 月~1793 年 8 月 8 日，在这短短的一个月内，法国皇家科学院暂时改名为"法国科学院"。

王朝的国家机器的组成部分，在这次法国大革命期间很难做到独善其身。拉瓦锡认识到只有在法国大革命的旗帜下对法国科学院进行重新定位，法国科学院才有幸存的可能。拉瓦锡试图为法国科学院进行辩护，他小心翼翼地强调了法国科学院对于新的政府和国家的意义：

> 最后，在这个关键的时刻，立法组织给予了科学院以最重要的任务。……我们要求代表大会暂停一段时间来考虑一个实现人类幸福的最完美的任务，法国大革命的最伟大遗产中的一个，测量的国际系统的建立[①]……

> 法国科学院可以单独执行这个计划，而且只有法国科学院可以完成这个计划。接下来的是，这个计划的实现会关系到地球上的每个人的利益，并与科学院的生存紧密联系。

> 难道代表大会希望法兰西共和国的艺术与科学事业的持续发展终止？难道代表大会想要暂停这个自行开始的研究吗？（Donovan，1993：291）

拉瓦锡是在饱含深情地写作这个备忘录，不过在雅各宾的领袖看来，这些文字显然都是毫无意义的。1793 年 7 月 11 日，马拉被刺死。在马拉的葬礼上，拉瓦锡被责令扛上步枪，去进行整个葬礼的巡逻和保卫工作。实际上，这对于拉瓦锡和马拉都具有极大的讽刺意味，对于拉瓦锡自然是不用多说，对于马拉来说，本书上文中已经提及，拉瓦锡实际上是阻碍他通往法国皇家科学院的道路上的最大的一块绊脚石。不过，可能由于一生都过于顺利，拉瓦锡似乎并没有完全意识到这件事的悲剧性意味。

1793 年 8 月 8 日，这一天注定成为十八世纪世界科学史上最黑暗的一天。在这一天，代表大会将法国科学院查禁，法国科学院不得不自行宣布解散。拉瓦锡的一生从此也进入了暗无天日的阶段。之后，拉瓦锡曾幻想恢复法国科学院，他提议将科学院重组为自由与友谊学会，并请求公共教育委员会继续支持法国科学院正在进行的项目。拉卡诺支持拉瓦锡的观点，他向代表大会提出了一个法案，并得以通过。这个法案在法律上确保了科学家进行科学研究的合法性，并表示代表大会同意给以相应的财力支持。但这个法案在当时的法国无异于一纸空文。事实上，法国的代表大会已通过法案，正式没收法国科学院的财产。1793 年 9 月 17 日，代表大会通过了臭名昭著的嫌

---

① 拉瓦锡所谈到的"测量的国际系统"即国际单位，在中文中旧称"公制"或"米制"，1799年法国首次使用国际单位。

疑犯法，该法案批准代表大会可以逮捕任何对共和国和法国大革命的忠诚度有疑问的人。1793 年 11 月 28 日，代表大会逮捕了高尚包税公司的 28 位工作人员，其中包括拉瓦锡。

拉瓦锡对雅各宾派的指控始终持彻底否定的态度，一些科学家也进行了救援活动，不过这时候的雅各宾派已经杀红了眼，根本就听不进反对的意见了。布瓦耶所著的拉瓦锡的传记（Poirier，1998）对拉瓦锡的庭审记录有着详细的描述，在此不作赘述。在执行死刑前一天，拉瓦锡给其表弟写下了他一生中的最后一封信。拉瓦锡的信件全文如下：

> 我已经享有相当长而且特别愉快的一生，而且我相信我的离去将在人们的心中留下遗憾。人们对我可能还会有一些敬意，还有什么好奢求的呢？我可能将因为一些纠缠不清的事情而免除老年的烦恼，能在壮年时期了却一生，我认为这又是另一种福气；我唯一遗憾的是未能为家人多做一些事，我即将失去所有，同时又无法给你和其他人留下以供寄托哀思和纪念的纪念品，我对这些感到很难过。
>
> 这显然是真的，那就是以社会的最高标准作为自己的人生准则、为自己的国家做出了巨大的贡献，以及将自己的一生贡献给人类知识与工艺的进步，所有这些，都不足以避免悲惨的命运以及作为一个罪犯而死去。
>
> 明天我有可能会被禁止写信了，所以我今天写下这封信。在最后的日子里想到你和其他亲爱的人们，给我的心里带来了莫大的安慰。请务必告诉其他关心我的人，这封信也是写给所有人的。这可能是我最后的一封信了。（Donovan，1993：300）

四、拉瓦锡在应用化学领域里的工作

1756～1763 年，为了进一步确立新的欧洲格局，英国、法国、普鲁士、奥地利、俄国在欧洲进行了一次全面的战争，这就是历史上大名鼎鼎的"七年战争"。丘吉尔曾经称之为"这才是真正的第一次世界大战"。不过这次大战的主要内容是划分欧洲国家在世界版图中的殖民地格局，对欧洲的整个格局改变有限，直接后果是确立了英国在世界殖民地版图中的巨无霸地位。英国在 1757 年 6 月 23 日的普拉西战役中，一举击溃印度的孟加拉王公及其背后的法国势力。自此以后，法国在印度殖民地的争夺上开始一蹶不振，只保留了象征意义上的几个领地。自从英国实现了对其殖民地印度的控制以后，法国已无法从印度获得硝石（硝酸钾）等火药原料了。法国开始依赖于荷兰及其他国家的中间商来获取硝石等原料。法国科学院很快进行了一次为了实现和保障国家利益的科学研究活动，从这个活动中我们似乎可以看到以后的曼哈顿计划甚至中国的"两弹一星"的某些迹象。1774 年 5 月，法国国王路易十五不幸因患天花病去世，由于路易十五的儿子已在 1765 年英年早逝，所以根据当时欧洲的习惯和传统，路易十五的孙子继承法国的王位，这也就是最后大名鼎鼎的死于断头台的路易十六。路易十六上台不久，就励精图治，任命了杜尔戈为总管。杜尔戈是十八世纪著名的经济学家、重农学派者、自然哲学家。杜尔戈的主要历史贡献是发展了重农主义的理论基础，他所著的《关于财富的形成和分配的考察》是重农主义的重要文献。学术界一般承认这部著作是重农主义发展到最高峰的标志。他也参与了具体的经济管理工作，不过经济学领域里存在着一个非常奇特的现象，就是理论经济学家参与实际的经济活动往往最终得到的是失败的结局。在杜尔戈主持了 2 年法国经济改革以后，法国的财政状况极度下滑，社会也陷入一种极为混乱的状态，他自己也被路易十六罢免。这为后来的法国大革命奠定了基础。杜尔戈邀请了拉瓦锡参与法国的经济改革，显然拉瓦锡是很有政治抱负的，他欣然参与了这一改革，并作出了杰出的贡献。1775 年仲夏，拉瓦锡被路易十六任命为火药局的四个主管之一，拉瓦锡及其夫人从自己原来所居住的住所①搬到火药厂提供的住处。火药是由硝石（硝酸钾）、木炭和硫黄根据 6：1：1 的比例的配方制得。有趣的是，火药的爆燃其实不需要借助于氧气或者空气，事实上，这三个化学物质就可以进行强烈的氧化反应了，拉瓦锡的氧化理论属于比较狭义的氧化理论，拉瓦锡没有足够的能力对火药的爆燃的科学原理进行完美的诠释。在法国开拓其海外殖民地的过程中，火药有着重要的作用。另外，法国与英国在这段时期曾在北美大陆上进行过激烈的争夺，为了维护法国利益，法国曾大力支持美国独立运动的力量，其中包括提供了法国制造的火药。当时硝石的产地主要是智利、印度，法国本土有着广泛的硝石资源，但这些资源的丰度有限，商业价值有限。硝石一般都是经过有机物的腐败、天然氧化而形成，一般说来可以在厕所、鸽舍的土壤中提取。智利硝石是比较优良的硝石资源。将富有硝石的岩石和泥土捣碎，置入一个大桶

---

① 拉瓦锡的父亲在拉瓦锡新婚时向拉瓦锡夫妇赠送了这处房产。

之中，可以萃取到比较纯的硝石。硝石的主要成分是硝酸钠，在加入草木灰（碳酸钾）以后，可以制得硝酸钾。因为硝酸钾的溶解性比一般的盐类高，所以采取蒸馏的方法可以很容易制得比较纯净的硝酸钾。由于智利硝石的来源主要掌握在中间商手中，所以在战争期间，硝石的价格往往被炒作到一个很高的水平。1775 年，法国取消了以往以承包形式来生产火药的惯例，成立火药局，来保证火药产量的稳定。作为火药局的主管，拉瓦锡的年薪是 2400 里弗，在超过法国政府的额定产量以后，剩余的部分可以以一定的比例提成。成为主管以前，拉瓦锡必须向法国政府缴纳 100 万里弗作为保证金，但法国政府承诺将每年以高于贷款利息一个百分点的利率返还利息。总体上说来，火药局虽然名义上是国家经营，但四位主管的结算方式多少还是带有承包的性质。从这里，我们也可以比较容易地理解为什么拉瓦锡在法国大革命以后没有出国或政治流亡。这么一大笔收入，就这样轻易放弃了，估计换成任何一个人也难以忍受。拉瓦锡在火药局主要进行了下面几个方面的研究：

（1）火药爆燃的化学原理；

（2）硝石质量的化学分析以及相关分析方法或技术的改进；

（3）硝石生产工艺的改进；

（4）主办有奖科学竞赛，鼓励法国国内的科学爱好者对硝石提取的科学原理进行猜想和探讨，而不是提供更好的工艺。

1775 年 8 月，在与拉瓦锡面对面讨论以后，杜尔戈致函法国皇家科学院，要求对硝石的科学原理进行广泛的科学竞赛。这次科学竞赛如期进行，并许诺了丰厚的奖金。一等奖一名，奖励 4000 里弗，二等奖两名，奖励 1000 里弗。这次竞赛在 1777 年 4 月宣告结束，一共收到 38 篇论文。法国皇家科学院组织了专家对这些论文进行了评审，专家包括马凯、波美、沙耶以及拉瓦锡等化学家。不过专家似乎对这些论文评价不高，以至于这次竞赛的最终结果是没有任何一篇论文获奖。在拉瓦锡的鼓动之下，下一轮竞赛重新开始，期限加大到 5 年，奖金数额则增加了一倍，成为 8000 里弗。

拉瓦锡仔细阅读了这 38 篇论文，注意到有几篇论文谈及在硝石中制备出某种空气，这与他当时进行的对硝酸的研究有一定关系，这似乎是本书中谈及的"所有酸都含有氧气"的拉瓦锡酸理论的来源之一。

尽管拉瓦锡对所有论文的评价都不是太高，但由于他对这次竞赛有着极大的热情，他花费了很多时间，在 1776 年和 1784 年出版了与这次竞赛相关的两本书。在 1776 年的书中，拉瓦锡精心挑选了 22 篇参赛论文，并进行编辑加工，形成了一本论文集。这本论文集中实际上收录了拉瓦锡的关于硝酸研究的论文，由于拉瓦锡的这篇论文并未参赛，所以在体例上多少与该论文集的其他部分相矛盾。在 1784 年出版的论文集中，论文集的第一部分长达 200 页，详细地介绍了这次竞赛的历程，其余部分达到 400 页，其中有每篇论文的概要、拉瓦锡关于硝石研究的多篇论文，这本书依然由拉瓦锡亲自编辑加工。除这两本比较厚的书以外，火药局在 1777 年、1778 年还出版了关于火药生产的两本小册子，一般说来，大部分内容应该是出自于拉瓦锡的手笔。

火药化学原理的研究与其工艺的改进对于拉瓦锡的化学研究有着重要的意义，拉瓦锡曾经试图将火药化学原理的研究与他的燃烧理论、酸理论联系起来。一份标明写作日期为 1773 年 4 月 15 日的手稿记录了拉瓦锡的思考过程：

> 化学家在金属还原上所说的话可以轻易地运用到硝石的爆燃中。这已经是众所周知的，那就是硝石中含有相当数量的空气的固定物质（matiere fixe de l'air），硝石中缺乏的唯一的物质是燃素，硝石只有在拥有充足燃素的情况下才能将空气的固定物质转换为弹性空气。大火里的少许碳粉解决了这一问题，空气很快恢复到那种流体所具备的所有性质。爆燃硝石不过就是使硝石中的空气的固定物质获得必要的燃素，使之还原成弹性空气。（Mauskopf，1988：104）

显然，可以看出来，拉瓦锡在 1773 年还是在试图调和燃素概念和气体化学的最新发现，使之成为一个混合版本的爆燃理论。不过，大致在 5 年后，拉瓦锡最终彻底放弃了燃素概念。

拉瓦锡在《化学基础论》中小心翼翼地区分了"起爆"和"爆燃"两个概念，应该说，拉瓦锡尽管没有完全掌握火药爆燃的全部化学原理，但他在这个领域的探索还是对后来的化学家有相当大的启示：

> 在这些化合物中，热素对氧施以恒久的作用，使其恢复到气体状态；因此只不过非常轻微地黏附着，最小的外力都能使其游离；而且，一施加这种力，它常常瞬即恢复气体状态。这种由固态向气态的快速过渡称为起爆（detonation）即爆炸（fulmination），因为它常常伴有响声和爆发（explosion）。爆燃（deflagration）通常靠炭与硝石或氧化盐酸草碱的化合引起；有时加硫助燃；火药制造术所依靠的，就是这些配料的比例以及适当的混合处理。（安托万·

拉瓦锡，1993：240)

拉瓦锡意识到，火药的起爆并不是纯粹的化学反应，起爆的剧烈程度有时候与生成的气体的数量并不是成正比关系的，有时候甚至呈反比例关系：

> 由于用炭爆燃使氧变成碳酸而不是氧气，因此就离析出碳酸气，至少按恰当比例混合了时是如此。在用硝石爆燃时，还离析氮气，因为氮是硝酸的组成元素之一。

> 然而，这些气体的突然瞬时离析和膨胀，不足以解释一切爆燃现象；因为，假若这是唯一的操作动力的话，那么，在给定时间内离析的气体量愈多，火药就总是按比例地愈强，而这却总是与实验不符。我试验了若干种，虽然它们在爆燃过程中放出的气体比普通火药爆燃过程中放出的少六分之一，但产生的效果却几乎是普通火药的两倍。起爆时离析的热素的量似乎对产生的膨胀效果起的作用很大。（安托万·拉瓦锡，1993：294-295)

拉瓦锡的应用化学研究与其理论体系的建立有着密不可分的关系，拉瓦锡试图通过火药的研究来为其建立的氧化说提供证据，同时又试图以自己的理论为改善法国火药的生产状况而服务。拉瓦锡的应用化学研究处于化学工业萌芽时期，但拉瓦锡的应用化学研究不同于同时期英国工业革命时期的应用化学研究，英国工业革命时期的应用化学研究是以改良技术而实现超额利润为目标的。拉瓦锡的应用研究总体上不以市场为主导，还是以满足国家需求为主要目标。

第六章

现代化学原子论的诞生

一、现代原子论之前的原子论思想概述

著名科学史家霍尔顿曾对原子论的历史做过这样的总结：

> 今日的物理科学如果没有作为基本出发点的、关于物质和电荷的不连续性的专门假定，那是不可想象的。挑战这种观念无异于在化学中重新引进燃素说。原子式的粒子是我们每日的面包、奶油和果酱。今天，对于我们的先辈们遇到的烦恼，对于伽利略和牛顿为了避免由于同唯物论沾边而受到指责、从而把他们关于原子论的猜想伪装起来的做法，我们也许会一笑置之。今天，对于我们的先辈们遇到的烦恼，对于伽利略和牛顿为了避免由于同唯物论沾边而受到指责、从而把他们关于原子论的猜想伪装起来的做法，我们也许会一笑置之。然而，听起来不可思议的是，在十七世纪时的法国，讲授原子学说仍然会受到处死的威吓。只是到了后来，我们的师长一辈和在第一次世界大战之后不久受教育的年长同事们，才真正代表了历史上把原子论作为确定无疑的信念的第一代科学家。（关洪，2006：29）

历史上的情形确实和霍尔顿描述的一样，在早期现代科学发展的过程中，原子论确实受到了一定的压制，不过在十八世纪以后，原子论逐渐从自

然哲学领域转移到实证科学领域，应该说这个时候科学家已经有充分的自由来研究和探讨原子论了。

首先应该指出的是元素论化学并不放弃对物质的最终组成的探讨，元素论化学家有时候也探讨一下原子论，他们更喜欢的是化学原子论。例如，马凯是十八世纪法国元素化学的代表人物，他对波义耳、牛顿还原于同质微粒的还原论倾向并不是很感兴趣，他倾向于以"初始组成微粒"层面来研究化学，这是一种化学原子论的微粒论。

> 借助化学物质的组成部分，我们可以理解，物质可以在不被分解的情况下还原出最小微粒。我们可以设想一种中性盐，举个例子，比如食盐，可以在不分解酸和碱的情况下，分解为更小更小的微粒；因此这些微粒，尽管很细微，但还是食盐，而且保持着所有的食盐的性质。如果我们现在设想这些微粒已经达到了他们最终的细微程度，那么它们的每个微粒应该是由一个酸的原子和一个碱的原子组成的，我们在不将酸和碱分开的情况下，是无法把这些微粒进一步分开的，那么这些最终的微粒就是马凯先生在他的化学演讲中称为"初始组成微粒"（primitive integrant molecules）的微粒。（Macquer，1766：55-56）

显然，马凯设想食盐的最小微粒是由一个酸的原子和一个碱的原子组成的，这和现代化学中的分子论极为相似。

拉瓦锡的化学本体论中是否有原子论的成分？一般说来，尽管拉瓦锡在其各种文献中都很少探讨原子论，但他对原子论并不陌生。首先，法国皇家科学院的老一代化学家莱梅里的原子论在 17 世纪曾风靡一时。另外，洪伯格和吉奥弗瓦也提出了自己的微粒论。拉瓦锡的法语水平较高[①]，拉丁文水平尚可，似乎懂一点德语，但基本上不懂英语。一般说来，拉丁文、德语、法语的语法远比英语复杂，拉瓦锡既然能学会前三种语言，为什么拉瓦锡不会英语呢？其实道理很简单，英语在十八世纪还不是国际语言，在贵族阶层里还被视为一种简陋和粗鄙的语言。拉瓦锡对波义耳的微粒哲学著作也进行过一定程度的研读，例如拉瓦锡 1770 年研读过 1668 年拉丁文版的《怀疑

---

① 似乎是句废话，但实际上，尽管大多数法国人都会说法语，但未必会法语写作。文雅（书面）法语在当时法国的普及率并不高。法语有着繁冗的语法和复杂的修饰手法，使得法语的学习过程漫长，而且学费高昂。即便是拉瓦锡，在法语写作过程中也经常出现语法错误，被当时的学究笑话。

的化学家》、1770 年研读过 1680 年拉丁文版的《形式的起源》、1772 年研读过 1673 年拉丁文版的《论宝石的标本与高贵品格①》（*Specimen de gemmarum origine et virtutibus*）②。经过详细考证，贝瑞塔认定拉瓦锡看过的《怀疑的化学家》、《形式的起源》均出自于 1680 年在瑞士日内瓦出版的拉丁文版《（波义耳）论著集》③（Beretta，1995：84）。

拉瓦锡尽管在自己的作品较少地谈及原子论，但他并非从来不从原子论的角度来看待化学物质组成，他曾经想象过一种"原始的、基本的粒子"。他对这种粒子的描述其实和十六世纪的森耐特的古代化学原子论、拉瓦锡去世后不久诞生的道尔顿的现代化学原子论非常神似：

> 严格说来，这些只是使物体的粒子分开和分离并把它们弄成极细的粉末的基本的机械操作。这些操作永远不能把物质分解成为原始的、基本的粒子④；它们甚至不破坏物体的聚集体；因为每一个粒子在极精确地研磨之后，形成一个与其由之分离的原块相像的小整体。相反，实际的化学操作，譬如溶化，则破坏物体的聚集体，并使其成分和组成粒子彼此分离。（安托万·拉瓦锡，1993：276）

在拉瓦锡出版《化学基础论》的 1789 年，无独有偶的是，英国化学家希金斯（William Higgins，1763—1825）也出版了自己的一本专著《关于燃素学说与反燃素学说的比较研究》（*A Comparative View of the Phlogistic and Antiphlogistic Theories*），在这部专著中，希金斯提出了一个与道尔顿现代原子论极为相似的原子理论。化学革命以后定比定律与倍比定律的发现，为现代化学原子论建立奠定了实验基础。1799 年法国化学家普鲁斯特（Joseph Proust）提出了定比定律（law of definite proportions），即化合物中的两种或多种元素的质量的比例是固定的。举个简单的例子，水无论是采用哪种途径获得，比如取自法国塞纳河，或者取自美国加利福尼亚的一条河流，或者通过氢气和氧气燃烧而形成，水的组成里氢和氧的质量比例都是恒

---

① 中文名是拉丁文书名的比较粗略的翻译。

② 一般说来，波义耳的著作的书名都是极其冗长的，例如这本书的书名大致为 *Specimen de gemmarum origine et virtutibus quo proponuntur et historice illustrantur quaedam conjecturae circa consistentiam materiae lapidum praetiosorum et subjecta in quibus eorum praecipuae virtutes consistunt... nunc latine interprete C. S...*

③ 全名为 *Opera Varia：Considerationes Circa Utilitatem Philosophiae Natvralis Experimentalis*。

④ 原文为 molécules primitives et élémentaires。根据法语原版，对任定成的译本有所改动。

定的。经过十九世纪初普鲁斯特与贝托莱的一场关于化合物中的元素质量的比例是否恒定的辩论以后，定比定律在学术圈得到了确立。1803 年，英国著名化学家道尔顿（John Dalton，1766—1844）分析了碳的两种氧化物：一氧化碳（CO）和碳酸气（CO_2），结果表明这两种气体中碳与氧的质量比分别为 5.4∶7 和 5.4∶14。即当碳的质量一定时，氧的质量比恰好是 1∶2。后来道尔顿对乙烯（C_2H_4）和甲烷（CH_4）进行定量分析，发现两种化合物中与相同质量的碳相化合的氢的质量比为 2∶1。因此他明确地提出了倍比定律（law of multiple proportions），即当相同的两个元素可生成两种或两种以上的化合物时，若其中一元素质量恒定，则其余一种元素在各化合物中的相对质量有简单倍数之比。

二、道尔顿的原子论

学术界对于道尔顿的现代原子论的思想来源有着一定的争议。弗莱明（Fleming，1974）强调牛顿的气体微粒理论对于道尔顿的影响。斯密顿（Smeaton，1977）通过考证指出道尔顿在提出原子论以前可能受到德国化学家李希特（Jeremias Benjamin Richter，1762—1807）的当量理论的影响。对于道尔顿的原子论与牛顿的微粒哲学的关系问题，文森特（Bensaude-Vincent and Stengers，1996：112-119）认为道尔顿的原子论其实与牛顿的微粒哲学相差甚远。道尔顿实际上并不考虑真空问题，他主要关心的是原子的质量。原子在道尔顿的原子论中没有被定义为最小的组成单位，而是最小的结合单位。

几乎在正式提出倍比定律的同时，道尔顿提出了现代化学原子论。现代化学原子论第一次在微观层面上有效和成功地解释了化学现象，使化学在拉瓦锡的氧化理论的基础上又向前迈出了一大步。

道尔顿（John Dalton，1766—1844），英国化学家、物理学家、气象学家，现代化学原子论的创立者，一般说来，道尔顿和波义耳、拉瓦锡都是"现代化学之父"最热门的候选人，其中，认定拉瓦锡是"现代化学之父"的学者最多，波义耳其次，也有少数学者认定道尔顿是"现代化学之父"。当然，"现代化学之父"可能还有一些其他人选，但相对比较冷门，例如斯塔尔、斯塔基。道尔顿的主要贡献是创立了现代化学原子论，与之前二十年拉瓦锡的元素论化学实现了初步的综合，初步建立了现代化学学科的本体论。

道尔顿出生于英国坎伯兰郡伊格斯非尔德（今属坎布里亚郡）一个贫困的贵格会（Quaker）织工家庭。贵格会是十七世纪英国出现的一个基督教派别，在历史上提出过很多进步的思想，例如始终反对奴隶制、反对一切形式的战争、主张宗教自由，在英国曾受到国教的迫害，十七世纪以后开始逐渐向美国转移。主要分布于宾夕法尼亚州，费城是贵格会教徒的主要聚集地，在美国英语的口语中，"贵格"（Quaker）有时候指的就是"费城"。道尔顿早年在贵格会的免费教会学校接受教育，1788 年，由于道尔顿学习勤奋，得到了其任课老师的赏识，从此获得留校教书的机会，成为化学教员。但这个教会学校给的工资太微薄，道尔顿曾一度离职而务农。1781 年，道尔顿到肯德尔一所自己远亲开办的学校任教，后来远亲退休，道尔顿和他的哥哥成为该学校的负责人，他也在此结识了盲人科学家约翰·高夫（John Gough，1717—1825），约翰·高夫是一位博学者，对自然哲学的各个分支例如数学、物理学、化学都有着比较深入的了解，还精通欧洲的多门语言。在约翰·高夫的指导下，道尔顿学会了希腊语、拉丁语、法语、自然哲学，阅读过以往化学领域中的一些重要文献。

道尔顿先天患有色盲症，道尔顿也是第一个发现色盲症的科学家。道尔顿生前要求在他去世以后保存他的眼球，以供科学研究之用。1990 年伦敦皇家学会对他的眼球进行了基因测试，发现道尔顿的眼球中确实缺少对绿色敏感的色素细胞，这和一些科普作品中记载的情形完全一致。

国内的科普作品中大致讲述的是这样一个故事：十八世纪英国著名的化学家兼物理学家道尔顿，在圣诞节前夕买了一件礼物——一双"棕灰色"的袜子，送给妈妈。妈妈看到袜子后，感到袜子的颜色过于鲜艳，就对道尔顿说："你买的这双樱桃红色的袜子，让我怎么穿呢？"道尔顿感到非常奇怪，袜子明明是棕灰色的，为什么妈妈说是樱桃红色的呢？疑惑不解的道尔顿又去问弟弟和周围的人，除了弟弟与自己的看法相同以外，被问的其他人都说袜子是樱桃红色的。道尔顿对这件小事没有轻易地放过，他经过认真的分析比较，发现他和弟弟的色觉与别人不同，原来自己和弟弟都是色盲。道尔顿虽然不是生物学家和医学家，却成了第一个发现色盲症的人，也是第一个被发现的色盲症患者。为此他写了篇论文《论色盲》，成为世界上第一个提出色盲问题的人。后来，人们为了纪念他，又把色盲症称为道尔顿症。道尔顿的色盲类型实际上是红绿色盲，这是一种常见的色盲类型，简单地说，也就是患者无法区分红色和绿色。

1793 年，道尔顿成为曼彻斯特新学院（牛津大学哈里斯曼彻斯特学院的前身）的数学和自然哲学教师，不过由于道尔顿口才欠佳，学生感觉道尔顿的授课比较枯燥乏味，1799 年，曼彻斯特新学院以财政困难、无力支付薪水为由辞退了道尔顿。道尔顿开始以担当家庭教师为生，之后也曾经务农，但艰苦的生活并没有摧毁他坚强的意志，他始终将自己的大部分时间、精力投入到科学研究中。

道尔顿在 1803 年 10 月 21 日的曼彻斯特文学与哲学学会的例会上作报告，阐述了他的原子论思想：①化学元素由看不见的、不可再分割的物质粒子组成，这种粒子就是原子。原子既不能被创造，又不能被消灭，在一切化学变化中性质保持不变。②同一元素的所有原子，在质量和性质上完全相同，不同元素的原子，在质量和性质上都不同；每种元素以其原子质量为其最基本的特征。③一种元素的原子与另一种元素的原子化合时，它们之间成简单的数值比。④有简单数值比的元素的原子结合时，原子之间就发生化合反应，结合成复杂原子。复杂原子的质量为所含各种元素原子质量的总和。同一化合物的复杂原子，其形状、质量和性质也必然相同。倍比定律的发现和证明，成为道尔顿确立原子论的重要基石。1804 年，道尔顿进行了沼气（甲烷，CH_4）和油气（乙烯，CH_2）气体的化学成分的分析实验，发现沼气中碳与氢的比例为 4.3：4，而油气中碳与氢的比例为 4.3：2，沼气中的氢含量为油气中氢含量的两倍。如果这种倍比现象具有普遍性，那么就可以证明原子论的正确。因为原子不可分，所以元素必然以原子为基本单位相互化合，同时各类元素在不同化合物中数量是不同的，这就导致它们在相互化合时表现出整数比。由于道尔顿经济条件有限，道尔顿做过的实验有限，但根据自己对当时化学家的实验结果的综合，道尔顿令人信服地证明了倍比定律的正确性，为原子学说提供了可靠的实验基础。道尔顿坚持化学原子论的观点："化学分析和化学合成只不过是把质点彼此分开，又把它们联合起来而已。在化学作用范围内，物质既不能创造也不能消灭"。（道尔顿，1992：121）

十八世纪的英国出现了多位著名的气体化学家，例如黑尔斯、布莱克、普里斯特利，他们没有完全区分气体物理学和气体化学，如果从现代科学看来，他们很多时候往往把一些化学现象理解为物理现象，试图用物理学来解释全部的实验现象（很多都是化学现象），这使得他们在某些时候没有完全把握住一些化学实验的真正意义。在这一点上，拉瓦锡明显有其高明之处。拉瓦锡发展了组成化学，把不同的空气视为与中性盐相类似的对象来进行研究，拉瓦锡较少地使用"弹性"等概念。尽管"弹性"概念有自己重要的理论价值，但过度地使用"弹性"概念，往往会导致科学家忽视不同空气的化学组成之间的差异。实际上，由于法国化学从来就没有使用"弹性"等机械论概念来解释一切气体现象的习惯，这显然使得拉瓦锡在看待不同的空气这个问题上具有与英国气体化学家完全不同的视角。道尔顿在很大程度上继承了拉瓦锡的这一思路。道尔顿认为首先一定要把化学现象和物理现象（道尔顿的原文为"力学"）区分开来，这样才可能使用他创立的现代化学原子论来解释化学现象。

> 在我们进行观察以前，如果有可能，必须制定一条规律，用于区别一种液体对一种弹性流的化学作用和力学作用。我想下面这种说法是不大会有理由反对的：当一种弹性流体与一种液体保持接触时，如果在弹性流体的弹性方面，以及在任何其他性质方面发现有变化，则此相互作用一定要叫做化学的；但是如果在气体的弹性或任何其他性质方面都看不出变化，那么二者的相互作用就一定要叫做完全力学的。（道尔顿，1992：114）

从今天看来，如果把道尔顿的"弹性流体的弹性方面"理解为现代化学中的分子之间的距离，那么在这个操作中"弹性流体的弹性方面"显然是有变化的，这在道尔顿的定义中是属于化学的；而这个现象在今天往往被视为是物理现象，也就是道尔顿所说的"完全力学的"。道尔顿的这一段话往往被化学史学者所忽视，实际上这段话是很重要的。这涉及化学学科的本体论问题。在拉瓦锡的化学中，拉瓦锡使用的理论框架是元素论化学，由于元素论能适用的学科有限（一般仅限于化学、医学等少数学科），所以拉瓦锡并不需要太大的气力，就可以使别人知道他做的是化学，他的化学和当时的物理学的界限是很清晰的。道尔顿所使用的理论框架是原子论，当然道尔顿并不反对元素概念和元素论化学，相反道尔顿将元素论化学发展到了一个更高的境界。不过原子论框架是一个巨大的、跨学科的理论框架，伽利略、波义耳、牛顿都经常使用原子论来解释物理学，道尔顿主要发展的是化学领域里的原子论，他的原子论主要用于解释化学现象。

道尔顿试图将物理现象和化学现象区分开，表明了他并没有建立起一整套机械论哲学、微粒哲学的宏伟计划。十八世纪，随着各学科的科学发展，科学家开始放弃用一个庞大的哲学体系来解释所有自然现象的想法。道尔顿显然受到了这一思想潮流的影响，尽管他最著名的专著的书名中有"自然哲学"一词，但他在这部专著中实际上只探讨了化学和物理学的少数几个分支。

　　道尔顿是一个气象学家，气象学是他一生科学研究持续时间最长的研究领域。在气象研究中，道尔顿关注到气体，他起初更关注气体的物理性质，1801年道尔顿观察得到道尔顿气体分压定律。道尔顿气体分压定律的主要内容是，在任何容器内的气体混合物中，如果各组分之间不发生化学反应，则每一种气体都均匀地分布在整个容器内，它所产生的压强和它单独占有整个容器时所产生的压强相同。道尔顿的混合气体的分压定律表明，气体在容器中存在的状态与其他气体无关。道尔顿对这一实验规律的解释是假设不同气体的微观粒子之间并不互相排斥，如果这两种气体不发生化合反应，那么它们在同一容器里混合后，其微粒会保持各自的独立，因此混合气体总压强就等于各种组分气体分压强之和，进一步用气体具有的微粒结构来解释，那就是一种气体的粒子均匀地分布在另一种气体粒子之间，因而混合气体的微粒所表现出来的性质与容器中只存在某一种气体一样。对此道尔顿用弹丸做了形象说明，一个充满任何纯弹性流体的容器可设想为一个类似充满小弹丸的容器，各个球体都具有相同的大小；但是流体的质点与弹丸的质点有所不同，其区别在于流体质点是由一种极小的坚硬物质的中心原子所构成，其周围被一种热的气氛包围着，紧靠原子处气氛的密度较大，但随着与原子距离的加大，气氛就逐渐变得稀薄，稀薄程度与距离的某种方次成比例；而弹丸质点则是与整体一样坚硬的球体，包围它们的热的气氛与之相比，其大小可以不计。

　　道尔顿意识到尽管当时的技术条件是有限的，但单位体积的物质的原子数量应该是有限的，而且有一个确定的数量，他这样思考："如果我们想知道大气中质点（或原子）的数目，那就好像想知道宇宙中星星的数目那样而被弄糊涂，但若缩小范围，只取某种气体的一定体积，并把这体积分割到最小，那我们可以相信，质点（或原子）的数目是有限的，正如在宇宙中一定范围内星球的数目不会是无限的一样"。（道尔顿，1992：121）

　　与牛顿的原子学说相比较而言，道尔顿的原子论在本体论上主要是从化学学科的角度出发，当然，道尔顿也探讨了物理学领域的原子论构造。拉瓦锡建立了现代意义上的化学命名法，但拉瓦锡没有能力实现以原子论为本体论的现代化学体系，道尔顿初步地实现了元素论化学与原子论化学的综合。道尔顿明显意识到原子论对厘清化学学科中的一些基本问题是有意义的：

　　　　一切具有可感觉到大小的物体都是由极大数目的极其微小的质
　　点或原子所构成，它们借着一种吸引力相互结合在一起，我的目的不是对这个结论提出问题，而是在于指出，直到现在，我们还没有用到它，由于忽视这一点，使得人们对化学作用的观点变得非常模糊。（道尔顿，1992：121）

道尔顿大胆地提出一些假定，即化合物的最简规则的假定，假设有两个倾向于化合的物体 A 和 B，下面就是以最简单形式开始的许多可能发生的化合顺序，即：

1 个 A 原子＋1 个 B 原子＝1 个 C 原子（二元的）

1 个 A 原子＋2 个 B 原子＝1 个 D 原子（三元的）

2 个 A 原子＋1 个 B 原子＝1 个 E 原子（三元的）

1 个 A 原子＋3 个 B 原子＝1 个 F 原子（四元的）

3 个 A 原子＋1 个 B 原子＝1 个 G 原子（四元的）（道尔顿，1992：122）

……

1812 年，道尔顿在给瑞典化学家贝采里乌斯的一封信中，提及了如果不接纳原子论，定比定律将会是很神秘的现象。显然在道尔顿的心目中，只有原子论是对定比定律的最可爱和最有趣的一个解释：

> 除非我们采纳了原子假设，否则定比原则对我来说是很神秘的。这看上去像开普勒的神秘比例，牛顿或许对这样的解释很满意。我设想，对原子论研究的质疑，只会终结于我采纳的微粒系统，在我的图表中，我曾经展现了这些微粒。（Roscoe and Harden，1896：159）

在阿伏加德罗的分子论与道尔顿的原子论相结合以后，实际上已经比较圆满地在化学性微粒层面上解决了物质的最终组成的这个重要的化学本体论的问题，形成了现代化学的学科纲领。

第七章

科学哲学领域中的化学革命

一、燃素论与氧化论存在着不可通约性吗？

尽管几个世纪前，在历史学界就有了科学革命的说法，但并没有相应的合适的科学哲学的解释。这是因为在经验主义和实证主义的哲学体系里知识的积累和增长是线性的，它们的科学发展模式尽管有所不同，但均可以被称为"线性模式"。显然，线性模式并不适于解释科学革命这样相对剧烈的事件。

库恩在其名著《科学革命的结构》中第一次彻底反对经验主义和实证主义所提倡的知识线性增长模式，提出科学发展有"常规科学"和"科学革命"阶段，并采用了"范式""格式塔转换"和"不可通约性"这几个新颖的概念，在学术界引起轰动。尽管库恩的"范式""不可通约性"概念和其潜在的相对主义倾向备受指责，但在几十年后的今天，库恩的文献的引用率总是高居不下，其中以科学史界为最热门。在这样的科学史编写风格下，静态的科学线性增长的科学发展模式和以此为基础的历史编写显得过于平淡乏味，被大部分学者毫不犹豫地抛弃。为了强调自己研究的重要性，很多科学史学者往往把连库恩都没有重视的局部的科学变化拔高为科学革命。在这个大的环境里，"科学革命"似乎在不断地进行着。

库恩的范式转换理论假定科学在某一时期内，其理论假设、应用方法是以一些特定学科的"科学家共同体"所接受的方式存在的，这种"科学家共同体"所接受的方式即为狭义的"范式"。然而正如批评库恩范式转换理论的人说的那样，库恩从来都没有明确定义"范式"这个概念，而且经常是循环论证。在更多场合，库恩对范式的定义往往更加宽泛，这就是本书中所说的"广义的范式"。广义的范式指科学共同体的共有信念，这种信念建立在某种公认的并成为传统的重大科学成就的基础上，能为共同体成员提供一种把握研究对象的概念框架、一套理论和方法论的信条、一个可供仿效的解题范例，它也规定了一定时期中这门科学的发展方向和研究途径，同时决定着共同体成员的某种形而上学信念和价值标准。广义的范式概念更加宽泛并且更加模糊，几乎没有任何明确的定义。具体到化学革命，库恩指出氧化学说与燃素学说的范式显然不一样，燃素说者必须抛弃燃素学说的范式而接受氧化学说的范式，才能看到"氧气"而不是"脱燃素空气"。然而，现在的问题是，在这个特殊案例中，库恩所说的氧化学说的范式与燃素学说的范式分别是什么，库恩在《科学革命的结构》中并没有给出一个明确的定义。

库恩认为，一般情况下，科学在一个较长的时期内总是会受到范式的指引，范式使科学发展保持着相对稳定性，他将这种时期称为"常规科学"时期。库恩将科学家在常规科学时期的科学研究视作与纵横字谜、谜语、棋局问题类似的"解谜"活动。库恩并不贬低"常规科学"，他认为"常规科学"时期并非完全平淡如水，科学家在这个时期扩大了范式应用的可能范围，提高了范式应用的精确性。然而，再成功的范式也总会在某一阶段时遇到解决不了的问题。当遇到这些问题时，科学家最开始往往认为这些问题是某种"反常"。反常渐渐积累多了，到了必须部分或全部地修改范式的时候，就进入了科学危机阶段。最后，在一个格式塔转换后，一个新的范式出现，进而替代了旧范式。尽管库恩的《科学革命的结构》中列举了大量实验，但其实这些实验不过是一些点缀品。范式的转换实质上不需要经验和实验。因为如果科学家没有实现头脑中的格式塔转换，即使看和做再多的实验也是枉然。

"格式塔"（朱滢，2004：247）原来是心理学术语，是德语 Gestalt 的音译，它含有"完形""整体"的意义。这个心理学于二十世纪初期发源于德国。创始人为德国心理学家卡夫卡（Kurt koffka，1886—1941）、韦特默（Max Wertheimer，1880—1943）和苛勒（Wolfgang Kohler，1887—1967），三人后来都移民去了美国，并在美国进一步地完善和发展格式塔心理学。格式塔心理学在心理学历史上最大的特点是强调研究心理对象的整体性。整体性思想的核心是有机体或统一的整体构成的全体要大于各部分单纯相加之和，具有强烈的反还原论的色彩。格式塔心理学对知觉现象有着广泛而深入的研究，其核心实验是似动现象实验。似动现象是指当某一物体实际上没有发生空间位移而被知觉为好像在运动，是一种对静止物体产生的运动错觉。似动是生活中的一种普遍现象。比如我们经常看的电视和电影都是似动现象的结果。现代科学发现这是人的眼睛具有的一种性质导致了"视觉暂留现象"。即人眼观看物体时，成像于视网膜上，并由视神经输入人脑，感觉到物体的像。但当物体移去时，视神经对物体的印象不会立即消失，而要延续0.1～0.4秒的时间。格式塔心理学在心理学界至今仍有影响。尽管"格式塔转换"早已不是新的概念，但库恩将"格式塔转换"这个概念运用于科学革命的解释中，应该说这确实是库恩的首创。在科学革命中，科学家们通过一个格式塔转换，从旧的范式转换到新的范式，科学也进入到了一个新的常规科学的发展时期。库恩的范式转换理论显然与汉森的"观察负载理论"命题有一定的联系。汉森的"观察负载理论"命题在库恩那里得到了进一步的发展，实际上成为了"观察负载范式"。因为观察和理论、范式密不可分，所以观察语言在汉森和库恩眼里都不可能是独立与中立的，那么至少在实证主义意义上的实验和经验对于理论选择的决定作用就不复存在了。

普里斯特利就是这样的例子，库恩在化学革命这个案例中指出如果普里斯特利没有这个格式塔转换，他永远看不到拉瓦锡能看到的东西。

> 对困难的预感一定起过重要作用，使拉瓦锡能够在和普里斯特利一样的实验中看到了后者所看不到的一种气体。反过来说，普里斯特利必须有一次重大的范式的转换才能看到拉瓦锡所看到的东西，这事实必然是普里斯特利直到其漫长的一生结束依然不能看到的主要原因。（Kuhn，1996：56）

为了证明自己的观点，库恩指出除了氧气这个事例，拉瓦锡在其他的地方也看到了很多与普里斯特利不同的东西。

> 我们说过，拉瓦锡看到了氧，这个氧气在普里斯特利眼中是脱燃素空气，在其他人眼里什么也没有。可是，拉瓦锡在学会看到氧的过程中，也不得不改变他对其他许多更熟悉的物质的看法。例如，对于普里斯特利和他的同时代人眼中的一种元素的土，拉瓦锡却看到了化合物矿石，此外还有其他许多这样的改变。至少，作为发现氧气的一种结果，拉瓦锡是以不同的方式看自然界的。同时在不考虑拉瓦锡"以不同方式去看"的被假定为不变的自然界这个情

况时，简洁的原则会极力要求我们说，在发现氧以后，拉瓦锡是在一个不同的世界里工作。（Kuhn，1996：118）

除了"循环论证"问题，库恩的范式转换理论的主要问题还有："范式的转换"从何而来？"范式的转换"和他在《科学革命的结构》中列举的大量实验有什么关系？事实上，这些实验在范式的转换中没有起到任何实质性的作用，因为在库恩的理论中，尽管拉瓦锡和普里斯特利做过同样的实验，而且普里斯特利的实验实际上在时间顺序上早于拉瓦锡，但由于普里斯特利没有发生"范式的转换"，所以他一辈子也看不到拉瓦锡能看到的"氧气"。

在库恩的理论中，燃素论者转变为氧化论者不是通过经验和实验的证实或证伪，而是通过一个心理上的格式塔转换。尽管库恩在《科学革命的结构》一书中列举了化学革命中一些经典的实验，但这些实验实际上对于理论的选择基本上没有发挥作用。所以，很多学者指责库恩的范式理论具有相对主义倾向，未必就是对其学说的"误读"。夏佩尔[①]（Dudley Shapere）曾将库恩和费耶阿本德的哲学论证归结为下列六个命题：

（1）观察若要成为相关的，就必须得到解释（可检验性或相关性条件）。

（2）解释的依据永远是理论。

（3）做解释的理论就是所要检验的理论。

（4）所要检验的理论是"科学的整体"（或它的一个分支）。

（5）这个整体形成了一个（某种类型的）统一体（"范式""高层背景理论"）。

（6）这个统一的整体不仅用作解释的基础，而且决定（"定义"）什么是观察、问题、方法、答案等。（夏佩尔，2006：174）

与夏佩尔相似的是，劳丹对库恩的范式转换理论也提出了批评，但批评的出发点并不一样。劳丹的要点如下：

（1）库恩没有看到在科学争论中和范式评价中概念问题所起的作用。

（2）库恩从来没有解决一个范式与它的构成理论之间的关系这个关键问题。

（3）库恩的范式在结构上过于僵硬，这阻碍了范式在面对它们产生的缺

---

① 在后现代主义和后实证主义盛行的时代，仍有科学哲学家依然坚持科学实在论。夏佩尔即为其中一个杰出的代表。他是近几十年科学实在论的代表人物，坚持反对库恩和费耶阿本德的相对主义。

点和反常时，随时间进展而变化。

（4）库恩的范式或"专业母体"始终是不明确的，从未得到充分说明。

（5）因为范式是如此含蓄并且只有通过指出其"范例"来识别（基本上是把一个数学公式进行原型应用到实验问题），由此可以得出，每当两个科学家使用同样的范例时，对于库恩来说，根据事实本身，这两个科学家是相信一个范式的。（劳丹，1992：73-75）

库恩本人是一个相对主义者吗？关于这个问题，学术界进行了广泛的探讨，也是很有意思的。著名哲学家哈克（Susan Haack）曾系统地探讨过这个问题，她曾经写过这样一段话：

> 在后面的著作中，库恩坚持认为他被误解了。在1970年，库恩非常有启发意义地思考了科学中概念革新的作用，并且观察到"尽管逻辑是科学探究的一个强有力的工具，但人们可以具有几乎不必用到逻辑形式的稳固知识"，他还说，波普尔是到当时为止没有误解科学革命的人，但是他忽略了常规科学更加累积的过程。因此，很明显，库恩正视证伪和累积。在1983年，他说他总是同等地关注认识论方面和社会学方面："我一直在追问，科学家所做的能使得他们得出知识的事情是什么？"他继续说，最近科学社会学家关于社会的、经济的利益的有关预设，忽略了诸如热爱真理这样的认知考虑，"这往往看起来是个灾难"；可是他在"热爱真理"之后加上了"若乐意也可说是恐惧无知"，却又将形象搞糟了。他在1993年还说，范式的不可通约性根本不是相互不可翻译性的问题——仅仅是直接获得了新词汇，而不是通过翻译获得的；并且，在对他早期激进的、不连贯主张的令人吃惊的适度改造中，他写下了"专业性"世界这个词的复数。1995年他写信给我说："我从来没有想要打击科学的合理性。"（哈克，2008：31-32）

上面一段话对于我们全面理解库恩的思想是大有帮助的。或许在SSK看来，库恩是他们的思想导师，在坚持传统科学哲学的人看来，库恩是一个离经叛道者，然而，对于库恩本人来说，这些都是误解，库恩从来都是认定自己没有反对科学合理性。那为什么不同的人对于库恩的范式转换理论有着不同的解读，而这些解读有时候与库恩大不相同，甚至完全相反呢？主要是因为库恩的范式转换理论过度强调了科学革命在思想上和概念层面上的变化，而忽视了经验的作用。

在为《科学革命的结构》50 周年纪念而写的文章中，哈金对库恩的"不同的世界"观点进行了批判，可能由于文章的写作目的是纪念库恩的这部经典之作，哈金在批判库恩观点的时候比较含蓄：

> 在第二段引文中，他闪烁其词地说，"如果不诉诸 [拉瓦锡]'以不同方式看待'的那个假定固定不变的自然"，我们会愿意说，"拉瓦锡是在一个不同的世界里工作"（第 118 页）。这里，（如我这等）古板的批评者会说，我们并不需要一个"固定不变的自然"。诚然，自然是变动不居的；此时的一切已不同于我 5 分钟之前在花园劳作时的状况，因为我已经除去了一些杂草。然而，只存在着一个世界，这并不是一个"假说"——我正是在这个世界中修剪枝叶，拉瓦锡也是在这个世界走向绞刑架的。（但那是一个多么不同的世界啊！）我希望您能看到，事情可能变得多么令人困惑。

> 至于第三段引文，库恩解释说，他并非意指更为复杂和精确的实验提供了更好的数据，尽管这并非毫不相关。这里争论的是道尔顿的一个论题，即元素以固定比例结合成化合物，而不仅仅是混合物。多年来，这与最好的化学分析不相容。但概念不得不改变：物质的结合若非以大致固定的比例进行，就不是化学过程。要想理解这一切，化学家"必须迫使自然就范"。这听起来确实像在改变世界，尽管我们也想说，化学家所研究的那些物质与亿万年前地球冷却成型时的地表物质并无不同。（哈金，2012：67-68）

哈金在解读库恩的观点的时候非常注重库恩思想的复杂性和丰富性，哈金指出库恩的论述是复杂的、模棱两可的：

> 阅读这一节时，库恩的意图逐渐清晰起来。但读者必须判断，何种言辞适合表达他的思想。"先知其意，再言其欲"这一格言似乎是适当的。但也不完全是。一个谨慎的人也许会同意，在其领域的一场革命过后，科学家会以不同的方式看待世界，对世界的运作有不同的感受，注意到不同的现象，困惑于新的困难，并以新的方式与之打交道。库恩想说的不止于此。但落到纸面时，他又执著于"试验"模式，执著于一个人"可能想说"什么。他从未白纸黑字地断言：拉瓦锡（1743—1794）之后的化学家生活在一个不同的世界，道尔顿（1766—1844）之后的化学家再次生活在一个不同的世

界。(哈金，2012：68)

实际上，库恩所说的"不同的世界"其实和哈金所说的"化学家所研究的那些物质与亿万年前地球冷却成型时的地表物质并无不同"的那个物质的、实体的世界是不同的，哈金说："然而，只存在着一个世界，这并不是一个'假说'——我正是在这个世界中修剪枝叶，拉瓦锡也是在这个世界走向绞刑架的"，但哈金的这些论述可能并没有抓住要害。毕竟，库恩的"不同的世界"仅指的是精神的世界、思想的世界，实际上，在《科学革命的结构》中，库恩从来就没有说过物质的、实体的世界可能存在着"不同的世界"。

库恩所提出的"不同的世界"观点，科学家真的认同吗？假设普里斯特利在库恩的《科学革命的结构》一书问世以后，突然复活，并看完这本《科学革命的结构》，普里斯特利会认定自己和拉瓦锡处于"不同的世界"吗？当然，在历史研究中一般是不允许这样假设的，但本章主要是关于化学革命的哲学研究，所以不妨请读者假想一下这个场景。实际上，普里斯特利在有生之年就已经承认了拉瓦锡的新的化学体系的巨大影响。普里斯特利1796年曾这样说："几乎没有哪些革命（即使有也极少）如此规模之大，如此突然，又如此普遍，以致现在通常所说的新的化学体系和反燃素说是如此盛行和普遍。反燃素说的主要对象是斯塔尔的燃素说，而他的燃素说曾一度被认为是科学中从未有过的最伟大的发现"。(Priestley，1796：11)

在科恩的巅峰之作《科学中的革命》中，有一段关于普里斯特利的精彩的论述，也许对我们有一定的启示：

> 如人们所料，约瑟夫·普里斯特利——美国革命和法国革命的一位热烈的支持者——是那些把革命的概念从政治领域移置到科学之中的人之一。在1796年出版的一部关于燃素和水的分解的著作中，他认为新化学的胜利是"科学革命"中最伟大、最突然和最普遍的一项革命。

> 普里斯特利与他同时代的大多数人的不同之处在于，他认为科学中的革命并不总是进步的，而且也并不总是引起知识状态中某个更迅速的发展。他说："在所有实验哲学分支的历史中，没有什么是比成功或失败的最出人意料的革命更平常的了。"他这样解释他的观点：

> 的确，一般说来，当许多有独创性的人们专心致志于某个已被充分展开的学科时，研究是愉快而平等地进行的。然而，正如在电

学的历史以及现在有关空气的发现中一样，从最出人意料的地方现出了光明，因此，科学大师们不得不从新的更简单的原理重新开始他们的研究；所以，对于科学的某一学科来说，甚至当它处在其发展的最迅速或最有希望的状态之中时，遇到停滞或挫折也不是不正常的。（科恩，1998：283）

多诺万和梅尔哈多（E. M. Melhado）认为化学革命不是"化学里的一场革命"（a revolution in Chemistry），而是"进入化学的一场革命"（a revolution into Chemistry）。在化学革命前没有化学这门学科，至少是没有现代化学。而拉瓦锡向化学里引入了实验物理学使得化学这门学科从此诞生。学术界一般认定这种观点实际上是库恩的范式理论在科学史编写上的一种体现。这不仅是因为持有这种观点的梅尔哈多是库恩的学生，而且更因为梅尔哈多的论文思路也和库恩的"范式的转换"有很多的相似处。二十世纪末在 *Isis* 上，佩林和多诺万、梅尔哈多发生了一场关于化学革命的论战。这场论战虽然很快随着佩林因患癌症去世（1988 年 4 月 22 日）而暂告一段落，但它涉及的化学史的基本问题则不会就此停息。在论战中，佩林认定化学革命是"a revolution in Chemistry"，而多诺万、梅尔哈多则认定化学革命是"a revolution into Chemistry"（Donovan，1988，Melhado，1985）。"in"和"into"的区别在于是否把实验物理学引入到化学看作化学革命的关键。"in"是指化学革命是自发的，主要归功于化学家不懈的努力；而"a revolution into Chemistry"是指将化学革命主要归功于实验物理学，化学革命因为实验物理学对化学的介入而发生。多诺万在论文里指出拉瓦锡认定"在化学革命以前存在的化学不是科学"，而拉瓦锡则力图使化学成为一门好的科学，"拉瓦锡通过采纳新的有力的用于发达的物理学的方法作为他为化学建造的模型，以及与实验物理学家合作，解决这个问题。"（Donovan，1988：221）多诺万特别指出了法国物理学家、神父诺莱（Jean-Antoine Nollet）① 对拉瓦锡的影响。梅尔哈多的观点与多诺万相似，但强调的要点有些区别。梅尔哈多区分了斯塔尔和波尔哈夫的热的概念。在他的眼里，斯塔尔的"热"的概念（即燃素）是固定的火，属于化学的范畴，而波尔哈夫的"热"是自由的火，属于物理的范畴。而拉瓦锡的火的概念更忠实于波尔哈夫，而不是斯塔尔（Melhado，1985：204），所以说化学革命的成功虽然有着化学家自身的

———————————

① 诺莱（Jean-Antoine Nollet，1700—1770）作为十八世纪一个杰出的物理学家，其代表作为《实验物理学教程》（*Leçons de physiques expérimentale*）。

努力，更有赖于实验物理学的介入。

佩林对梅尔哈多的观点逐一进行了批判，其要点主要如下：

（1）拉瓦锡在化学内部进行了一场改革，拉瓦锡是一个将实验物理学方法运用在化学上的、受到良好训练的鲁勒式的化学家。

（2）拉瓦锡的工作属于化学，因为他和其他的鲁勒式的化学家同样具有这个资格，而且他主要从事的是化学研究。

（3）拉瓦锡对待燃素和亲和性的态度自然和其他的鲁勒式的化学家一样。

（4）拉瓦锡曾对空气和热的固定感兴趣，但只是在 1766 年、之后是 1772 年，空气的固定成为拉瓦锡研究的焦点。（Perrin，1990：266-267）

把现代化学的诞生归功于物理学的观点并非是多诺万和梅尔哈多的首创，早在二十世纪六十年代就已经有类似的说法了。吉利斯皮就很重视拉瓦锡的热素（caloric）概念，认定这就是确定性在化学领域中确定的标志（Gillispie，1960：202-259）。格拉克的一篇重要的论文的标题就是"作为物理学的一个分支的化学：拉普拉斯与拉瓦锡的合作"（Guerlac，1976）。在这篇冗长的论文里，格拉克详细地探讨了拉普拉斯与拉瓦锡的合作，以此证明拉瓦锡把化学作为物理学的一个分支。从今天看来，拉瓦锡对热的研究应该属于物理学和化学的交叉地带。但拉瓦锡是把化学作为物理的一个分支吗？本书对这个问题做否定的回答，并赞成佩林的观点，即化学革命是"化学里的一场革命"。本书认定，尽管拉瓦锡做的不少实验在今天看来似乎是物理学实验，但实际上拉瓦锡对于热的基本观点并不和以往的化学有着本质上的差异。

> 我们已经指出，自然界每种物质的粒子，都处于有助于使这些粒子结合起来并保持在一起的吸引，与使它们分离的热素的作用之间的某种平衡状态。因此，热素不仅到处都包围着一切物体的粒子，而且填满了物体粒子彼此之间留下的一切空隙。我们可以这样设想，即假定有一个装满小铅丸的器皿，倒进一些细沙，细沙慢慢渗入铅丸之间，将会填满每个空隙。铅丸之相对于包围它们的沙粒所处的情况，与物体粒子之相对于热素的情况，恰恰相同；不同之处仅仅在于铅丸被设想为处于彼此接触状态，而物体的粒子由于热素使它们彼此之间隔开一点距离，因此并不处于接触状态。（安托万·拉瓦锡，2008：7）

从这段话中我们看得出拉瓦锡的解释已经和现代科学对于物质的三种状态的解释很接近。但拉瓦锡还是没有摆脱热是一种物质的传统观点。这种观点在拉瓦锡去世后不久，由英国物理学家伦福德伯爵①（Benjamin Thompson，Count Rumford，1753—1814）通过炮筒摩擦生热实验予以明确否定，但至少要到十九世纪中期，"热质说"才得以彻底推翻。

二、燃素论者对氧化学说的理解

在汉森提出了"观察负载理论"命题和库恩以自己的方式（范式理论）诠释了这个命题之后，SSK 也喜欢使用这个命题来证明相对主义。他们同样喜欢列举拉瓦锡和普里斯特利，来证实两者的范式的不同（库恩）或相对主义（SSK 的巴恩斯和布鲁尔）。他们认定普里斯特利只能看到"脱燃素空气"，不能看到"氧气"。对于库恩来说，这证明了两个学说的不可通约性。而对于 SSK 的巴恩斯和布鲁尔来说，拉瓦锡和普里斯特利的差异与 T1 文化和 T2 文化的差异类似，"考虑两个部落 T1 和 T2 的成员，他们的文化都是原始文化，除此之外，他们彼此就没有什么共同之处了。在每个部落中，都有一些人们优先选择的信念，以及人们所接受的被认为比其他理由更有说服力的理由。每个部落都有一些用以表达其偏好的词汇。面临在自己部落的信念和另一部落的信念之间进行选择时，每个人可能都很典型地倾向于他自己的文化。他会给自己找来许多当地人可以接受的标准，用以对信念作出评价并对他的选择作出判断。"（巴恩斯和布鲁尔，2000：7）

SSK 和相对主义者喜欢使用汉森的"观察负载理论"命题和库恩的不可通约性来证明"不充分决定论"以及判决性实验的不存在。他们认定普里斯特利只能看到"脱燃素空气"，不能看到"氧气"。对于库恩来说，这证明了两个学说的不可通约性。但实际上燃素论化学家在观察时一定负载了燃素学说吗？不一定。燃素作为一个元素工具，它在十八世纪能够得到广泛的应用，主要是因为化学家可以随心所欲地使用它，在化学发展水平尚不是很高的时期，它只是一个化学家采用的一个折中的方法。其实很多燃素论者并不

---

① 伦福德伯爵，出生于美国的英籍物理学家，有趣的是他是拉瓦锡夫人的第二任丈夫。1798年1月25日发表了题为"论摩擦产生的热的来源"的论文，指出：摩擦产生的热是无穷尽的，与外部绝热的物体不可能无穷尽地提供热质。热不可能是一种物质，只能认为热是一种运动。伦福德否定了热质说，确立了热的运动学说，为后来的科学家迈尔、焦耳、亥姆霍兹等确立能量的转化与守恒定律开辟了道路。

特别担心燃素学说被推翻，倒是很害怕元理论（要素原则）被放弃。因为元理论被放弃则意味着整个化学体系得重建。法国化学家马凯相对于拉瓦锡是老一辈的法国化学家，也是拉瓦锡非常尊重的人。马凯一生都没有完全接受氧化学说，在1777年拉瓦锡提出其崭新的燃烧理论以后，马凯明显感觉到整个化学体系面临着重写的可能，然而拉瓦锡为了不得罪包括马凯在内的老一辈科学家，做出了韬光养晦的姿态，这使马凯感到释怀：

> 拉瓦锡先生和他的一个重要发现带来的前景一直以来让我感到害怕，他（拉瓦锡）一直对这个发现保密，这个发现将做的事不少于颠覆整个燃素理论或固定的火（即马凯的燃素概念）理论：他的自信神态使我害怕得发抖。如果重建一个完全不同的大厦是必需的，那我们和我们的旧化学将能去哪里呢？对于我来说，我向你保证我已经放弃了竞争（即反对氧化学说）。很高兴地说，拉瓦锡已经在上次公共集会中朗读论文而公开了他的发现；而我要向你保证，从那个时候开始我心上的一块石头终于落下来了。根据拉瓦锡的观点在可燃物里面没有火质；它只是空气的一个组成成分；空气而不是我们以往认为的燃烧物在所有燃烧中被分解；它的火素释放出来而产生了燃烧的现象，除了被他（拉瓦锡）称为空气的基的物质之外再没有什么物质剩下了，而拉瓦锡承认他对这个基一无所知。你自己想想我是不是有理由这么害怕。（Bensaude-Vincent and Stengers，1996：84-85）

显然，马凯明显预感到拉瓦锡将要干什么，不过对于马凯来说，燃烧物的质量增加无论是来自于吸收了空气中的一部分（拉瓦锡的理论）还是来自于燃素的丢失（斯塔尔的理论），其实不是十分重要。重要的是在化学体系中是否有一个物质对燃烧现象负责。斯塔尔的这个物质（燃素）在燃烧物里，而拉瓦锡的这个物质（即热质、热素）在空气里面，两者都符合了马凯的元理论，即上文所说的元理论中的要素原则。马凯的这种矛盾心理在他1778年年初出版的第二版的《化学词典》里得到了验证：

> 至少直到现在，优秀的物理学家一直都在抵制这个诱惑，并避免武断地对这个微妙的问题下结论。谨慎是更值得赞扬的，因为这是这些领悟了化学精神的人所与众不同的地方。只有在那些并不真正理解这门科学而沉迷于幻想中的物理学家那里，才会经常出现这种情况，那就是，仅仅一个事实，哪怕只是假设它也是有根据的，物

理学家就认定这足以立刻推翻化学天才创立的最伟大的理论之一的完美统一。（Perrin，1987：406-407）

贝托莱在拉瓦锡 1777 年的空气分析实验之前就非常明白拉瓦锡将要干什么，他的态度是倾向于逐步的改革而不是革命：

> 除非实验自身做出了判断，我们必须避免对那些在形而上学上被认定为正确的事情上做断言；但同时我们应该可以说最好的理论的价值抵不上四个事实；一个人不应该慌着颠覆一个旧系统，而且更好的路线应该是在得到进一步的发现的同时，逐步改革。（Perrin，1987：407）

德莫沃（Louis Bernard Guyton de Morveau，1737—1816）在 1786 年转变为氧化学派，他在这个时期的态度与马凯和贝托莱相似，把拉瓦锡的推翻燃素学说的意图视作对现有化学体系的破坏。以上均说明了燃素论者能毫无困难地明白拉瓦锡的实验的意义，并且清醒地意识到拉瓦锡的学说对当时的化学理论体系的颠覆性和危险性。不过当燃素论者明白了拉瓦锡的氧化学说的元理论基本上和燃素学说一致的时候，燃素论者大多很快地转向了氧化学说。

由于拉瓦锡的实验把燃烧物的质量增加完全归结于纯净空气（氧气），彻底地抛弃了燃素概念，对于燃素学说是一个沉重的打击。在这个情况下，不愿意转向氧化学说的燃素论者试图采取措施以面对危机。他们一般仍然保持燃素概念，但使燃素退出天平的范畴。这方面典型的例子为普里斯特利。在拉瓦锡的空气分析实验以后，普里斯特利曾经有过放弃燃素学说的想法，"以拉瓦锡先生代表的许多著名化学家现在持有这种观点，即燃素的所有教义都是建立在错误之上的，他们认为，在物质与燃素的任何一次分离中，物质实际上没有失去任何东西，相反地，物质获得了东西。……支持这种观点的论据，尤其是那些从拉瓦锡对于汞的实验中得到的，是这么的似是而非，以至于我都曾经准备接受这种观点"。（Priestley，1783：399-400）然而，普里斯特利最后并没有接受燃素学说，这是因为在 1782 年英国化学家柯万创立了他自己改良的燃素学说，使得斯塔尔经典的燃素学说在天平上的矛盾暂时得到缓解。在 1782 年普里斯特利曾在给月光社的一个成员韦奇伍德（Josiah Wedgwood）的信中这样介绍柯万的燃素学说："在我后来的实验之前，燃素几乎完全被月光社所放弃，但是现在它似乎又起死回生了。今天在我收到的柯万先生的一封信中，说到他（柯万）已经提交给皇家学会一篇论文，通过我以前的实验证明了燃素和易燃空气是一个东西，而且脱燃素空气与燃素结合成固定空气。"（Priestley，1966：206-207）然而柯万的燃素学说最终为拉瓦锡1783～1784年的水的分解和组成实验所证伪，而很快走上了下坡路。在这个情况下，普里斯特利不得不采取各种措施来挽救燃素学说的生存危机。其中，普里斯特利最大的改变就是不再谋求在天平范畴证实燃素的存在，而是让燃素成为一个不可估量的物质，以逃避天平的检验。另一方面，他反复指出拉瓦锡依赖于天平的精确定量分析方法远远没有其鼓吹的那样公平客观，而是有其从未证实的形而上学基础。

学术界曾经认定普里斯特利怀疑质量在化学分析中的有效性，不接受定量分析原则。科恩（I. B. Cohen）在《科学中的革命》中这样评论普里斯特利，"普里斯特利则比这两种人要高明得多。他直率地说，在自然科学中，重量（或质量）并不总是一个主要的考虑。当然，他是对的。不从质量或数量方面加以讨论的有形的（物质）的三个例子是：牛顿的以太、富兰克林的电流以及（拉瓦锡所相信的）热流。我们在这里可以看到，新化学的原则是如何具有革命性。我们可能注意到，拉瓦锡对上述等式的修正（金属灰＝金属＋氧气）为物质守恒的基本原则提供了实验的证明（因为空气有质量）。"（科恩，1998：432）斯科菲尔德（Robert E. Schofield）认定普里斯特利是博斯科维奇（Roger Joseph Boscovich）主义者（Schofield，1961：168-172）。博斯科维奇是十八世纪著名物理学家、天文学家、数学家，生于拉古萨（Ragusa，今杜布罗夫尼克，克罗地亚境内），曾经周游过法国、英国，以其独特而超越时代的原子论而闻名。对于博斯科维奇来说，"质量的概念不是明确和鲜明的，而是非常模糊、任意和不清楚的"。普里斯特利不仅接受了博斯科维奇的观点，甚至在博斯科维奇的基础上更进了一步，普里斯特利甚至在坚持物质并不是惯性的同时，还否认了惯性质量（inertial mass）有意义（Schofield，1961：171）。然而，本书认为科恩和斯科菲尔德的这些见解其实是靠不住的。在大多数时候，普里斯特利是承认重量分析的有效性的。氧化学说对燃素学说进行攻击的一个理由就是燃素不能被称重，相反氧气是可以称重的。普里斯特利这样反驳："燃素理论不是没有困难。诸多困难中最主要的一个就是我们不能确定燃素的质量，而氧化要素是可以确定的。但我们中的任何一个都没有声称给光或者热的元素称重，但我们并不怀疑它们是真正的物质，通过它们的增减，能够改变物体的性质，它们自己也能从一个物体传递到另一个中去。"（Priestley，1796：24）普里斯特利让燃素成为一个在天平上不可估量的物质，这说明了普里斯特利实际上承认质量在化学分析中的有效性。

对于普里斯特利为什么一生都抵制氧化学说的解释从来都是五花八门的。在科学史方面，早期的有实证主义的解释，后期的有后实证主义、SSK的解释。而在科学哲学方面，对于拉瓦锡和普里斯特利的认识论、方法论、目的论的讨论从来都没有停止。对于普里斯特利的评价从来都是充满着矛盾和不确定性的。在科学史的早期研究中，由于实证主义的影响，科学史家往往把普里斯特利定义为一个"杰出的实验家""蹩脚的理论家""经验主义者"。斯科菲尔德①（Robert E. Schofield）在前不久还将普里斯特利的研究评价为"啰唆的和散漫的，没有明确的构思和目的"，"他是经验主义的，不知道自己在干什么和为什么这样干，所以不得不去描述自己做的和看到的"（Schofield，2004：138），"在拉瓦锡以前，普里斯特利是一个出色的实验家，之后则是一个拙劣的理论家"（Schofiel，2004：191）。显而易见，斯科菲尔德对于普里斯特利的评价是比较老套的，仍然带有强烈的实证主义传统风格。在科学史的近期进展中，由于实证主义的科学史编写方法已经不再流行，所以科学史家对普里斯特利的评价得到了很大的提高。普里斯特利更多地被定义为一个"自由主义者""反独裁主义者"。普里斯特利的人生是坎坷的，他在政治和宗教上的与众不同，虽然给他带来了政治迫害，但是也给他增加了无穷的人格魅力。在政治上，普里斯特利是一个理性的非国教者②（Rational Dissent），同情和支持法国大革命，但在看清楚雅各宾派的国家恐怖主义本质以后，明确反对雅各宾派的独裁和暴政。在宗教上他则是唯一神论（Unitarianism）者。学术界对于普里斯特利的评价差异很大，同时对于

---

① 斯科菲尔德对于普里斯特利及其所在的伯明翰月光社都有着深入的研究，他是1964年美国科学史学会辉瑞奖（Pfizer Award）奖得主，其获奖作品为《伯明翰的月光社：十八世纪英格兰科学和工业的区域社会史》（*The Lunar Society of Birmingham：A Social History of Provincial Science and Industry in Eighteenth-Century England*）。他还是普里斯特利的最重要和最全面的两部传记的作者。分别为《约瑟夫·普里斯特利的启蒙：关于他从1733年到1773年的生活和工作的一项研究》（*The Enlightenment of Joseph Priestley：A Study of His Life and Work from 1733 to 1773*）和《开明的约瑟夫·普里斯特利：关于他从1773年到1804年的生活和工作的一项研究》（*The Enlightened Joseph Priestley：A Study of His Life and Work from 1773 to 1804*）。这两本传记覆盖了普里斯特利的一生，是至今为止普里斯特利的最全面的传记，是斯科菲尔德一生中最重要的学术工作和成就，但其作品中较为浓厚的辉格和实证主义色彩也受到了较多批评。

② 普里斯特利十九岁进入了北安普教郡的达文特里（Daventry，Northampton）新建立的非国教学院学习。这个学院由非国教牧师多德里奇（Dissenter Philip Doddridge）创办，多德里奇在宗教信仰上比较开明，并鼓励学生自由地思考，并教授牛顿的自然哲学和洛克的经验论，这对于普里斯特利的人生起着重要的影响。也许正是因为这个学习经历，普里斯特利一生尽管受到很多挫折，但始终都是一个不赞成英国国教教义而坚持唯一神论的牧师。

普里斯特利这样一个伟大的科学家一生都坚持燃素学说、抵制氧化学说的这一现象的解释也是众说纷纭。SSK 的代表人物之一的夏弗（Simon Schaffer）对于这个现象曾做出了一个经典解释。夏弗指出普里斯特利的手稿不幸于1791 年在著名的伯明翰暴乱中被烧毁，消除了学者对普里斯特利进行无拘无束的诠释的障碍（Schaffer，1984：151）。麦考伊（J. G. McEvoy）提出普里斯特利实际上是一个"空气哲学家"（aerial philosopher），而且强调应全面了解普里斯特利的思想，而不是将其思想强行归于当时某种特定的科学流派。麦考伊对斯科菲尔德的研究持批判态度。麦考伊指出斯科菲尔德对于普里斯特利的科学的诠释不仅带有辉格主义色彩，而且由于斯科菲尔德将普里斯特利描写为一个牛顿主义的机械论者而不是一个化学家，某种程度上扭曲了普里斯特利的科学（McEvoy，1999：109-110）。麦考伊提出"理性的非国教者"的概念，并将之运用到解释普里斯特利的科学研究中去。其观点大致是这样的：因为普里斯特利一生反对英国国教对其他小宗教派别的迫害，而氧化学说在科学界的地位与英国国教在英国宗教界的地位类似，都是独裁者，所以普里斯特利一生都抵制和反对氧化学说。

麦考伊的观点有一定的合理性。在氧化学派的成员之一、法国化学家弗可努瓦加入雅各宾派并成为其重要官员的时候，普里斯特利的这种反独裁主义的态度表现得很明显。普里斯特利在 1796 年给贝托莱、拉普拉斯、蒙日、德莫沃、弗可努瓦以及哈森夫拉兹（Hassenfratz）的一封公开信中这样表明自己不畏强权的立场："但你将同意我，没有人应该向任何权威投降而放弃自己的判断。否则，你们自己的思想体系将永远不会得以改进。我深信，你们将不会让你们的统治像罗伯斯庇尔的统治一样（血腥），像我们这样对此愤愤不平的人已少得可怜，所以我们希望你最好能靠说服来争取我们，而不是靠武力来使我们缄口（Priestley，1796：32）。"尽管普里斯特利有这样大义凛然的豪言壮语，但是仅仅一个"反独裁主义"的解释也难以解释他为什么会将燃素学说进行到底，因为普里斯特利在雅各宾派上台以前也是一直反对氧化学说的，而且他写这封信的时候其实与法国科学家的交流非常有限，所谓的氧化学派的"统治"其实都是普里斯特利的误会。①

在 1780 年以后，普里斯特利在英国政治和宗教领域中的一些过激言论，

① 但具有讽刺意味的是，其实法国的这几个科学家在普里斯特利写信的不久前不但没有进入权利圈，反而失去科学院的工作，甚至有成为雅各宾派镇压的对象的危险。只不过他们的命运要比拉瓦锡好，还能保全性命。1796年普里斯特利已远在美国，由于当时的通信手段落后（信件依靠邮轮传递），普里斯特利与法国科学家的交流非常有限，所以普里斯特利的一些想法其实都是误会。

使之受到保守势力的迫害。普里斯特利在宗教上对正统的"三位一体"进行挑战，引发了英国主流宗教人士的厌恶；而普里斯特利对于法国大革命的支持，被其他学者视为头脑幼稚的表现，并遭到当权者的嫉恨。法国大革命彻底地废除了君主制，并把国王送上了断头台，尽管在欧洲的历史上，虽然也经常有国王在政变后被杀，但君主制作为一种制度（至少在形式上）没有被废除，像法国大革命这样的以建制化的形式废除君主制还是第一次，这在当时的英国社会是被认定为大逆不道的。在上述背景下，1791年7月14日，英国伯明翰的两座教堂举办庆祝法国大革命胜利2周年①的活动，成为"伯明翰暴乱"的导火索。暴民首先把伯明翰的这两座教堂焚烧，然后直奔伯明翰郊外费尔山的普里斯特利寓所，甚至还运去了一个大型的火刑架，准备把反对君主立宪制的哲学家普里斯特利烧死了事。普里斯特利在好友瑞兰德（Samuel Ryland）和拉塞尔（William Russel）的帮助下得以保全性命，但他的寓所在持续几个小时的大火的焚烧下化为乌有。普里斯特利的实验室和上千页手稿从此不复存在，这也为当代的学者在研究普里斯特利的思想时留下一个巨大的想象空间。普里斯特利事后对他自己的损失做了一个详细的清单，总价为4083英镑。折合现在的价格大概为6万英镑。普里斯特利所写的清单的原件至今保留在伯明翰图书馆里。化学史学者麦凯（Douglas McKie）对此做过整理分析。

普里斯特利对实验有着自己独到的理解：

> 我们从书中能获取的装置是相对少的，很快就会用完。但哲学装置是知识的永无终止的财富。借助于哲学装置，我在这里说的哲学装置指的不是那些地球仪、太阳系仪，以及其他，这些只是天才用于向其他人解释自己的概念的装置；我指的是诸如空气泵、凝汽式发动机、高温计，以及其他种种（与这些装置结合，电的机器可以被分为几个等级）以及能演示自然的操作的装置，那些是自然的上帝的装置，它们的种类是无限多的。在这些机器的帮助下，我们将种类无限的多个事物置于各种不同的情况之下，在这个时候自然本身是显示结果的代言人。以此方式，运行的法则被观察到，最重要的发现可以产生。那些刚开始设计哲学装置的人也许对此一无所知。（Priestley 1767：xi）

---

① 1789年7月14日法国人民攻克巴士底狱，这一天也成了法国的国庆日。

在伦敦附近的哈克尼度过了很不愉快的三年以后，普里斯特利和其夫人于 1794 年 4 月 7 日登上开往美国的轮船。尽管普里斯特利一生从未参加过任何政治组织，但他的言论对于当时的英国政府和社会有着相当大的威胁，被称为"邪恶的人"和"普里斯特利火药"。普里斯特利对"普里斯特利火药"的说法曾做过辩解，"我的火药仅仅是一些言论"（My gunpowder is nothing but arguments）。但学术界的一些最新研究表明，普里斯特利一生的大部分时间都是处于政治旋涡之中，他之所以在伯明翰暴乱中差点被烧死并不是一个偶然事件，与普里斯特利一贯的所作所为有一定的必然联系。

　　普里斯特利发表过一系列的政治言论，在 1768 年，普里斯特利在电学和气体化学领域尚未成名时，就已经出版了《关于政府第一原则的论文》（Essay on the First Principles of Government）。普里斯特利对英国在美洲大陆的殖民政策进行过严厉的批评，这是当时英国持不同政见者的主流观点。

　　普里斯特利所处的社会文化背景对其科学研究的影响很大，而且其宗教信仰对其科学研究的影响也是很显著的。普里斯特利是唯一神论者。唯一神论是否认三位一体的基督教派别。此派别强调上帝只有一位，而不是正统基督教的教义中所说的上帝由三个位格（即圣父、圣子和圣灵）组成。同时，普里斯特利又被当时的英国人称为"唯物主义"（materialist）者。他倾向于将引力和排斥力作为本体论的基础，而将原子论所说的原子必然具有质量和不可穿透性视为物质的一些可有可无的附属性质。在这样的本体论的前提下，他主张消除物质与精神两者的区别，并提出，如果认为上帝通过一些力量的因果关系而均匀地施加作用，而这些力量既非物质的，亦非传统所理解的非物质的，那么科学事业的基础就可以得到最好的保障（布鲁克，2000：183）。基于对历史上宗教与科学的复杂而又微妙的关系的长时期研究以后，布鲁克对普里斯特利之所以始终不渝地坚持燃素学说给出了一个大胆而又新奇的解释："他却始终坚持一个流行的观点，即认为自然界的有条有理是对一个关心世上万物的上帝的证明。他对科学活动的高度评价在一定程度上是因为它揭示了现象之间隐藏着的联系，而这证明了系统的经济与仁慈。普里斯特利认为经济性体现于这个事实中：一种单一的化学要素，即燃素，就给所有金属赋予了共同的特性。至于仁善，植物能够恢复被呼吸弄脏的普通空气这一事实，不但是证明设计论的例证，而且还为恶向善的转化提供了科学方面的比喻。"（布鲁克，2000：188）这个解释确实有一定的启发性，而且燃素与宗教也不是毫无关系的。燃素确实可能有着宗教上的内涵，即金属失去燃素类似于人失去灵魂，而金属得到燃素则可以复活。然而普里斯特利对于燃素的坚持与他是唯一神论者的宗教背景是否有着必然的联系，布鲁克并未进行进一步的说明。

实际上，普里斯特利为什么一生都坚持燃素学说的原因是非常复杂的。但本书必须强调的是，普里斯特利是承认燃素在天平范畴里的失败的。普里斯特利的燃素是无质量的，普里斯特利的燃素与拉瓦锡的热素的存在与否在当时都是无法通过实验来进行判决的。普里斯特利的燃素学说并不等同于斯塔尔的燃素学说。事实上，普里斯特利对拉瓦锡的评价是很高的，普里斯特利对于拉瓦锡的精确定量化学是完全能够理解的。

第八章

判决性实验是否存在？

一、判决性实验是否存在的哲学争议

尽管亚里士多德和中世纪的著名哲学家格罗斯泰斯特（Robert Grosseteste，1168—1253）曾经提出过类似"判决性实验"的思想，但都局限于纯逻辑范畴。而特指科学实验的"判决性实验"（拉丁文为 experimentum crucis，英文为 crucial experiment）概念，学术界一般认定第一次出现于英国科学家、哲学家培根 1620 年出版的《新工具》里。

　　路标的事例——这是借用路标置于歧路指示方向的意思。这也叫作判定性的和裁决性的事例；在某些情节上又叫作神谕性的和诏令性的事例。现在让我把它说明一下。在进行查究某一性质时，由于往往并且通常有两个或两个以上的其他性质同时并现，就使得理解力难于辨别轻重，不能确定应把其中哪一个性质指为所研究的性质的原因；这时路标事例就能表明这些性质当中之一与所研究的性质的联系是稳固的和不可分的，而其他性质与所研究的性质的联系则是变异的和可分的；这样就把问题判断下来，认定前一性质为原因，而把后者摒弃和排去。这种事例给人们以很大的光亮，也具有高度的权威，解释自然的行程有时竟就它结束并告完成。这种路标事例有时也可在那些已经讲到的事例之中偶然遇着；但大部分说来它是新的，是要特别地和有计划地加以寻求和应用的，而且也是只有以认真的、主动的辛勤才能发现出来的。（培根，1995：214-216）

十七世纪英国伟大的科学家牛顿提出了一个真实的"路标的事例"——白光折射实验，他利用棱镜对光线的折射特性来检验牛顿的理论——"白光是复合光"和以往的亚里士多德理论——"白光是最纯粹的原始光"两者之间的真伪。结果牛顿的理论得到了证实和决定性的支持，且沿用至今，同时关于亚里士多德的理论被彻底证伪。

由于牛顿的判决性实验的影响，判决性实验的概念被科学家广泛地应用。其中最典型的例子就是光的微粒说与波动说两者之间的竞争。牛顿对光的微粒说的支持使得微粒说在很大一段时间里占绝了优势。法国科学家菲涅耳（Augustin Jean Fresnel，1788—1827）、阿拉贡（François Jean Dominique Arago，1786—1853）、傅科（Léon Foucault，1819—1868）恢复了光的波动说应有的学术地位，而且阿拉贡、傅科的实验一度被认为对微粒说有着决定性的否决作用，即判决性实验。然而没多久德国物理学家勒纳德（Philipp Lenard，1862—1947）的阴极射线研究又使微粒说得到复活。迪昂在《物理学理论的目的与结构》（1905 年）一书中，从整体论的观点出发，指出以往把傅科的实验视为判决性实验的观点有两个逻辑错误。第一，傅科实验所否证的，只是一组复合假说，这并不说明待检假说即微粒说这一核心假说必定是错的，也许只是某个辅助假说出了错误。迪昂认为微粒说的支持者完全有理由在保留微粒说的核心假说的前提下，对整个理论进行调整，如对某些辅助假说进行修改，可以适应傅科所得的结果。第二，迪昂指出傅科实验并不是在两个假设中做出选择，而是在两组理论或者说是两个完整的体系即牛顿光学和惠更斯光学之间进行决断的（迪昂，1999：208-212）。

从此以后，是否存在判决性实验的争议在学术界延续至今。二十世纪杰出的科学哲学家迪昂的整体论并不完全否定经验、实验对理论选择的作用，但强调必须是包括实验、辅助假设、核心命题在内的整体才能最终决定理论的选择，实际上否定了至少是实证主义意义上的经验、实验对于理论选择的决定作用。支持判决性实验存在的哲学家包括波普尔（Karl Popper）（波普尔，2005）、图尔敏（S. E. Toulmin）（Toulmin，1957）、格伦鲍姆（Adolf Grünbaum）（Grünbaum，1960，1962）。尽管波普尔的批判理性主义哲学在很多地方上都是反对逻辑实证主义的，但是在坚持经验对于理论的决定性作用的这一方面上，波普尔还是继承了逻辑实证主义的一些因素。波普尔坚持判决性实验，但与逻辑实证主义强调经验和实验的证实作用相反的是，波普尔强调的是经验与实验的证伪作用。他指出科学发现包含猜想和反驳两大环节。科学家根据问题，大胆地进行猜想，努力按照可证伪度高的要求提出假说，这样的假说具有较多的真性内容，无需经验参与。尝试性的理论即假说提出后，即进入反驳，这时要根据经验，按照确认度高的要求排除错误，从而保证所接受的理论假性内容减少或不增加。这样，通过猜想与反驳，科学发现便获得逼真度高的理论。经验、实验是判定我们是否接受一个理论的依据。波普尔意义上的判决性实验正是建立在他的否证主义的基础上的。

原有的争论大多数是探讨在逻辑上是否存在判决性实验，而不是历史上是否存在着判决性实验。值得注意的是大多数整体论者也并不完全否认历史上曾经出现过判决性实验，他们论证的核心是判决性实验在逻辑层面上的不存在。逻辑层面上是否存在判决性实验的争论还会一直争论下去，这种争论显然有着重要的哲学意义，但有时候又比较容易忽视科学史上的事实，使哲学思辨与真实的科学研究活动失去必要的联系。① 这种情况因为二十世纪最著名的历史学派的科学哲学家拉卡托斯（Imre Lakatos）的研究得到了改善。拉卡托斯既关注科学哲学，又关注科学史，他这一点和库恩十分接近。拉卡托斯认为"没有科学史的科学哲学是空洞的，没有科学哲学的科学史是盲目的"，并强调科学史和科学哲学的综合。拉卡托斯将科学史分为"内部历史"和"外部历史"。他把能够按照某一方法论加以规范说明的科学史料称为"内部历史"（或"科学史的理性重建"）；而把一切不能被该方法论加以规范说明的事实（这些事实只有借助于社会-心理的因素才能说明）称为"外部历史"。对于科学史来说，理性重建或内部历史是首要的，外部历史则是次要的。学术界一般认定拉卡托斯在科学哲学领域的主要贡献是发展了波普尔的证伪主义，即所谓的"精致的证伪主义"。但值得注意的是，在判决性实验这个问题上，拉卡托斯的观点与波普尔完全相反。拉卡托斯质疑波普尔认定"判决性实验"的即时判决效应。拉卡托斯认定理论总是与许多辅助性假说一起接受检验，否定的实验结果不能证伪一个特定的理论，所谓判决性实验是不存在的。科学史的许多判决性实验其实只不过是"后见之明"。在判决性实验这个问题上，拉卡托斯实际上是倾向于库恩和奎因的观点，即带有

---

① 科学哲学存在的这个潜在的危险甚至被包括奎因在内的整体论者所注意和承认。奎因曾指出科学家在科学研究活动中并不遵循包括整体论在内的很多科学哲学原则，并且表示科学哲学家要多研究科学家的真实想法，而不要随便贴标签。

后实证主义风格。拉卡托斯引入了几个新的哲学概念，例如"硬核"（核心理论）、"保护带"（外围的辅助性假说和初始条件等）、"正面启示法"（积极发展纲领）和"反面启示法"（禁止将反驳指向硬核）构成，科学发展的过程就是进化的纲领在竞争中逐渐取代退化的旧纲领的过程。拉卡托斯在《科学纲领方法论》中列举了三个实验：迈克耳孙-莫雷实验、卢默-普林希姆实验、β衰变与守恒定律，并指出这些实验都不是判决性实验。拉卡托斯把波普尔的实验称为"即时判决"，将波普尔建立在批判理性主义基础上的科学合理性称为"即时合理性"。这是因为波普尔使用的是理想的哲学模型，只要经验与理论相违背的时候，波普尔意义上的反驳就能立刻起效。在拉卡托斯的哲学体系中，不仅"即时判决"不可能，长时间的判决也只是一种"后见之明"，判决性实验是不可能的。拉卡托斯认定自己的学说宣告了"即时合理性"的终结。然而，在拉卡托斯的科学哲学体系中，新的科学理论是通过什么来取代旧的科学理论的？拉卡托斯主要通过"进步"和"退步"来进行解释：

> 只要一个研究纲领的理论增长预见了它的经验增长，也就是说，只要它继续不断地相当成功地预测新颖的事实（进步的问题转换），就可以说它是进步的；如果它的理论增长落后于经验增长，即它只能对偶然的发现、或竞争的纲领所预见和发现的事实进行事后的说明（退化的问题转换），这个纲领就是停滞的。如果一个研究纲领比其对手进步地说明了更多的东西，它就"胜过"了其对手，也就可以淘汰这个对手（说将其"暂时搁置"起来也行）。（拉卡托斯，2005：142-143）

然而什么时候理论是"无可挽救地退化"，什么时候是"取得了决定性的优势"，拉卡托斯又是非常暧昧的。

> 要断定一个研究纲领什么时候便无可挽救地退化了，或什么时候两个竞争纲领中一个对另一个取得了决定性的优势，是非常困难的，这尤其是因为不应要求纲领步步都是进步的。在这一方法论中，正如在迪昂的约定主义中一样，不可能有即时的（更不必说机械的）合理性。不论逻辑学家证明有矛盾，还是实验科学家对反常的判决，都不能一举打败一个研究纲领。人只能事后"聪明"。（拉卡托斯，2005：144）

从上面这段话我们可以看出拉卡托斯在理论的更替问题上非常接近库恩

的范式理论，也就是最终都忽视了经验和实验。本书认为，拉卡托斯试图实现科学史和科学哲学的综合是很有意义的，但这种综合必须首先考虑到两个学科的性质是不同的。实际上，科学史案例并不能直接运用于哲学命题的辨析上。因为科学史是复杂的，是必须考虑背景和语境；而哲学往往是摆脱了具体的背景和语境，而使用逻辑命题来表示。然而，拉卡托斯明显混淆了科学史和科学哲学的性质，科学史案例并不能直接运用于哲学命题的辨析上。很多时候，他和波普尔谈的根本就不是一个层面的问题。这也就是科学哲学中的逻辑学派（逻辑实证主义者、波普尔等）之所以轻视历史学派（库恩、拉卡托斯、费耶阿本德等），甚至认为历史学派做的根本就不是科学哲学的原因。

实际上，"'即时合理性'存在"与"理论的更换往往要在完成判决性实验的几十年之后"这两者未必有什么本质上的矛盾。既可以承认"即时合理性"存在，这是在哲学层面上承认实验的判决性效果；同时在不否认"即时合理性"存在的情况下，也可以解释理论的更换往往要在完成判决性实验的几十年之后，因为科学家理论更换的具体过程是历史现象。历史是复杂的，很多因素都可以影响科学家对新的理论接受速度的快慢。

二、发现 context 中的判决性实验

以往学术界往往把拉瓦锡 1777 年的汞的煅烧与分解实验视为"判决性实验"，但是拉卡托斯学说的信奉者马斯格雷夫（Alan Musgrave）指出拉瓦锡 1777 年的汞的煅烧与分解实验并不是"判决性实验"（Musgrave，1976：181-209）。他反对波普尔的证伪主义，认为拉瓦锡的 1777 年实验并没有证伪斯塔尔的燃素理论，并使用拉卡托斯的科学纲领方法论来解释拉瓦锡的化学革命。马斯格雷夫的观点在科学史与科学哲学界产生了较大的影响，很多学者采纳他的观点，即化学革命期间并不存在着判决性实验。

本书不同意马斯格雷夫的观点，并认为他的观点存在着很多似是而非的地方。马斯格雷夫认为化学革命中不存在着证伪，因为燃素理论从诞生起，就存在着很多的矛盾（例如负质量），但在拉瓦锡的氧化理论出现之前，燃素理论不仅能够存在，还能在相当长的时间里流行。燃素理论为什么没有在明显出现矛盾的时候就被证伪了呢？马斯格雷夫认为这就是波普尔的证伪理论的缺陷。据此他认定拉瓦锡 1777 年的实验没有也不可能证伪燃素理论，

因此这个实验也不是判决性实验。然而，判决性实验的定义本来就是指的在两个理论的比较和选择面前，提供关键性决定作用的实验。在没有一个解释能力远远超过燃素学说的理论出现以前，燃素学说能够生存下去甚至很流行，根本就不足为怪。

当然，经验主义者对科学发现的理解也可能比较天真，他们往往没有意识到理论与实验之间的复杂的关系，过于简单地看待发现的过程。十九世纪初，英国化学家戴维曾经这样解释化学发现的过程：

> 化学实验的基础，是观察、实验和类比。通过观察，事实被清楚细致地印入心灵。通过类比，相似的事实联系起来。通过实验，我们发现新事实；在知识的进步中，观察在类比的指引下走向实验，类比则由实验验证，变成科学真理。
>
> 举个例子。无论谁留心一种绿色植物细丝（丝状绿藻），它们在夏天几乎遍布于小溪、湖泊或水塘，在不同的光照和阴影情况下，都会发现阴影处的绿丝上有气泡。人们会发现这一效应是因为光的存在。这是观察；但是关于气体的性质，它没有给出任何信息。我们用一个盛满水的酒杯倒放在绿藻上，这样气体就会留在酒杯上部。当酒杯装满气体的时候，我们用手封住杯口，原样正立；然后把燃烧的小蜡烛放进去；蜡烛会比在空气中燃烧得更明亮。这是实验。如果溯现象而上推理，提出这样的问题：是否所有这类植物——无论在淡水中还是盐水中——在类似的情况下会否产生这样的气体？研究者这么做受类比指引：当新的试验证实了这一点，一个普遍的科学真理就确立了：在阳光下，所有的丝状绿藻都能够产生一种支持剧烈燃烧的气体；这已经被各种不同的细致研究所证实。（哈金，2011：123-124）

戴维显然很重视经验的，他非常准确地描述了十八世纪化学家对氧气和光合作用的发现过程，只不过戴维的方法论解释并没有解释理论的产生过程。戴维对方法论的解释接近于当时的经验主义与以后的实证主义，是一种基于归纳基础上的方法论解释。戴维的解释没有涉及实证主义一直无法解释的"不可观察的客体"，实际上，正如我们在本书中展示的那样，"一种支持剧烈燃烧的气体"尽管在实体上等同于"氧气"，但人类的认识从"一种支持剧烈燃烧的气体"发展到"氧气"，还是经过了长期的艰巨工作。

实际上，如同前文中已经提到的那样，其实拉瓦锡在 1772 年就开始怀疑燃素学说，但直到拉瓦锡 1776 年才提出推翻燃素学说的主张。事实上，拉瓦锡的科学发现与辩护是密不可分的。某种意义上说，拉瓦锡对"氧气"的发现本身就包括对"氧气"的辩护和对"燃素"的证伪；否则，拉瓦锡的氧气发现在实质上就和普里斯特利的"脱燃素空气"发现没有任何区别了。只有拉瓦锡对"氧气"进行辩护和对"燃素"进行证伪之后，拉瓦锡才有资格被誉为"氧气"的发现者和化学革命的领袖。以往的科学哲学界探讨判决性实验往往只局限于辩护的 context。上文中已经探讨过，之所以出现这种情况主要是因为逻辑实证主义主动在科学哲学范围内放弃了发现的 context。但是追溯哲学史，判决性实验最早起源于培根定义的"路标性的事件"，这个"路标"指导着科学家在两条道路中选择其中的一条。实际上培根原义的判决性实验实际上也包括科学发现的过程。实际上，只在辩护的 context 里探讨是否存在着判决性实验往往是没有结果的。著名科学哲学家图尔敏曾探讨过燃素学说和氧化学说之间的判决性实验，而且认定判决性实验存在，"在这个意义上，汞的实验确实是判决性的：一旦拉瓦锡从普里斯特利那里听到在密闭的空间加热汞灰会发生什么，他马上就去做重复实验，在结果的激励下，他的内心深处很快发生了革命。再说一遍，一个实验相对于一个特定的理论假定可以是"关键"的。归根结底的结论是，（这是）'简单性'的问题：普里斯特利和拉瓦锡的争论与亚里士多德与伽利略的力学系统的争论有重要的相似之处"（Toulmin，1957：208）。本书从大的方向上支持图尔敏的观点，但需要指出历史远比图尔敏想象的要复杂。事实上拉瓦锡化学革命的完成最早也是在 1776 年 4 月 7 日以后，这明显比普里斯特利将自己通过加热汞灰从而制备出来了一种空气（即氧气）的事情告诉拉瓦锡的最早时间（1774 年）要晚。

拉瓦锡 1776 年 4 月 7 日所做的汞灰分解实验并非巴扬、普里斯特利的汞灰实验的简单重复。因为巴扬、普里斯特利的汞灰实验仅仅完成了汞灰的分解，而拉瓦锡却多了一个步骤，完成了空气的"合成"。实际上，拉瓦锡的空气"合成"实验虽然往往被以往的科学史家所忽视，但却有着重要的意义。

自从英国气体化学家黑尔斯、布莱克以及与拉瓦锡同时代的普里斯特利分解出多种化学性质不同的"空气"以来，空气并没有自然而然地被化学家理解为复合物。与之相反，空气往往被理解为一个单质或者简单物质，而性质不同的各种"空气"往往被理解为"空气"被污染了或者加上一个其他的化学物质。

拉瓦锡在 1773 年就已经发现固定空气的密度与空气不一样，不晚于 1774 年，拉瓦锡发现了固定空气的化学性质与普通空气大不相同（例如固定空气不支持燃烧，使动物窒息，使石灰水变得浑浊）。然而拉瓦锡在 1776 年之前并不能确定空气是一个混合物或一个结合物。拉瓦锡在 1775 年左右开始意识到空气可能是一个混合物或者说是结合物，"虽然我没有得到令人完全满意的结果，但我还是可以肯定的是，空气在去除了水汽和不属于空气的性质与组成的任何物质，而变得非常纯净之后，它也远远不像普遍认为的那样，是一个简单的实体、一个元素。正好相反，空气应该至少属于混合物的类别，甚至可能属于化合物的类别"（Holmes，1985：18）。然而这个时期拉瓦锡的立场是不太坚定的。拉瓦锡在 1778 年的文章中这样回忆了他 1775 年时的矛盾心理：

> 从普通空气与焦炭结合时会转变成固定空气这一事实来看，我们很自然地就会下一个结论，即固定空气只不过是普通空气与燃素的一种结合。这就是普里斯特利的观点。我必须承认他的看法不是没有可能的；然而，当我重新审视这个事实时，矛盾就会出现。我觉得有必要请求自然哲学家和化学家不慌着下决断；我希望能很快找到适当的理由以解除这个疑惑。（Donovan，1993：138）

即使拉瓦锡在认识到空气很可能是一个混合物的时候，他也并不完全放弃相反的思路，即普通空气是一个元素，而固定空气是空气加上某个化学物质。正因为如此，拉瓦锡即使在 1775 年时也没有完全放弃燃素概念，甚至觉得普里斯特利的燃素学说也很有说服力，但是这个时候他还是认为燃素学说存在着很多矛盾。在矛盾之中，拉瓦锡继续致力于将实验进一步精致化，并期望得到更合理的理论，来全面解释他的所有实验类型。

为了证明空气是一个复合物或混合物，就必须将空气进行分解，然后再将分解产物合成为空气。拉瓦锡 1773 年就做过这个实验，他将白垩与硝酸反应生成的固定空气与在一个密闭容器里蜡烛燃烧后剩余的空气相混合，以使空气恢复到正常的状态。拉瓦锡将蜡烛放入容器检查空气是否恢复到正常的状态，然而很不幸，蜡烛很快熄灭了（Holmes，1989：134）。因为拉瓦锡1773年把蜡烛燃烧消耗的空气误看作固定空气，所以拉瓦锡"合成"空气的实验失败了。但1776年拉瓦锡已经明白了煅烧时消耗的是氧气，所以他成功地"合成"了空气。根据元素论化学的元理论，他断定空气是一个复合物或混合物。1773年拉瓦锡就试图找到空气中是哪种成分对金属煅烧与非金属燃烧的质量增加负责。拉瓦锡大量地做金属的煅烧与还原实验，然而拉瓦锡无法区别是金属灰还是焦炭对生成的流体负责。拉瓦锡采取的办法是假定焦炭在流体的生成中不起作用，又由于拉瓦锡1773年还原的金属是铅，生成的流体只能是固定空气，于是拉瓦锡推断出金属灰里面的流体是固定空气。

拉瓦锡在1775年以前已经在经验层面上明白了空气与固定空气的区别，但他从理论上对空气与固定空气的区分并没有超出燃素学说的框架①，他猜测固定空气加上一定的可燃物质就能恢复成普通空气状态。同时期普里斯特利的观点是固定空气为空气加上燃素。尽管拉瓦锡在1772年就有摆脱燃素学说"世界"（库恩术语）的愿望，但在1777年他才建立自己的氧化学说"世界"。显然一次格式塔转换并不能涵盖这几年间拉瓦锡科学研究活动的全部。

本书提出一个新的观点，即拉瓦锡以汞灰分解实验为起点，以元理论为基础，结合其他重要实验，从而建立一个推理链，从整体上对于燃素学说与自己逐步形成的氧化学说进行一个判决。汞灰分解实验并不是如同图尔敏理解的那样，一开始就成为判决性实验，"拉瓦锡做了重复实验之后，内心深处很快发生了革命"。本书的观点是，判决性实验是在实验精致化进程发展到一定阶段，与元理论高度结合的产物。判决性实验能够整合拉瓦锡以往所做的大量实验，在拉瓦锡的氧化学说与斯塔尔的燃素学说之间进行一个整体性的判决。

为了解释判决性实验的整体激活功能，本书把拉瓦锡1772～1777年主要的实验类型分为6类（表8-1）。当然还有一些实验并不包括在这6个实验类型之类，但相对于这6个类型以及拉瓦锡的整个研究计划，没有发生特别重大的影响，由于本书篇幅有限，故从略。

---

① 霍尔姆斯对拉瓦锡这个时期的概念结构进行了深入的研究，指出以往学术界认定的1775年拉瓦锡就与燃素学说划清界限的说法是错误的。

表 8-1 拉瓦锡 1772～1777 年实验类型表

反应类型及反应过程	时间	预期实验目标和要求	实验的特点
除去汞以外的金属煅烧及其逆反应（主要是使用铅、锡、锌等金属进行煅烧以及通过添加焦炭对其金属灰进行还原）	拉瓦锡在 1772～1773 年做得比较多，1774 年后做的次数减少	确定金属煅烧时吸收了空气中的哪种成分，拉瓦锡在 1772～1773 年时假设吸收的是固定空气（二氧化碳）	金属灰还原时释放出来的是固定空气（二氧化碳），拉瓦锡 1772～1773 年时没有弄清楚究竟是金属灰还是焦炭，或者是两者共同形成了固定空气
汞的煅烧及其逆反应（使用汞进行煅烧以及在不添加焦炭与添加焦炭两种情况下对汞灰进行还原）	拉瓦锡在 1774 年以后所做的最多的金属煅烧实验	确定金属煅烧时吸收了空气中的哪种成分，拉瓦锡在 1774 年以后可能意识到对金属煅烧质量增加负责的那部分空气并非固定空气，1776 年以后确定空气中非常纯净的部分（即氧气）对金属煅烧质量增加负责	这个实验的显著特点之一就是汞灰不需要焦炭就可以还原，拉瓦锡可以使用这个实验与燃素学说划清界限。另一个显著的特点是还原时释放出来的是空气中最好的部分、最纯净的部分、最支持燃烧的部分以及拉瓦锡 1778 年命名的氧气。本书所说的判决性实验即这类实验精致化的产物
通过盐制取固定空气实验（主要是通过白垩和苏打与酸反应来制取固定空气实验）	拉瓦锡在 1772～1773 年做得比较多，1774 年后做的次数减少	确定碱（主要是白垩与苏打）里所含的固定空气实验	因为拉瓦锡在 1772～1773 年假定了金属煅烧时吸收的流体是固定空气，为了证实这个观点，拉瓦锡 1773 年做了大量的这个类型的实验
非金属燃烧及其逆反应实验（主要是通过磷与硫的燃烧来制取酸）	拉瓦锡在整个 1772～1777 年做的次数都比较多	寻找对非金属元素燃烧质量增加负责以及使非金属元素具有酸性的那部分空气	拉瓦锡 1772 年认定空气中的一部分对非金属燃烧后质量增加负责，并使非金属元素燃烧后的产物具有酸性，拉瓦锡 1773 年假设这部分为固定空气。他在 1774 年以后可能意识到这部分空气并非固定空气，在 1776 年以后确定空气中非常纯净的部分（即氧气）对非金属元素燃烧质量增加负责以及使非金属元素具有酸性
通过含碳物质燃烧来制取固定空气（主要是通过焦炭、蜡烛等燃烧来制取固定空气）	拉瓦锡在 1772～1773 年做得较少，1774 年后做的次数增多	拉瓦锡 1774～1776 年通过这类实验来确定固定空气与普通空气的关系，1776 年以后拉瓦锡把范围从普通空气缩小为空气中非常纯净的部分	拉瓦锡 1774～1775 年就充分了解了普通空气以及好的普通空气与固定空气的巨大差异，他着手于探求两者之间的差异以及相互转化的机制，当然，他 1775～1776 年还得借助于燃素概念来解释两者的差异，直到 1776 年年底～1777 年年初，他终于有了一个正确的认识

反应类型及反应过程	时间	预期实验目标和要求	实验的特点
动物呼吸实验（主要是通过动物在不同的空气或气体里进行呼吸，观察动物的生命体征来确定空气的化学性质）	拉瓦锡在1772～1773年做得较少，1774年后做的次数增多	拉瓦锡把动物的呼吸现象类比于他做的燃烧实验，以证实自己的燃烧理论	拉瓦锡1774～1775年就充分认识到动物的呼吸活动与他所做的燃烧实验的巨大的相似性。他试图以燃烧理论来解释生命现象，他的这方面实验研究开启了生命化学的序幕

为什么说判决性实验具有整体性的激活效应呢？因为拉瓦锡在研究中不仅仅做单一的汞灰实验，他还通过一系列的对比实验，试图形成一个实验的推理链。而这样的一个实验推理链对上面列表中多个实验类型有着激活效应。例如拉瓦锡通过三个实验类型的结合成功地解释了这三个实验类型，分别为：①除去汞以外的金属煅烧及其逆反应；②汞的煅烧及其逆反应；③通过含碳物质燃烧来制取固定空气。

前文已经写了拉瓦锡在1774年并没有正确理解除去汞以外的金属（铅、锡、锌）煅烧及其逆反应的机理。铅、锡、锌的煅烧产物必须用焦炭来进行还原。汞灰不需要焦炭来进行还原，看上去铅、锡、锌的还原反应与汞的不同，判决性实验对此没有激活作用。然而，拉瓦锡分别使用相同数量的汞做了一次有焦炭的还原反应，一次没有焦炭的还原反应。通过对比实验，拉瓦锡明白了铅、锡、锌的还原方法的机理，这个实验见于他1775年①发表的论文中。根据霍尔姆斯的推测，拉瓦锡做这个实验的具体时间应该在1775年2月至4月之间。（Holmes，1985：98）从拉瓦锡自己的表述来看，这个对比实验使拉瓦锡明白了汞与其他金属煅烧之间的联系。

整个实验步骤是这样的：

第一个实验：拉瓦锡使用1盎司的汞灰与48格令焦炭放入一个小的玻璃容器里，加热后，收集到64立方英寸的空气。

拉瓦锡对空气进行试验，得出的结论是：

（1）摇一摇后，空气可以与水结合；

（2）把动物放入这种空气，很快就被杀死；

（3）蜡烛与所有的可燃物质放进去，很快就熄灭；

（4）可以使石灰水变得浑浊；

---

① 文章的法语名称原为 Mémoire sur la nature du principe qui se combine avec les métaux pendant leur calcination et qui en augmente le poids. 根据法国科学院的论文集一般出版晚于名义上的年份的惯例以及霍尔姆斯对于拉瓦锡的概念结构的分析，论文的部分内容应该晚于1775年。

（5）它很容易与固定碱或挥发性碱结合，剥夺它们的苛性，使它们能够结晶。（Lavoisier，1952：166）

于是，拉瓦锡得出结论，这种空气所有的性质都精确等同于用焦炭还原铅丹所获得的空气，即固定空气。

第二个实验：拉瓦锡使用 1 盎司的汞灰（不放入焦炭）放入一个小的玻璃容器里，加热后，收集到 78 立方英寸的空气与 7 格罗斯 18 格令的液态汞。

拉瓦锡对空气进行试验，得出的结论是：

（1）摇动以后，这种空气也不与水结合；

（2）这种空气不能使石灰水变得浑浊，只能让水变得近似于混乱；

（3）这种空气根本不能与固定碱或挥发性碱结合；

（4）这种空气完全不能减少这些碱的苛性；

（5）这种空气可以再一次用来煅烧金属；

（6）这种空气完全没有固定空气的性质。（Lavoisier，1952：166-167）

拉瓦锡得出这种结论，这种空气就是空气中最纯净的部分，也就是他 1778 年所说的氧气。

通过这个对比实验，拉瓦锡确信了汞灰就是汞的煅烧产物；固定空气显然不是纯净空气。拉瓦锡发现固定空气、纯净空气两者之间的转换与焦炭中某个成分有着某种联系。他明确表示固定空气不是"被焦炭的蒸气减少了的空气"①，并表示"应该再次审视这个实验的全部"。拉瓦锡为了进一步探索固定空气与纯净空气之间的关系，他使用焦炭与蜡烛做了燃烧实验。根据他进行化学研究的所确信无疑的理论前提——质量守恒定律，焦炭＋纯净空气＝固定空气，同时他发现了得到的固定空气的体积与消耗掉的纯净空气是大致上相同的，所以固定空气的密度应该大于纯净空气的密度。这与他其他实验所测量的结果是相吻合的。早在 1773 年他在实验中就测得固定空气的密度应该大于空气，而 1776 年他也测量得到纯净空气的密度小于空气。所以拉瓦锡得到一个结论："纯净空气与炭质②进行结合后生成固定空气，或者，同样的意思，固定空气不是别的什么，而是炭质与纯净空气的结合。我们有一个汞灰还原的证据；如果不添加其他物质去还原汞灰，会释放出纯净

---

① 这个观点是英国气体化学家由于实验精致化程度有限而导致的一个错误的结论。事实上焦炭的燃烧并不是化学反应使得容器中的气体体积减小，只不过是因为在水中溶解度较低的氧气消耗掉而生成水中溶解度较高的二氧化碳，导致容器中的气体体积减小。拉瓦锡在实验中明确了这一点。

② 原文为 matières charbonneuses，即焦炭中所含的物质，在本书中简称为"炭质"。

空气；假如我们增加了焦炭的粉末，或者其他的炭质，它们将只释放出固定空气。"（Holmes，1985：109）后来拉瓦锡把这段话中所说的"炭质"定义为元素碳，并明确地指出固定空气是纯净空气加上碳。

拉瓦锡通过这三个实验类型形成一个推理链，不仅说明了对于汞灰分解的解释不需要借助燃素概念，而且也说明了除去汞之外的金属还原实验也不需要使用斯塔尔的燃素理论来解释。对于斯塔尔以往"焦炭提供了金属灰所缺乏的燃素"的解释，拉瓦锡提供了一个竞争性的解释，即焦炭与金属灰中的纯净空气结合形成固定空气。由于拉瓦锡的解释覆盖面明显高于斯塔尔的解释，所以至少对于拉瓦锡本人来说，他的解释更有说服力。

正如霍尔姆斯所研究的成果一样，动物经济学也是拉瓦锡建立氧化学说的化学体系的一个重要组成成分。拉瓦锡已经充分认识到氧气不仅是氧化反应的关键，也是动物呼吸及其生存的基础。在拉瓦锡的手稿中，拉瓦锡曾进行了一番精彩的表述：

> 我们不能怀疑的是空气中的可呼吸部分已经固定到动物的肺中，而且有可能结合到血液里。这种可能在一定程度上得到了确证，如果我们能想到这种空气有一种比普通空气更强大的能力，那就是它能够将红色加入到与它结合的物质中去。水银、铅和铁提供了范例。这些金属，如果与空气中的可呼吸部分相结合，它们都各自形成一种红色的金属灰……动物的血液同样如此，除非不再持续地接触空气，动物的血液一直都会保持明亮的红色。动物的血液在固定空气中、在任何一种不能呼吸的空气中、在气体化学仪器所制造的真空中都会变得黯淡。从另一个角度来说，在动物的血液暴露于空气或者比空气更加优良的气体以后，动物的血液会恢复成明亮的红色。根据许多解剖学者的观察，血液在离开肺以后的时候要比进入肺以前的时候更加明亮，从肺静脉取的血液也比从肺动脉取的血液更加明亮。

> 观察一下这些具有震撼力的对比，难道这些还不能表明？人们可以非常确信地下结论：血液中的红色来源于血液与空气的结合，或者说，与空气中的可呼吸部分结合，空气的固定是动物经济学的一个原则性的对象。（Holmes，1985：78）

"燃烧"概念在十八世纪有一个缓慢的演进过程，其内涵开始逐渐增大。如果只是看十八世纪初的化学文献，"燃烧"概念并不包括金属煅烧，主要是指的是有明显火焰、能放出热量以及烟雾的明火现象。众所周知，焦炭、植物、有机物的燃烧都可以符合这个定义，但很多金属的可燃性并不强，例如汞的煅烧需要很长的时间加热才能逐渐变成红色，而这些化学性质不活泼的金属往往又是十八世纪化学家所经常操作的对象。但化学家在实际操作中还是逐渐认识到"煅烧"的机理似乎与以往所说的"燃烧"有相似之处，例如马凯将煅烧定义为"缓慢地燃烧"。普里斯特利的空气实验揭示出空气的好坏不仅与金属煅烧有关，而且与动物的呼吸、植物的生长都有着一定的联系。拉瓦锡显然吸收了普里斯特利的这一思路，并结合自己的核心概念加以深化。尽管并没有可燃物燃烧时发出的明显的热和光，但动物在呼吸时仍然是有热量产生的，因此拉瓦锡也将动物呼吸也视为接近于燃烧的化学现象。在发明"氧气"概念以后，拉瓦锡可以不使用"燃烧"概念，而直接将动物呼吸现象视为氧化反应的一种。

三、辩护 context 中的判决性实验

下面列举当时两位著名化学家对于拉瓦锡 1777 年的反应：

（1）贝托莱。1777 年以前的贝托莱虽然对拉瓦锡的发现在一定程度上给予了肯定，但并不认为拉瓦锡的理论对所有的现象提供了一个充分的解释，而且更希望拉瓦锡对化学体系进行逐步改革，而不是革命。随着拉瓦锡的氧化学说的逐渐完善，贝托莱对拉瓦锡的态度开始好转，在 1781 年的论文中明显表现出一种欣赏的态度，"有些化学家和物理学家对燃素曾经提出过疑问，但没有一个试图通过对那些看上去证明了燃素存在的大量事实进行观察，来对燃素进行挑战，直到我们的同事建立了一个新系统，使我们可以通过它进行一个好的和新的分析来反对我们对于燃素习以为常的观念"。（Berthollet，1781：237）接下来贝托莱又说，"拉瓦锡已经通过不可辩驳的实验，第一个证明了金属煅烧后的质量增加，依赖于空气中和金属相结合的那部分。普里斯特利只是注意到了金属煅烧所处于的空气里发生了一些变化，而拉瓦锡却全部归因于空气的一部分的吸收"。（Berthollet，1781：237）尽管如此，格兰德指出"贝托莱还不愿意彻底放弃燃素，他拒绝接受拉瓦锡的'在金属和碳里面没有一个共同的要素（燃素）'的观点"（Le Grand，1975：64）。贝托莱认为需要燃素这个概念来解决化学理论的这个问题：为什么固体能容纳比体积比它大约 1000 倍的空气。贝托莱把空气能够固定于固体之中归因于燃素和氧气（贝托莱称为"脱燃素空气"）的结合。

脱燃素空气和燃素结合后形成固定空气。贝托莱把这些失去了弹性而固定于金属灰和酸里面的脱燃素空气称为"空气要素"（principe aérien）（Berthollet，1782：604），实质上就是拉瓦锡所说的氧气。

（2）柯万。1780年柯万把燃素等同于易燃空气（氢气）。易燃空气当时只发现了一种状态，那就是气态，这和固定空气相似。于是柯万就断定燃素有一个固定的（concrete）状态和一个自由状态（气态）。易燃空气在气态的时候是一个纯洁的化学物质。而当它处于固定状态时，易燃空气则"负载性质"（property-bearing），具有使空气固定的性质。"因为（和固体空气）一样的原因，燃素与金属土相分离，以易燃空气的形式上升，溶解金属的酸把火让给了燃素，使它成为了气体状态，而这时燃素把金属土让给了酸。"（Kirwan，1782：196）

这段话读起来非常费解，但实质上是指金属和酸的置换反应，由于燃素学说把金属认定为金属土加燃素，所以置换反应就被柯万解释成为了一个复分解反应。为方便读者理解，下面列一个表达式：

金属＋酸（现代化学的解释）
＝（金属土＋固定状态的燃素）＋（酸＋火）　　　（柯万的解释）
＝（金属土＋酸）＋（固定状态的燃素＋火）　　　（柯万的解释）
＝盐＋自由状态的燃素　　　　　　　　　　　　　（柯万的解释）
＝盐＋氢气　　　　　　　　　　　　　　　　　（现代化学的解释）

柯万在论文的后面部分承认了拉瓦锡的工作，"拉瓦锡先生已经给我们展示了在（密闭的）容器里没有任何东西消失或泄漏，在密闭的容器中（进行的金属煅烧实验）质量和物质都没有消失。故空气失去的那部分被金属灰获得，相应地，金属灰也被发现获得了空气正好失去的那部分质量。"（Kirwan，1782：214）柯万认定固定空气等于易燃空气和脱燃素空气的结合物。而煅烧有两个过程，金属土吸收了脱燃素空气，脱燃素空气和易燃空气相结合生成了固定空气。硫、磷燃烧生成酸也是类似的过程，硫土、磷土吸收了脱燃素空气，脱燃素空气和易燃空气相结合生成了固定空气。

用一个表达式简单表达一下拉瓦锡和柯万眼中的煅烧实验：

拉瓦锡：金属＋氧＝金属氧化物
柯万：金属＋氧＝（金属土＋易燃空气）＋脱燃素空气
　　　　　　　＝金属土＋（易燃空气＋脱燃素空气）
　　　　　　　＝金属土＋固定空气

在拉瓦锡的经典实验的影响下，柯万的燃素虽然是有质量的（氢气的质量），但他的燃素在煅烧过程中始终保持在金属或非金属物体里面，也就是说燃素对反应物和生成物的质量不起任何作用。和贝托莱一样，柯万的燃素和斯塔尔的有本质的区别，斯塔尔的燃素是要解释金属质量的增加的，而且是负质量。而柯万的燃素是正质量，但不用于解释金属质量的增加。1785年德莫沃就曾发现过这一点，他当时还是燃素论者。他在寄给柯万的一封信中这样写道："震撼我的内心的第一件事就是你不像斯塔尔学派那样看燃素……斯塔尔对易燃空气一无所知。"（Mauskopf，2002：186）

在以往的化学史研究中，贝托莱和柯万被视为在1777年以后仍然坚持燃素学说的化学家，而且在近年来的化学史研究中更倾向于把柯万视为拉瓦锡的最重要的燃素学说的竞争者（以前认为是普里斯特利）。（Boantza，2008：309）但从上文的分析中我们可以发现贝托莱和柯万的燃素理论并非是斯塔尔经典版本的燃素学说。

无论是贝托莱还是柯万的燃素理论，金属煅烧后质量的增加都来源于燃烧消耗掉的氧气的质量。只不过贝托莱把这部分氧气称为"空气要素"，而柯万把这部分氧气称为"脱燃素空气"。

事实上，1777年拉瓦锡的汞的煅烧与分解实验的"判决性"意义正在于：

（1）确定金属煅烧后质量的增加来源于消耗氧气的质量。

（2）使燃素退出天平范畴。

事实上，尽管在拉瓦锡1777年的判决性实验后，燃素理论的版本出现了很多种，但是没有一个燃素理论让燃素保持在天平范畴以内，也没有一个燃素理论敢于否认金属煅烧后质量的增加来源于消耗氧气的质量。

拉瓦锡1777年的判决性实验无法在质量为零的燃素和氧气两者之间进行判断，因为质量为零的燃素和氧气两者是无法通过天平来进行取舍和判断的。然而，质量为零的燃素实际上已经与斯塔尔版本的燃素概念相冲突了。

至于一生坚持燃素学说的著名化学家普里斯特利，其实他也早就放弃了斯塔尔版本的燃素学说。普里斯特利坚持燃素概念的理由主要是既然光或者热的元素不能称重，那么也有理由保留不能称重的燃素。普里斯特利说："燃素理论不是没有困难的。诸多困难中最主要的一个就是我们不能确定燃素的质量，而氧化要素是可以确定的。但我们中的任何一个都没有声称给光或者热的元素称重，但我们并不怀疑它们是真正的物质，通过它们的增减，能够改变物体的性质和从一个物体传递到另一个中去。"（Priestley，1796：24）

但是，从历史的进程来看，斯塔尔版本的燃素学说在1777年的判决性实验之后确实是被淘汰了，也可以理解为被证伪了。因此，可以确信在科学史上确实存在着判决性实验。

让我对拉卡托斯的"不存在即时合理性"的观察和库恩将科学史理解为"由成功者书写"的概念提出一个友好的重新诠释。进步可能是细小而渐增的，或者巨大而革命性的，或者介于两者之间。它有可能是一个愉快的意外或者是一个偶然的错误，正如当由于无知或混乱，某个科学家提出了一个与已知事实不一致的猜想时一样，但是，尽管这种情况出现了，这个猜想也根本不是事实。有时候在某些领域，科学探究停滞甚至倒退；可能只有后面回过头来才能看清楚当时的这个或那个变化是进步的。不过，如果我的叙述是对的，那么就一点也不奇怪，为什么基本上、大体上以及最后，自然科学的探究都取得了进步。因为它依赖于那些帮助，这些帮助虽然可错、不完善，但通常有助于趋向想象、扩展证据范围以及坚定对证据的尊重。不可能每个步骤都是在正确的方向上的，但是到这些帮助取得一定程度的成功的时候，一般的倾向将会走向更强的经验稳固性以及改进了的说明性整合。（哈克，2008：110）

本书并不能涉及真理的本质的方方面面，但应该强调的是，彻底否定真理的存在或者以虚无主义的态度来对待真理是破坏性的、无建设性的，对于人类的进步或者 SKK 所标榜的自由、民主社会都是背道而驰的，实际上也是不可能的：

一些激进的科学哲学家、社会学家和修辞学家对真理概念的合法性有所保留。但是要完全认真地做出这种表示也是很难的，因为，正如皮尔斯所观察到的，相信任何事物或问任何问题的某个人因此隐含地承认，即使他明确否认了，也还是存在一个如真理一样的事物。举例来说，即使当福柯在试图丢弃真理的概念时，它也领会了其含义："每个社会都有它关于真理的政权制度……那就是被接受……为真的论述类型；使人能区分真假陈述……的机制……在获得真理的过程中符合价值的技术和程序。"（哈克，2008：133）

结 语

在库恩的名著《科学革命的结构》出现之前，科学哲学界不仅很少利用科学史的案例来进行科学哲学研究，而且指望能找到一个统一的模式来解释各种科学，最典型的科学哲学流派就是二十世纪初兴起的逻辑实证主义。然而，在库恩之后，基本上没有科学哲学家再幻想找到一个统一的模式来解释各种科学。库恩对二十世纪科学哲学的影响是巨大的，他的很多概念至今在科学哲学、科学史、科学社会学界仍有着广泛影响，例如"常规科学""前科学""范式转换""不可通约性"等。但是库恩对于化学革命的动力学解释是简单而片面的，而且其使用的格式塔转换机制容易导致相对主义倾向。除了库恩的范式转换理论以外，二十世纪五十年代以来的奎因的整体论以及汉森的"观察负载理论"命题也对相对主义、后实证主义与后现代主义思潮的形成与泛滥产生了相当大的推动作用。

本书坚持科学合理性原则，但并不一概反对整体论与汉森的"观察负载理论"命题。本书提出在理论与经验之间存在着一个"元理论"的层次。化学元理论与化学的具体理论的关系有点类似于形而上学与科学的关系。在常规科学时期，通常是理论和经验交互作用，科学家并不经常退到元理论层面去思考问题。而在科学革命时期，理论与经验的联系开始失效，科学家只能试图退回到元理论层面进行思考，让元理论和经验发生联系。当新的理论尚未诞生的时候，也就是发现的 context 中，科学家（在本案例中是拉瓦锡）可以退回到元理论层面，结合经验进行新的思考，提出新的理论。而当新的理论诞生以后，在辩护的 context 中，科学家在两个不同的理论之间并不需要一个格式塔转换，他可以退回到元理论层面来思考与理解实验，并依据一个精致化了的实验系统来进行理论选择。当然，对于拉瓦锡本人来说，他不仅经历过发现的 context，也经历过辩护的 context。拉瓦锡发现与辩护"氧气"的过程在时间与历史进程上是重叠的，不可分的。实际上，本书相信拉瓦锡发现与辩护"氧气"的过程不仅在历史进程上是不可分的，而且在逻辑上也是不可分的。

　　本书指出氧化论者与燃素论者有着两个共同的"元理论"原则，分别为"分析原则"与"要素原则"。十七世纪至十八世纪化学家的分析原则有一个自然进化的进程。到了十八世纪，这个分析原则已经发展到"组成化学"的层次，即化学家通过在实验室中对化学物质的分解与合成以达到分析化学物质组成的目的。"要素原则"则是古代化学家的推理原则，最早的起源可能能追溯到古希腊亚里士多德的元素学说。这个推理原则随着分析原则的自然进化，在十七世纪至十八世纪缓慢消亡，但在拉瓦锡的化学新体系中仍然得到了一定的保留。通过元理论层次的帮助，科学家能够有效地沟通对话，不存在着"不可通约性"问题。

　　本书指出十八世纪化学家的观察不仅能负载理论，而且能负载元理论；在两个相同的元理论原则的基础上，燃素论者能够理解拉瓦锡所做的核心实验的经验含义。理论、元理论和经验构成一个三角关系。理论、元理论与经验的关系可以用下图来表示。

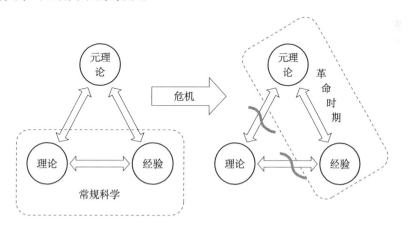

理论、元理论和经验的三角关系图

　　在科学家进行新的探索过程中，元理论与经验的交互作用越来越重要。然而简单、不精致的实验往往阻碍了元理论与经验的交互作用。1772～1773

年的拉瓦锡已经试图回到元理论层面，他利用分析原则猜测金属煅烧后质量的增加来源于空气中的某种成分，但是由于他的实验精致化程度有限，他误认为金属煅烧产物中所含的空气是固定空气，拉瓦锡这个时期的实验基本上都是以失败而告终。但在1774年以后，汞的煅烧实验与汞灰还原实验为他的实验精致化进程提供了一个千载难逢的机遇。首先，汞灰的还原实验不需要使用焦炭，而根据斯塔尔的理论，金属还原必须借助于焦炭（焦炭提供燃素）。其次，汞灰的还原实际上是一个化合物分解生成了两个单质，是一个简单的分解反应（以往的金属还原实验不是）。在当时的实验水平状况下，汞灰的还原实验更简单，有利于化学家了解金属煅烧与金属灰反应的实际情况。拉瓦锡在1774年以后反复进行了（本书第八章第二节谈及的）6个类型的实验。在反复做这些实验的时候，拉瓦锡不仅努力改善实验设备，提高实验的准确度与可重复性，而且力图使这些实验形成一个推理链，使之成为一个实验系统。本书将拉瓦锡1772～1777年的全部实验过程称为"实验系统的精致化进程"。至少，在化学这样的有着鲜明经验特征的学科中，化学家们或者说经验科学家们从未放弃同时处理大量经验并使之形成具有内在结构的、系统的经验矩阵的努力，而且，化学家们在科学实践中具备了这种能力并最终到达了他们期望由此到达的目标。"实验系统的精致化进程"与"经验矩阵"概念不仅在拉瓦锡的化学新体系的建立之中得到体现，而且本书相信只要有化学史的更多案例得到深入地研究，例如元素周期律等，这些概念将会得到更多的支持。

科学哲学家对于是否存在着判决性实验进行过大量的探讨，很多的探讨都是很有启发性的。然而，判决性实验是如何诞生的是包括科学哲学家、科学史家所共同忽视的一个问题。如果像逻辑实证主义者那样，把发现的context与辩护的context区分开，我们不可能对两者中的任何一个获得真正的理解。事实上，逻辑实证主义即使把科学哲学的内容放弃了一大半，在后实证主义的哲学思潮的冲击下，也没有保留住"辩护的context"这块地。本书在坚持发现的context与辩护的context不可分的基础上，对判决性实验问题进行了重新研究。本书指出历史上的判决性实验不是，或者说至少不完全是科学家在大脑中进行逻辑演算的结果，而是科学家通过花费大量时间、做大量的实验并进行理性思考以后所取得的成果。拉瓦锡善于运用自己的理性来处理经验，在不断进行实验精致化后，他找到了汞的煅烧与汞灰还原实验，并使用它与之前的其他的实验类型相结合，形成一个推理链，在不借助以往任何一个版本的燃素概念的前提下，就能够很好地解释他所有的实验类型。在最终创立与完善了自己的氧化学说以后，拉瓦锡相信汞的煅烧与汞灰还原实验能够在新旧理论之间进行一个整体性的判决，于是在 1777 年做了这个实验的大型实验。在做这个大型实验之前，他充分考虑到原来的实验中可能存在的漏洞。他改进了这个实验在 1774～1776 年的很多步骤，使之尽可能地完美，使其免于遭到燃素学说阵营的攻击。这个实验就是历史上真正发生过的判决性实验。判决性实验是实验精致化进程的自然结果，判决性实验并不是凭其单一的实验来进行理论选择，它有着激活整个实验系统并使之具备从整体上在多个理论面前选择其中一个的能力。

参考文献

原 始 文 献

安托万·拉瓦锡.1993. 化学基础论. 任定成, 译. 武汉: 武汉出版社.

安托万·拉瓦锡.2008. 化学基础论. 任定成, 译. 北京: 北京大学出版社.

波义耳.1993. 怀疑的化学家. 袁江洋, 译. 武汉: 武汉出版社.

波义耳.2007. 怀疑的化学家. 袁江洋, 译. 北京: 北京大学出版社.

道尔顿.1992. 化学哲学新体系. 李家玉, 译. 武汉: 武汉出版社.

狄德罗.1997. 狄德罗哲学选集. 江天骥, 等, 译. 北京: 商务印书馆.

迪昂.1999. 物理学理论的目的与结构. 李醒民, 译. 北京: 华夏出版社.

孔迪亚克.2007. 人类知识起源论. 洪洁求, 等, 译. 北京: 商务印书馆.

孔多塞.2006. 人类精神进步史表纲要. 何兆武, 等, 译. 南京: 江苏教育出版社.

牛顿.2007. 光学. 周岳明, 等, 译. 北京: 北京大学出版社.

培根.1995. 新工具. 许宝骙, 译. 北京: 商务印书馆.

Bayen P. 1774. De expériences chimiques, fates sur quelques précipité de mercure dans la vue de découvrir leur nature. L'Abbc Rozier. Observations sur la Physique, 3: 127-143.

Beddoes T. 1793. Observations on the nature of demonstrative evidence: with an explanation of certain difficulties occurring in the elements of geometry. London: J. Johnson.

Berthelot M. 1890. La révolution chimique: Lavoisier, ouvrage suivi de notices et extraits des registres inédits de laboratoire de Lavoisier. Paris: F. Alcan.

Berthollet C L. 1788. Observations sur quelques combinaisons de l'acide muriatique oxygéné. L'Abbc Rozier. Observations sur la Physique, 33: 217-224.

Berthollet C L. 1781. Oberservations sur la décomposition de l'acidenitreux. Histoire de l'Académie royale des sciences avec les mémoires de mathématique et de physique tirés des registres de cette Académie (Mémoires): 21-33, 228-242.

Berthollet C L. 1782. Recherches sur la l'augmentation de poids qu'éprouvent le Soufre, le Phosphore & l'Arsenic lorsuq'ils sont changés en Acide. Histoire de l'Académie royale des sciences avec les mémoires de mathématique et de physique tirés des registres de cette Académie (Mémoires): 608-615.

Berthollet C L. 1785a. Mémoire sur l'acide marin déphlogistiqué. L'Abbc Rozier. Observations sur la physique, 26: 321-325.

Berthollet C L. 1785b. Mémoire sur l'acide marin déphlogistiqué. Histoire de l'Académie royale des sciences avec les mémoires de mathématique et de physique tirés des registres de cette Académie (Mémoires): 276-295.

Berthollet C L. 1791. Essay on the new method of bleaching with an account of the nature, preparation, and properties, of oxygenated muriatic acid. 2nd ed. Edinburgh: William Creech.

Berthollet C L. 1786. De l'influence de la lumière. L'Abbc Rozier. Observations sur la physique, 29: 81-86.

Black J. 1777. Experiments upon magnesia alba, quick-lime, and other alcaline substances. Edinburgh: William Creech.

Boyle R. 1744. New Experiments to make Fire and Flame stable and ponderable//Boyle R. The works of the honourable Robert Boyle, 3: 340-349.

B. R. 1675. Of the Incalescence of Quicksilver with Gold, Generously Imparted by B. R. Philosophical Transactions of the Royal Society of London, 10: 515-533.

Cavendish H. 1784. Experiments on airs. Philosophical Transactions of the Royal Society of London, 74: 119-153.

Fourcroy A F. 1788. Elements of chemistry and natural history. Vol 1. London Longman & Rees and J. Johnson.

Guyton De Morveau L B, Lavoisier A L, Bertholet C L, et al. 1787. Méthode de Nomenclature Chimique. On ya Joint un Nouveau Système de Caractères Chimiques, Adaptés a Cette Nomenclature, Par Mm. Hassenfratz & Adet. Paris: Chez Couchet, Libraire, rue et hotel Serpente.

Guyton De Morveau L B, Lavoisier A L, Bertholet C L, et al. 1788. Method of chymical nomenclature. St. John J. London: Kearsley.

Geoffroy E F. 1704. Manière de recomposer le Soufre commun, par la reunion de ses principles. Histoire de l'Académie royale des sciences avec les mémoires de mathématique et de physique tirés des registres de cette Académie (Mémoires)：278-286.

Geoffroy E F. 1718. Table des defferents rapports observés en Chimie entre diffrentes substances. Histoire de l'Académie royale des sciences avec les mémoires de mathématique et de physique tirés des registres de cette Académie (Mémoires)：202-212.

Geoffroy E F. 1722. Des supercheries concernant la pierre philosophale. Histoire de l'Académie royale des sciences avec les mémoires de mathématique et de physique tirés des registres de cette Académie (Mémoires)：61-70.

Hales S. 1727. Vegetable Staticks，or，an Account of Some Statical Experiments on the Sap in Vegetables Being an Essay towards a Natural History of Vegetation. London：W. and J. Innys.

Homberg W. 1702a. Observations faites par le moyen du Verre ardent，Histoire de l'Académie royale des sciences avec les mémoires de mathématique et de physique tirés des registres de cette Académie (Mémoires)：141-149.

Homberg W. 1702b. Essais de Chimie. Histoire de l'Académie royale des sciences avec les mémoires de mathématique et de physique tirés des registres de cette Académie (Mémoires)：33-52.

Homberg W. 1703. Essai de l'analyse du Souffre commun，Histoire de l'Académie royale des sciences avec les mémoires de mathématique et de physique tirés des registres de cette Académie (Memoires)：31-40.

Homberg W. 1709. Suite des essais de chimie. Art. IV. du Mercure，Histoire de l'Académie royale des sciences avec les mémoires de mathématique et de physique tirés des registres de cette Académie (Mémoires)：106-117.

Kirwan R. 1782. Continunation of the experiments and observations on the specific gravities and attractive powers of various saline substances. Philosophical Transactions of the Royal society of London，72：179-XXXV.

Kirwan R. 1789. An essay on phlogiston and the constitution of acids：A new edition to which are added，notes，exhibiting and defending the antiphlogistic theory. London：J. Johnson.

Lavoisier A L. 1775. Mémoire sur la nature du principe qui se combine avec les métaux pendant leur calcination et qui en augmente le poids. Histoire de l'Académie royale des sciences avec les mémoires de mathématique et de physique tirés des registres de cette Académie (Mémoires)：520-526.

Lavoisier A L. 1776a. Mémoire sur l'existence de l'air dans l'acide nitreux，et sur les moyens de décomposer et de recomposer cet acide. Histoire de l'Académie royale des sciences avec les mémoires de mathématique et de physique tirés des registres de cette Académie (Mémoires)：679-680.

Lavoisier A L. 1776b. Essays Physical and Chemical. 2nd ed. Henry T. London：F. Cass.

Lavoisier A L. 1777. Mémoire sur la combustion en général. Histoire de l'Académie royale des sciences avec les mémoires de mathématique et de physique tirés des registres de cette Académie（Mémoires）：592-600.

Lavoisier A L. 1783. Réflexions sur le phlogistique pour servir de suite à la théorie de la combustion et de la calcination. Histoire de l'Académie royale des sciences avec les mémoires de mathématique et de physique tirés des registres de cette Académie（Mémoires）：505-538.

Lavoisier A L. 1789. Preface//Kirwan R. An essay on phlogiston and the constitution of acids，A new edition to which are added，notes，exhibiting and defending the antiphlogistic theory. London：J. Johnson.

Lavoisier A L. 1862a. Sur la nature de l'eau et sur les expériences par lesquelles on a prétendu prouver la possibilité de son changement en terre//Dumas J B，Edouard G. Oeuvres de Lavoisier. Vol 2. Paris：Imprimerie Nationale.

Lavoisier A L. 1862b. Expériences sur la respiration des animaux et sur les changements qui arrivent à l'air par leur poumon// Dumas J B，Edouard G. Oeuvres de Lavoisier. Vol 2. Paris：Imprimerie Nationale：174-183.

Lavoisier A L. 1862c. Mémoire sur la nécessité de réformer et de perfectionner la nomenclature de la chimie// Dumas J B，Edouard G. Oeuvres de Lavoisier. Vol 5. Paris：Imprimerie Nationale.

Lavoisier A L. 1862d. Mémoire dans lequel on a pour but de prouver que l'eau n'est point une substance simple，un élément proprement dit，mais qu'elle est susceptible de décomposition et de recomposition// Dumas J B，Edouard G. Oeuvres de Lavoisier. Vol 2. Paris：Imprimerie Nationale：334-359.

Lavoisier A L. 1862e. Mémoire sur la combustion en général// Dumas J B，Grimaux Edouard G. Oeuvres de Lavoisier. Vol 2. Paris：ImprimerieNationale.

Lavoisier A L. 1862f. Opuscules physiques et chimiques（1774）.//Dumas J B，Edouard G. Oeuvres de Lavoisier. Vol 1. Paris：Imprimerie Nationale.

Lavoisier A L. 1862g. Considérations générales sur la dissolution des métaux dans les acides// Dumas J B，Edouard G. Vol 2. Paris：Imprimerie Nationale.

Lavoisier A L. 1862h. Details historiques sur la cause de L'augmentation de poids qu'acquirent les substances metalliques，lorsqu'on les chauffe pendant leur exposition à L'air//Dumas J B，Edouard G. Oeuvres de Lavoisier. Vol 2. Paris：Imprimerie Nationale：99-104.

Lavoisier A L. 1862i. Recherches sur les moyens les plus sûrs，les plus exacts et les plus commodes de déterminer la pesanteur spécifique des fluides，soit pour la physique，soit pour le commerce// Dumas J B，Edouard G. Vol 3. Paris：Imprimerie Nationale.

Lavoisier A L. 1952. Memoir on the nature of the principle which combines with metals during their calcination and which increases their weight//Leicester H M，Klickstein H S. A Source Book in Chemistry，1400-1900. New York：McCraw Hill Company：163-168.

Lavoisier A L. 1965. Traité élémentaire de chimie. Avenue Gabriel Lebon. Brussels：Belgium.

Lavoisier A L. 1774. Opuscules Physiques et Chimiques. Paris：Durand Neveu，1774.

Lavoisier A L，Meusnier J B. 1862. Mémoire où l'on prouve，par la décomposition de l'eau，que ce fluide n'est point une substance simple，et qu'il y a plusieurs moyens d'obtenir en grand l'air inflammable qui y entre comme principe constituant//Dumas J B，Edouard G. Oeuvres de Lavoisier. Paris：Imprimerie Nationale，2：360-373.

Macquer P J. 1766. Dictionniaire de Chymie. Vol 1. Paris：Lacombe.

Macquer P J. 1777. Elements of the Theory and Practice of Chymistry. 5th ed. Edinburgh：Alex Donaldson and Charle Elliot.

Newton I. 1730. Opticks：Or a Treatise of the Reflections，Refractions，Inflections &. Colours of Light Based on. 4th ed. London：William Innys.

Newton I. 1960. The Correspondence of Isaac Newton. Vol 2. Cambridge：Cambridge University Press.

Priestley J. 1767. The History and Present State of Electricity，with Original Experiments. London：J. Dodsley，J. Johnson and T. Cadell.

Priestley J. 1772a. Observations on different kinds of airs. Philosophical Transactions of the Royal Society of London，62：147-264.

Priestley J. 1772b. Directions for impregnating water with fixed air；in order to communicate to it the peculiar spirit and virtues of Pyrmont Water，and other Mineral Waters of a similar Nature. London：J. Johnson.

Priestley J. 1785. Experiments and Observations Relating to Air and Water. Philosophical Transactions of the Royal Society of London，75：279-309.

Priestley J. 1790. Experiments and Observations on Different Kinds of Air，and Other Branches of Natural Philosophy. Birmingham：T Pearson.

Priestley J. 1796. Considerations on the doctrine of phlogiston，and the decomposition of water. London：Tomas Dobson.

Priestley J. 1800. The doctrine of phlogiston establisher. Nothumberland：A. Kennedy.

Priestley J. 1966. A Scientific Biography of Joseph Priestley，1733-1804. Selected Scientific Correspondence. Cambridge and London：M. I. T. Press.

Stahl G E. 1730. Philosophical principles of universal chemistry or，the foundation of a scientifical manner of inquiring into and preparing the natural and artificial bodies for the uses of life; both in smaller way of experiment, and the larger way of business. London: J. Osborn and T. Longman.

二 手 文 献

奥尔德罗伊德.2006.地球探赜索隐录:地质学思想史.杨静一,译.上海:上海科技教育出版社.

巴恩斯,布鲁尔.2000.相对主义、理性主义和知识社会学.鲁旭东,译.哲学译丛,(1):5.

巴特菲尔德.1988.近代科学的起源.张丽萍,郭贵春,译.北京:华夏出版社.

柏廷顿 J R.1979.化学简史.胡作玄,译.北京:商务印书馆.

本-大维.2007.清教与现代科学.张明悟,郝刘祥,译.科学与文化评论,4(5):37-52.

波普尔.2005.猜想与反驳——科学知识的增长.傅季重,纪树立,周昌周,等,译.上海:上海译文出版社.

伯尔曼.1993.法律与革命——西方法律传统的形成.北京:中国大百科全书出版社.

布鲁克.2000.科学与宗教.苏贤贵,译.上海:复旦大学出版社.

查尔默斯.2007.科学及其编造.蒋劲松,译.上海:上海科技教育出版社.

陈方正.2005.在科学与宗教之间——超越的追求.科学文化评论,(1):27-59.

陈方正.2009a.继承与叛逆:现代科学为何出现于西方.北京:生活·读书·新知三联书店出版社.

陈方正.2009b.一个传统,两次革命——论现代科学的渊源与李约瑟问题.科学文化评论,6(2):5-25.

达恩顿.2005.启蒙运动的生意:《百科全书》出版史(1775-1800).叶桐,等,译.北京:生活·读书·新知三联书店出版社.

达恩顿.2010.催眠术与法国启蒙运动的终结.周小进,译.上海:华东师范大学出版社.

戴维·林德伯格.2001.西方科学的起源.王君,等,译.北京:中国对外翻译出版公司.

狄博斯.2000.科学与历史:一个化学论者的评价.任定成,等,译.石家庄:河北科学技术出版社.

古丁.2006.让力量回归实验//皮克林.作为实践和文化的科学.柯文,伊梅,译.北京:中国人民大学出版社.

关洪.2006.原子论的历史和现状——对物质微观构造认识的发展.北京:北京大学出版社.

哈金.2006.实验室科学的自我辩护//皮克林.作为实践和文化的科学.柯文,伊梅,译.北京:中国人民大学出版社.

哈金.2011.表征与干预：自然科学哲学主题导论.王巍，孟强，译.北京：科学出版社.

哈金.2012.《科学革命的结构》50周年纪念.张卜天，译.科学文化评论，9（6）：54-73.

哈克.2008.理性地捍卫科学：在科学主义与犬儒主义之间.北京：中国人民大学出版社.

汉金斯.2000.科学与启蒙运动.任定成，等，译.上海：复旦大学出版社.

汉斯-魏尔纳·舒特.2006.寻求哲人石——炼金文化史.李文潮，等，译.上海：上海科技教育出版社.

吉尔.2010.理解科学推理.邱惠丽，张成岗，译.北京：科学出版社.

柯林斯，耶尔莱.2006a.认识论的鸡//皮克林.作为实践和文化的科学.柯文，伊梅，译.北京：中国人民大学出版社.

柯林斯，耶尔莱.2006b.驶向太空//皮克林.作为实践和文化的科学.柯文，伊梅，译.北京：中国人民大学出版社.

科恩 I B.1998.科学中的革命.鲁旭东，赵培杰，宋振山，译.北京：商务印书馆.

科恩 H F.2012.世界的重新创造——近代科学是如何产生的.张卜天，译.长沙：湖南科学技术出版社.

库恩.1980.科学革命的结构.李宝恒，纪树立，译.上海：上海科学技术出版社.

拉卡托斯.2005.科学研究纲领方法论.兰征，译.上海：上海译文出版社.

莱斯特.1982.化学的历史背景.吴忠，译.北京：商务印书馆.

劳埃德.2004.早期希腊科学：从泰勒斯到亚里士多德.孙小淳，译.上海：上海科技教育出版社.

劳丹.1992.进步及其问题——科学增长理论刍议.方在庆，译.上海：上海译文出版社.

李醒民.2012.再议科学实在、科学实在论和反实在论.哲学分析，3（1）：129-157.

罗杰·牛顿.2009.何为科学真理：月亮在无人看它时是否在那儿.武际可，译.上海：上海科技教育出版社.

任定成.1993.论氧化说与燃素说同处于一个传统之内.自然辩证法研究，9（8）：30-35.

韦斯特福尔.2000.近代科学的建构：机械论与力学.彭万华，译.上海：复旦大学出版社.

吴彤.2006."观察/实验负载理论"论题批判.清华大学学报（哲学社会科学版），21（1）：127-131.

西蒙.1982.管理决策新科学.李柱流，等，译.北京：中国社会科学出版社.

夏平.2002.真理的社会史：17世纪英国的文明与科学.赵万里，译.南昌：江苏教育出版社.

夏平，谢弗.2008.利维坦与空气泵：霍布斯、玻意耳与实验生活.蔡佩君，译.上海：

上海人民出版社．

夏佩尔．2006．理由与求知．褚平，周文，译．上海：上海译文出版社．

肖广岭．1999．隐性知识、隐性认识和科学研究．自然辩证法研究，15（8）：18-21．

郁振华．2001．波兰尼的默会认识论．自然辩证法研究，17（1）：5-10．

袁江洋．1990．牛顿炼金术手稿的历史境遇．自然辩证法通讯，12（2）：56-61．

袁江洋．1991．探索自然与颂扬上帝——波义耳的自然哲学与自然神学思想．自然辩证法通讯，13（6）：34-42．

袁江洋．1994．《自然哲学之数学原理》"总释"的史境诠释．华中师范大学学报（自然科学版），（1）：133-137．

袁江洋．1995．论波义耳-牛顿思想体系及其信仰之矢——17世纪英国自然哲学变革是怎样发生的？自然辩证法通讯，17（1）：43-52．

袁江洋．2004．牛顿炼金术：高贵的哲学？自然科学史研究，23（4）：283-298．

袁江洋．2007．《怀疑的化学家》导读//波义耳．怀疑的化学家．袁江洋，译．北京：北京大学出版社．

袁江洋．2012．重构科学发现的概念框架：元科学理论、理论与实验．科学文化评论，9（4）：56-79．

袁江洋，刘钝．2000a．科学史在中国的再建制化问题之探讨（上）．自然辩证法研究，16（2）：58-63．

袁江洋，刘钝．2000b．科学史在中国的再建制化问题之探讨（下）．自然辩证法研究，16（3）：52-55．

袁江洋，王克迪．2001．论牛顿的宇宙论思想．自然辩证法通讯，23（5）：60-67．

约翰逊．2012．发现空气的人——普里斯特利传．闫鲜宁，译．上海：上海科技教育出版社．

张帆，成素梅．2010．一种新的意会知识观——柯林斯的知识观评述．哲学动态，（3）：73-77．

张卫．1999．内隐知识表征的性质与研究．心理学探新，19（4）：26-30．

朱滢．2004．实验心理学．北京：北京大学出版社．

Akeroyd F M. 2003. The Lavoisier-Kirwan debate and approaches to the evaluation of theories. Annals of New York Academy of Sciences，988：293-301.

Albury W R. 1972. The Logic of Condillac and the Structure of French Chemical andBiological Theory，1781-1801. Baltimore：Johns Hopkins University.

Alexander R. 2008. The language of the 'naked facts'：Joseph Priestley and the apocalypse of language. Language & Communication，28（1）：21-35.

Anderson W. 1984. Between the Library and the Laboratory：The Language of Chemistryin Eighteenth-Century France，1760-1820. Baltimore：Johns Hopkins University Press.

Basu P K. 1992. Similarities and dissimilarities between Joseph Priestley and Antoine

Lavoisier's chemical belief systems. Studies in History and Philosophy of Science (Part A), 23: 445-469.

Basu P K. 2003. Theory-ladenness of evidence: a case study from history of chemistry. Studies in History and Philosophy of Science (Part A) . 34: 351-368.

Belmar G A, Sànchez R B. 2000. French Chemistry Textbooks, 1802-1852: New Books for New Readers and New Teaching Institutions//Communicating Chemistry, Textbooks and Their Audiences, 1789-1939. Anders L, Bensaude-Vincet B. Canton, Massachusetts: Watson.

Bensaude-Vincent B. 1987. Hélène Metzger's La Chimie: A Popular Treatise. Historyof Science, 25: 71-84.

Bensaude-Vincent B. 1990. A view of the chemical revolution through contemporary textbooks: Lavoisier, Fourcroy and Chaptal. The British Journal for the History of Science, 23 (4): 435-460.

Bensaude-Vincent B. 1992. The balance: between chemistry and politics. The Eigtheenth Century. 33: 217-238.

Bensaude-Vincent B, Stengers I. 1996. A History of Chemistry. Cambridge, Massachusetts: Harvard University Press.

Bensaude-Vincent B. 2007. Public Lectures of Chemistry//Principe L M. New Narratives in Eighteenth-Century chemistry. Dordrecht, the Nethelands: Springer.

Bensaude-Vincent B. 2009. The chemists' style of thinking. Berichte zur Wissenschaftsgeschichte, 32 (4): 365-378.

Beretta M. 1995. Lavoisier as a reader of chemical literature. Revue d'Histoire des Sciences, 48 (1): 71-94.

Beretta M. 2001. Lavoisier and his last printed work: the Mémoires de physique et de chimie (1805) . Annals of Science, 33: 327-356.

Beretta M. 2012. Imaging the experiments on respiration and transpiration of Lavoisier and Séguin: two unknown drawings by madame Lavoisier. Nuncius, 27: 163-191.

Bird A. 2002. Kuhn's wrong turning. Studies in History and Philosophy of Science(Part A). 33 (3): 443-463.

Blank A. 2007. Composite substance, common notions, and Kenelm Digby's theory of animal generation. Science in Context, 20: 1-20.

Boantza V, Ofer G. 2011. The 'absolute existence' of phlogiston: the losing party's point of view. The British Journal for the History of Science, 44 (3): 317-342.

Boantza V. 2007. Collecting airs and ideas: Priestley's style of experimental reasoning. Studies in History and Philosophy of Science (Part A), 38 (3): 506-522.

Boantza V. 2008. The phlogistic role of heat in the chemical revolution and the origins of kirwan's 'ingenious modifications... Into the Theory of Phlogiston'. Annals of Science, 65: 309-338.

Boas M. 1952. The Establishment of the mechanical philosophy. Osiris, 10: 412-541.

Boas M. 1954. An early version of Boyle's: sceptical chymist. ISIS, 45 (2): 153-168.

Boas M. 1958. Robert Boyle and Seventeenth-Century Chemistry. Cambridge: Cambridge University Press.

Casserbaum H, Kauffman G B. 1976. The analytical concept of a chemical element in the work of Bergman and Scheele. Annals of Science, 33: 447-456.

Chalmers A. 1993. The lack of excellency of Boyle's mechanical philosophy. Studies in the History and Philosophy of Science (Part A), 24 (4): 541-564.

Chalmers A. 2002. Experiment versus mechanical philosophy in the work of Robert Boyle: a reply to Anstey and Pyle. Studies in the History and Philosophy of Science, 33: 187-193.

Chalmers A. 2009. The Scientist's Atom and the Philosopher's Stone: How science succeeded and philosophy failed to gain know-ledge of atoms. Berlin: Springer.

Chang H. 2004. Inventing Temperature: Measurement and Scientific Progress. Oxford: Oxford University Press.

Chang H. 2007. When water does not boil at the boiling point. Endeavour, 31 (1): 7-11.

Chang H. 2009. We have never been Whiggish (about phlogiston) . Centaurus, 51: 239-264.

Chang H. 2010. The hidden history of phlogiston: How philosophical failure can generate historiographical refinement. HYLE – International Journal for Philosophy of Chemistry, 16 (2): 47-79.

Chang H. 2011. Compositionism as a dominant way of knowing in modern chemistry. History of Science: 247-268.

Chang K M. 2002a. The matter of life: Georg Ernst Stahl and the reconceptualizations of matter, body, and life in Early Modern Europe. Chicago: the University of Chicago.

Chang K M. 2002b. Fermentation, phlogiston, and matter theory: chemistry and natural philosophy in Georg Ernst Stahl's Zymotechnia Fundamentalis. Early Science and Medicine, 7: 31-64.

Chimisso C. 2001. Hélène Metzger: the history of science between the study of mentalities and total history. Studies in History and Philosophy of Science, 32: 203-241.

Chimisso C, Gad F. 2003. A mind of her own. Hélène Metzger to Émile Meyerson, 1933. ISIS, 94: 477-491.

Christie J R, Golinski J Y. 1982. The spreading of the word: new directions in the historiography of chemistry, 1600-1800. History of Science, 20: 235-266.

Christoph L, Murdoch G E, Newman W R. 2001. Late Medieval and Early Modern Corpuscular Matter Theories. Leiden: Brill Academic Publishers.

Clericuzio A. 1990. A redefinition of Boyle's chemistry and corpuscular philosophy. Annals of Science, 47: 561-581.

Clericuzio A. 1993. From van Helmont to Boyle: a study of the transmission of Helmontian chemical and medical theories in seventeenth-century England. British Journal for the History of Science, 26: 303-334.

Crombie A C. 1988. Designed in the mind: Western visions of science, nature and humankind. History of Science, 26: 1-12.

Crosland M. 1973. Lavoisier's theory of acidity. ISIS, 64: 306-325.

Crosland M. 2009. Lavoisier's achievement: more than a chemical revolution. Ambix, 56 (2): 93-114.

Crosland M. 1978. Historical Studies in the Language of Chemistry. New York: Dover publications.

Crosland M. 1983. A practical perspective of Joseph Priestley as apneumatic chemist. British Journal for the History of Science, 16: 223-238.

Crosland M. 1995. Lavoisier, the two french revolutions and the 'imperial despotism of oxygen'. Ambix. 42: 101-118.

Crosland M. 2000. 'Slippery substances': some practical and conceptualproblems in the understanding of gases in the pre-Lavoisier era// Holmes F L, Levere T H. Instruments and Experimentation in the History of Chemistry. Cambridge. MA: MIT Press: 79-104

Crosland M. 2003. Research schools of chemistry from Lavoisier to Wurtz. The British Journal for the History of Science, 36 (3): 333-361.

Crosland M. 2005. Early laboratories c. 1600-c. 1800 and the location of experimental science. Annals of Science, 62 (2): 233-253.

Daumas M. 1955. Lavoisier, Théoricien et Expérimentaleur. Paris: Presses Universitaires.

Daumas M, Duveen D. 1959. Lavoisier's relatively unknown large-scale decomposition decomposition and synthesis of water february 27 and 28, 1785. Chymia, 5: 113-129.

Debus A G. 1967. Fire analysis and the elements in the sixteenth and the seventeenth centuries. Annals of Science, 23: 127-147.

Debus A G. 1998. Chemists, physicians, and changing perspectives on the scientific revolution. ISIS, 89 (1): 66-81.

Desmond A. 1992. The Politics of Evolution: Morphology, Medicine, and Reform in Radical London. Chicago: University Of Chicago Press.

Dobbs B J. 1971. Studies in the natural philosophy of sir Kenelm Digby. Part I. Ambix, 18(1): 1-25.

Dobbs B J. 1973. Studies in the natural philosophy of sir Kenelm Digby. Part II. Digby and

Alchemy. Ambix, 20 (3): 143-163.

Dobbs B J. 1974. Studies in the natural philosophy of sir Kenelm Digby. Part III. Digby's experimental alchem—the book of secrets. Ambix, 21 (1): 1-28.

Dobbs B J. 1975. The Foundations of Newton's Alchemy, or 'The Hunting of the Greene Lyon'. Cambridge: Cambridge University Press.

Dobbs B J. 1982. Newton's alchemy and his theory of matter. ISIS, 73: 511-528.

Dobbs B J. 1991. The Janus Faces of Genius: The Role of Alchemy in Newton's Thought. Cambridge: Cambridge University Press.

Donovan A. 1988. Lavoisier and the origins of modern Chemistry. Osiris, 4: 214-231.

Donovan A. 1990. Lavoisier as chemist and experimental physicist: a reply to Perrin. ISIS, 81: 270-272.

Donovan A. 1993. Antoine Lavoisier: Science, Adminstration, and Revolution. New York: Press Syndicate of the University of Cambriage.

Donovan A. 1976. Pneumatic Chemistry and Newtonian Natural Philosophy in the eighteenthcentury: William Cullen and Joseph Black. ISIS, 67 (2): 217-228.

Duffy S. 2006. The difference between Science and Philosophy: the Spinoza-Boyle controversy revisited. Paragraph, 29 (2): 115-138.

Duncan A M. 1962. Some theoretical aspects of eighteenth-century tables of affinity. Annals of Science, 18: 177-196, 217-232.

Duncan A M. 1970. The functions of affinity tables and Lavoisier's list ofelements. Ambix, 17: 28-42.

Duncan A M. 1988. Particles and eighteenth-century concepts of chemical combination. British Journal for the History of Science, 21: 447-453.

Duveen D I, Klickstein H S. 1954a. The Introduction of Lavoisier's Chemical Nomenclature into America. ISIS, 45 (3): 278-292.

Duveen D I, Klickstein H S. 1954b. The Introduction of Lavoisier's Chemical Nomenclature into America: Part 2. ISIS, 45 (4): 368-382.

Duveen D I, Klickstein H S. 1954c. A Bibliography of the Works of Antoine Laurent Lavoisier 1743- 1794. London: Wm Dawsons.

Eaton W R. 2005. Boyle on Fire: The Mechanical Revolution in Scientific Explanation. London, New Yok: Continuum.

Eddy M D. 2001. The "doctrine of salts" and Rev. John Walker's analysis of a Scottishspa (1749-1761) . Ambix, 38: 137-160.

Elliott K C. 2012. Epistemic and methodological iteration in scientific research. Studies in History and Philosophy of Science: Part A. 43 (2): 376-382.

Eshet D. 2001. Rereading Priestley: science at the intersection oftheology and politics. History of Science, 39: 127-159.

Farrar W V. 1965. Nineteenth-century speculations on the complexity of the chemical elements. The British Journal for the History of Science, 2 (4): 297-323.

Fichman M. 1971. French Stahlism and chemical studies of air, 1750-1770. Ambix, 18: 94-123.

Fleming R S. 1974. Newton, Gases, and Daltonian chemistry: the foundations of combination indefinite proportion. Annalsof Science, 31: 561-574.

Gillispie C C. 1959. The Encyclopédie and the Jacobin Philosophy of science: a study in ideas and consequences//Marshall C. Critical Problems in the History of Science. Wisconsin: University of Wisconsin Press: 255-289.

Gillispie C C. 1960. The Edge of Objectivity. Princeton: Princeton Univeristy Press.

Gillispie C C. 1980. Science and Polity in France at the End of the Old Regime. Princeton: Princeton University Press.

Gillispie C C. 1998. Foreword//Jean-Pierre P. Lavoisier: Chemist, Biologist, Economist. Pennsylvania: University of Pennsylvania Press.

Golinski J V. 1992. Science as Public Culture: Chemistry and Enlightenment in Britain, 1760-1820. Cambridge: Cambridge University Press.

Golinski J V. 1986. Science in the enlightenment. History of Science, 24: 411-424.

Golinski J V. 1988. Utility and audience in eighteenth-century chemistry: Case-studies of William Cullen and Joseph Priestley. British Journal forthe History of Science, 21: 1-31.

Golinski J V. 1994. Precision instruments and the demonstrative order of proof in Lavoisier's chemistry. Osiris, 2nd ser, 9: 30-47.

Golinski J V, Christie J R. 1982. The spreading of the word: Newdirections in the historiography of chemistry, 1600-1800. History of Science, 20: 235-266.

Gooding D, et al. 1990. The Uses of Experiment: Studies in the Natural Sciences. Cambridge: Cambridge University Press.

Gooding D. 1990. Experiment and the Making of Meaning: Human Agency in Scientific Observation and Experiment. Boston, Dordrecht: Kluwer Academic Publishers.

Gough J B. 1988. Lavoisier and the fulfillment of the Stahlian revolution. The Chemical Revolution: Essays in Reinterpretation. Osiris, 2nd ser, 4: 15-33.

Gough J B. 1983. Lavoisier's memoirs on the nature of water and their place in the chemical revolution. Ambix, 30: 89-106.

Gough J B. 1968. Lavoisier's early career in science: an examination of some new evidence. The British Journal for the History of Science, 4 (1): 52-57.

Gough J B. 1981. The origins of Lavoisier's theory of the gaseous state//Woolf H. The Analytic Spirit: Essays on the History of Science in Honor of Henry Guerlac. Ithaca N Y:

Cornell University Press: 15-39.

Grimaux E. 1888. Lavoisier: 1743-1794 d'après sa correspondance, ses manuscrits, ses papiers de famille et d'autres documents inédits. Paris: F. Alcan.

Grünbaum A. 1960. The Duhemian argument. Philosophy of Science, 27: 75-87.

Grünbaum A. 1962. The falsifiability of theories: total or partial? A contemporary evaluation of the Duhem-Quine thesis. Synthese, 14: 17-34.

Guerlac H. 1956. A Note on Lavoisier's scientific education. ISIS, 47 (3): 211-216.

Guerlac H. 1957a. Joseph Black and fixed air a bicentenary retrospective, with some new or little known material. ISIS, 48 (2): 124-151.

Guerlac H. 1957b. Joseph Black and fixed air: Part II. ISIS, 48 (4): 433-456.

Guerlac H. 1959. Some French antecedents of the chemiacl revolution. Chymia, 5 (5): 73-112.

Guerlac H. 1961. Lavoisier-the Crucial Year : the Background and Origin of His First Experiments on Combustion in 1772. Ithaca N Y: Cornell University Press.

Guerlac H. 1976. Chemistry as a branch of Physics: Laplace's collaboration with Lavoisier. Historical Studies in the Physical Sciences, 7: 193-276.

Guerlac H. 1981. Newton on the Continent. Ithaca and London: Cornell University Press.

Hacking I. 1983. Representing and Intervening: Introductory Topics in the Philosophy of Natural Science. Cambridge: Cambridge University Press.

Hacking I. 1992. "Style" for historians and philosophers. Studies inHistory and Philosophy of Science, 23: 1-20.

Hacking I. 1996. The disunity of the sciences//Galison P, Stump D J. The Disunity of Science: Boundaries, Contexts, and Power. Stanford C A: Stanford University Press: 37-74.

Hacking I. 2000. How inevitable are the results of successful science? Philosophy of Science, 67: S58-S71.

Hannaway O. 1975. The Chemists and the Word: The Didactic Origins of Chemistry. Baltimore: The Johns Hopkins University Press.

Heimann P M, McGuire J E. 1970. Newtonian Forces and Lockean powers: concepts of matter in eighteenth-century thought. Historical Studies in the Physical Sciences, 3: 233-306.

Herr H W. 2005. Franklin, Lavoisier, and Mesmer: origin of the controlled clinical trial. Urologic Oncology: Seminars and Original Investigations, 23: 346-351.

Hirai H, Yoshimoto H. 2005. Anatomizing the sceptical chymist: Robert Boyle and the secret of his early sources on the growth of metals. Early Science and Medicine, 10 (4): 453-477.

Holmes F L. 1985. Lavoisier and the Chemistry of Life. An Explanation of Scientific Creativity. Madison W I: University of Wisconsin Press.

Holmes F L. 1995. The boundaries of Lavoisier's chemical revolution. Revue d'Histoire Des Sciences, 48 (1): 9-48.

Holmes F L. 2003. Chemistry in the académie royale des sciences. Historical Studies in the Physical and Biological Sciences, 34 (1): 41-68.

Holmes F L. 1984. Lavoisier and Krebs: the individual scientist in the near and deeper past. ISIS, 75: 131-142.

Holmes F L. 1987. Scientific writing and scientific discovery. ISIS, 78 (2): 220-235.

Holmes F L. 1988. Lavoisier's conceptual passage. Osiris, 4: 82-92.

Holmes F L. 1989. Antoine Lavoisier, the next crucial year, or the sources of his quantitative method in chemistry. Princeton: Princeton University Press.

Holmes F L. 1996. The communal context for Etienne-Francois Geoffroy's "Table des rapports". Science in Context, 9: 289-311.

Holmes F L. 2000. The "revolution in chemistry and physics": overthrow of a reigning paradigm or competition between contemporary research programs? ISIS, 91 (4): 735-753.

Holmes F L. 2004. Investigative and pedagogical styles in French chemistry at the end of the 17th century. Historical Studies in the Physical and Biological Sciences, 34 (2): 277-309.

Holton G, Hasok C, Edward J. 1996. How a scientific discovery is made: a case history. American Scientist, 84 (4): 364-375.

Homburg E. 1992. The emergence of research laboratories in the dyestuffs industry, 1870-1900. British Journal for the History of Science, 25 (1): 91-111.

Homburg E. 1998. Two factions, one profession: the chemical profession in German society 1780-1870// Knight D, Kragh H. The making of the Chemist: The Social History of Chemistry in Europe, 1789-1914. Cambridge: Cambridge University Press.

Hoppen K T. 1976a. The Nature of the Early Royal Society: Part I. British Journal for the History of Science, 9 (1): 1-24.

Hoppen K T. 1976b. The nature of the early Royal Society Part II. British Journal for the History of Science, 9 (1): 243-273.

Hoyningen-Huene P. 2008. Thomas Kuhn and the chemical revolution. Foundations of Chemistry, 10: 101-115.

Hutchison K. 1982. What happened to occult qualities in the scientific revolution? ISIS, 9 (1): 233-53.

Hutchison K. 1983. Supernaturalism and the mechanical philosophy. History of Science, 21 (3): 297-333.

Kim M G. 2001. The analytic ideal of chemical elements: Robert Boyle and the French didactic tradition of chemistry. Science in Context, 14 (3): 361-395.

Kim M G. 2003. Affinity, that elusive dream: a genealogy of thechemical revolution. Cambridge M A: MIT Press.

Kim M G. 2005. Lavoisier: the father of modern chemistry? //Beretta M. Lavoisier in Perspective. Philadelphia: J. P. Lippincott Company: 167-191.

Kim M G. 2008. The 'instrumental' reality of phlogiston. HYLE - International Journal for Philosophy of Chemistry, 14 (1): 27-51.

Klein U. 1994. Origin of the concept of chemical compound. Science in Context, 7: 163-204.

Klein U. 1995. E. F. Geoffroy's table of different 'rapports' observed between different chemical substances-a reinterpretation. Ambix, 42: 79-100.

Klein U. 1996. Chemical workshop tradition and the experimental practice: discontinuities within continuities. Science in Context, 9: 251-287.

Klein U. 2001. Berzelian formulas as paper tools in early nineteenth-century chemistry. Foundations of Chemistry, 3 (1): 7-32.

Klein U. 2003. Experimental history and Herman Boerhaave's chemistry of plants. Studies in History and Philosophy of Biological and Biomedical Sciences, 34: 533-567.

Klein U. 2005. Shifting ontologies, changing classifications: plant materials from 1700 to 1830. Studies in History and Philosophy of Science, Part A, 36: 261-329.

Knight D. 1992. Ideas in Chemistry. New Brunswick N J: Rutgers University Press.

Kohler R E. 1972. The origin of Lavoisier's first experiments on combustion. ISIS, 63 (3): 349-355.

Kohler R E. 1975. Lavoisier's rediscovery of the air from mercury calx: a reinterpretation. Ambix, 22: 52-57.

Kuhn T S. 1957. The Copernican Revolution. Cambridge: Harvard University.

Kuhn T S. 1977. The Essential Tension: Selected Studies in Scientific Tradition and Change. Chicago: The University of Chicago Press.

Kuhn T S. 1978. Black-Body Theory and the Quantum Discontinuity 1894-1912. Oxford: Oxford University Press.

Kuhn T S. 1996. The Structure of Scientific Revolutions. 2nd ed. enlarged. Chicago: University of Chicago Press.

Kuhn T S. 1951. Newton's "31st query" and the degradation of gold. ISIS, 42: 296-298.

Kuhn T S. 1952. Robert Boyle and structural chemistry in the seventeenth century. ISIS, 43: 12-36.

Kuhn T S. 1961. The function of measurement in modern physical science. ISIS, 52:

161-193.

Kuhn T S. 1974. Second thoughts on paradigms//Suppe F. The Structure of Scientific Theories. Urbana: University of Illinois Press: 459-482.

Kuhn T S. 1983. Commensurability, comparability, communicability//Asquith P D, Nickles T. Proceedings of the 1982 Biennial Meeting of the Philosophy of Science Association, 2: 669-688.

Kuhn T S. 2000. The Road since Structure. Chicago: The University of Chicago.

Lakatos I. 1981. History of science and its rational reconstruction//Howson C. Method and Appraisal in the Physical Sciences. The Critical Background to Modern Science, 1800-1905. Cambridge: Cambridge University Press: 7-39.

Langins J. 1981. The decline of chemistry at the École polytechnique. Ambix, 28: 1-19.

Langley P. 1987. Scientific Discovery: Computational Explorations of the Creative Processes. Cambridge MIT Press.

Laudan L. 1977. Progress and its Problems: Toward a Theory of Scientific Growth. Berkeley: University of California Press.

Le Grand H E. 1972. Lavisier's oxygen theory of acidity. Annals of Science, 24: 1-18.

Le Grand H E. 1974. Ideas on the composition of muriatic acid and their relevance to the oxygen theory of acidity. Annals of Science, 31: 213.

Le Grand H E. 1975. The "conversion" of C. L. Berthollet to Lavoiser's chemistry. Ambix, 22: 58-70.

Le Grand H E. 1976. Berthollet's essai de statique chimique and acidity. ISIS, 67 (2): 229-238.

Leicester H M. 1967. Boyle, Lomonosov, Lavoisier, and the Corpuscular theory of matter. ISIS, 58 (2): 240-244.

Levere T H. 1994. Chemists and Chemistry in Nature and Society, 1770-1878. Lim, Variorum. Aldershot: Ashgate Publ.

Levere T H. 2000. Measuring gases and measuring goodness//Holmes F L, Levere T H. Instruments and Experimentation in the History of Chemistry. Cambridge: MIT Press: 79-104.

Levere T H. 2002. Discussing Chemistry and Steam: the Minutes of a Coffee House Philosophical Society, 1780-1787. Oxford: Oxford University Press.

Lipton P. 1998. The best explanation of a scientific paper. Philosophy of Science, 65 (3): 406-410.

Lodwig T H, Smeaton W A. 1974. The Ice Calorimeter of Lavoisier and Laplace and some of its critics. Annals of Science, 31: 1-18.

Mary T. 2006. The man who flattened the earth: maupertuis and the sciences in the enlightenment. Chicago: University Of Chicago Press.

Mauskopf S. 1988. Gunpowder and the chemical revolution. Osiris, 4: 93-118.

Mauskopf S. 2002. Richard Kirwan's phlogiston theory: its success and fate. Ambix, 49: 185-205.

Mayo D G, Gilinsky N L. 1987. Models of group selection. Philosophy of Science, 54 (4): 515-538.

Mayo D G. 1991. Novel evidence and severe tests. Philosophy of Science, 58 (4): 523-552.

Mayo D G. 1996a. Ducks, rabbits, and normal science: recasting the Kuhn's-Eye view of Popper's demarcation of science. The British Journal for the Philosophy of Science, 47 (2): 271-290.

Mayo D G. 1996b. Error and the Growth of Experimental Knowledge. Chicago: The University of Chicago Press.

Mayo D G. 1988. Brownian motion and the appraisal of theories//Laudan L, Laudan R, Donovan A. Scrutinizing Science. Dordrecht: Reidel: 219-243.

McAllister J W. 1996. The evidential significance of thought experiment in science. Studies in History and Philosophy of Science, 27 (2): 233-250.

McEvoy J G, McGuire J E. 1975. God and nature: Priestley's way of rational dissent. Historical Studies in the Physical Sciences, 6: 325-404.

McEvoy J G. 1978. Joseph Priestley, "aerial philosopher": Metaphysicsand methodology in Priestley's chemical thought, from 1772 to 1781. Ambix, 25: 1-55, 93-116, 153-175.

McEvoy J G. 1979. Joseph Priestley, "aerial philosopher": Metaphysicsand methodology in Priestley's chemical thought, from 1772 to 1781. Ambix, 26: 16-38.

McEvoy J G. 1988. Continuity and discontinuity in the chemical revolution//Donovan A. The Chemical Revolution: Essays in Reinterpretation. Osiris, 2nd ser, 4: 195-213.

McEvoy J G. 1996. Priestley responds to Lavoisier's nomenclature: language, liberty, and chemistry in the english enlightenment// Bensaude-Vincent B, Abbri F. Lavoisier in European Context. Negotiating a New Language for Chemistry. Canton M A: Science History Publications: 123-142.

McEvoy J G. 1997. Positivism, Whiggism, and the chemical revolution: a study in the historiography of chemistry. History of Science, 35: 1-33.

McEvoy J G. 1999. Critics to the enlightened Joseph Priestley: a study of his life and work from 1773 to 1804. Canadian Journal of History, 34: 109-110.

McKie D, Partington J R. 1937. Historical studies on the phlogiston theory. I. The levity of phlogiston. Annals of Science, 2: 361-404.

McKie D, Partington J R. 1938a. Historical studies on the phlogiston theory. II. The negative weight of phlogiston. Annals of Science, 3: 1-58.

McKie D, Partington J R. 1938b. Historical studies on the phlogiston theory. III. Light and heat in combustion. Annals of Science, 3: 337-371.

McKie D, Partington J R. 1939. Historical studies on the phlogiston theory. IV. Last phases of the theory. Annals of Science, 4: 113-149.

Meinel C. 1988. Early seventeenth-century atomism: theory, epistemology and the insufficiency of experiment. ISIS, 79: 68-103.

Melhado E M. 1990. On the historiography of science: a reply to Perrin. ISIS, 81 (2): 273-276.

Melhado E M. 1985. Chemistry, Physics, and the Chemical Revolution. ISIS, 76 (2): 195-211.

Metzger H. 1923. Les doctrines chimiques en France du début du XVIIe à la fin du XVIIIe siècle. Paris: Presses Universitaires.

Metzger H. 1926. La Philosophie de la matiere chez Stahl et ses Disciples. ISIS, 8 (3): 427-464.

Metzger H. 1927. La theorie de la composition des sels et la theorie de la combustion d'apres Stahl et ses disciples. Isis, 9 (2): 294-325.

Metzger H. 1935. La Philosophie de la matière chez Lavoisier. Paris: Hermann.

Metzger H. 1974. Newton, Stahl, Boerhaave et la doctrine chimique. Paris: Blanchard.

More LT. 1941. Boyle as alchemist. Journal of the History of Ideas, 2 (1): 61-76.

Morgan J. 2009. Religious conventions and science in the early restoration: reformation and "Israel" in Thomas Sprat's History of the Royal Society (1667) . British Journal for the History of Science, 42 (3): 321-344.

Morris R J. 1972. Lavoisier and the caloric theory. The British Journal for the History of Science, 6 (1): 1-38.

Musgrave A. 1976. Why did oxygen supplant phlogiston? Research programmesin the chemical revolution//Howson C. Method and Appraisal in the Physical Sciences: The Critical Background to Modern Science, 1800—1905. Cambridge: University of Cambridge Press: 181-209.

Musson A E, Robinson E. 1969. Science and technology in the industrial revolution. New York: Gordon and Breach.

Nash L K. 1956. The origin of Dalton's chemical atomic theory. ISIS, 47 (2): 101-116.

Neave W J. 1951. Chemistry in Rozier's journA L. III. Pierre Bayen. Annals of Science, 7 (2): 144-148.

Neave W J. 1936. Joseph Black's lectures on the elements of chemistry. ISIS, 25 (2): 372-390.

Needham P. 2000. What is water? Analysis, 60 (1): 13-21.

Needham P. 2004a. Has Daltonian atomism provided chemistry with any explanations? Philosophy of Science, 71: 1038-1047.

Needham P. 2004b. When did atoms begin to do any explanatory work in chemistry? International Studies in the Philosophy of Science, 18: 199-219.

Needham P. 2008. Resisting chemical atomism: Duhem's argument. Philosophy of Science, 75: 921-931.

Newman W R. 1994. Gehennical Fire, the Live of George Starkey: An American Alchemist inthe Scientific Revolution. Harvard: Harvard University Press.

Newman W R. 1996. The alchemical sources of Robert Boyle's corpuscular philosophy. Annals of Science, 53: 567-585.

Newman W R, Principe L M. 1998. Alchemy vs. chemistry: etymological origins of ahistoriographic mistake. Early Science and Medicine, 3: 32-65.

Newman W R, Principe L M. 2001. Some problems with the historiography of Alchemy// Newman W R, Grafton A. Secrets of Nature: Astrology and Alchemy in Early Modern Europe. Cambridge M A: The MIT Press.

Newman W R, Principe L M. 2002. Alchemy Tried in the Fire: Starkey, Boyle, and the Fate of Helmontian Chymistry. Chicago: The University of Chicago Press.

Newman W R, Principe L M. 2004. George Starkey: Alchemical Laboratory Notebooks and Correspondence. Chicago: The University of Chicago Press.

Norris C. 1997. Why strong sociologists abhor a vacuum: Shapin and Schafferon the Boyle/ Hobbes controversy. Philosophy and Social Criticism, 23 (4): 9-40.

Oldloyd D. 1973. An examination of G. E. Stahl's philosophical principles of universal chemistry. Ambix, 20: 45-46.

Orland B. 2012. The fluid mechanics of nutrition: Herman Boerhaave's synthesis of seventeenth-century circulation physiology. Studies in History and Philosophy of Biological and Biomedical Sciences, 43 (2): 357-369.

Osler M J. 1996. From immanent natures to nature as artifice: the reinterpretation of final causes in seventeenth-century natural philosophy. Monist, 79: 388-408.

O'Brien J J. 1965. Samuel Hartlib's influence on Robert Boyle's scientific development. Annals of Science, 21: 1-14, 257-276.

O'Toole F J. 1974. Qualities and powers in the corpuscular philosophy of Robert Boyle. Journal of the History of Philosophy, 12: 295-315.

Palmer D. 1976. Boyle's corpuscular hypothesis and Locke's primary-secondary quality distinction. Philosophical Studies, 29 (3): 181-189.

Palmer L Y. 1998. The early scientific work of Antoine Laurent Lavoisier: In the field and in the laboratory, 1763-1767. New Haven: Yale University.

Parascandola J, Ihde A J. 1969. History of the pneumatic trough. ISIS, 60 (3): 351-361.

Partington J R. 1959. Berthollet and the Antiphlogistic Theory. Chymia, 5 (5): 131.

Partington J R. 1962. A History of Chemistry. Vol 2. New York: St. Martin's Press.

Pasnau R. 2004. Form substance and mechanism. Philosophical Review, 113 (1): 31-88.

Perrin C E. 1969. Prelude to Lavoisier's theory of calcination: some observations on mercurius calcinatus perse. Ambix, 16: 140-151.

Perrin C E. 1970. Early opposition to the phlogiston theory: two anonymous attacks. The British Journal for the History of Science, 5 (2): 128-144.

Perrin C E. 1973a. Lavoisier, Monge, and the synthesis of water, a case of pure coincidence? British Journal for the History of Science, 6 (4): 424-428.

Perrin C E. 1973b. Lavoisier's table of the elements: a reappraisal. Ambix, 20: 95-105.

Perrin C E. 1981. The triumph of the Antiphlogistians//Woolf H. The Analytic Spirit: Essays in the History of Science in Honor of Henry Guerlac. Ithaca: Cornell Univ Press.

Perrin C E. 1982. A reluctant catalyst: Joseph Black and the Edinburgh reception of Lavoisier's chemistry. Ambix, 29: 141-176.

Perrin C E. 1983. Joseph Black and the absolute levity of phlogiston. Annals of Science, 40: 109 -137.

Perrin C E, Lavoisier A L. 1986. Lavoisier's thoughts on calcination and combustion, 1772-1773. ISIS, 77 (4): 647-666.

Perrin C E. 1986. Of theory shifts and industrial innovations: The relations of J. A. C. Chaptal and A. L. Lavoisier. Annals of Science, 43 (6): 511-542.

Perrin C E. 1987. Revolution or reform: the chemical revolution and eighteenth-century views of scientific change. History of Science, 25: 395-423.

Perrin C E. 1988a. Research traditions, Lavoisier, and the chemical revolution//Donovan A. The Chemical Revolution: A Reinterpretation. Osiris, 2nd ser, 4: 53-81.

Perrin C E. 1988b. The Chemical Revolution: Shifts in Guiding Assumptions. Scrutinizing Science: Empirical Studies of Scientific Change. Dordrecht: Kluwer Academic Publishers: 116-117.

Perrin C E. 1989. Document, text and myth: Lavoisier's crucial year revisited. British Journal for the History of Science, 22 (1): 3-25.

Perrin C E. 1990. Chemistry as peer of physics: a response to Donovan and Melhado on Lavoisier. ISIS, 81 (2): 259-270.

Poirier J P. 1998. Lavoisier: Chemist, Biologist, Economist. Pennsylvania: University of Pennsylvania Press.

Poirier J P. 2005. Lavoisier's balance sheet method: Sources, early signs and late developments//Beretta M. Lavoisier in Perspective. München: Deutsches Museum: 69-77.

Powers J C. 1998. Ars sine arte: Nicholas Lemery and the end of alchemy in eighteenth-century France. Ambix, 45: 163-189.

Principe L M. 1990. Prophecy and Alchemy: the origin of Eirenus Philalethes. Ambix, 37: 97-115.

Principe L M. 1994. Boyle's alchemical pursuits//Hunter M. Robert Boyle Reconsidered. Cambridge: Cambridge University Press: 91-105.

Principe L M. 2000. Apparatus and reproducibility in Alchemy//Holmes F L, Levere T H. Instruments and Experimentation in the History of Chemistry. Cambridge M A: MIT Press: 55-74.

Principe L M. 2004. Georges Pierre des Clozets, Robert Boyle, the Alchemical Patriarch of Antioch, and the Reunion of Christendom: further new sources. Early Science and Medicine, 9 (4): 307-320.

Principe L M. 2007. A revolution nobody noticed? //Principe L M. New narratives in eighteenth-century chemistry. Dordrecht: Springer.

Quine W V O. 1951. Twodogmas of empiricism. The Philosophical Review, 60: 20-43.

Rappaport R. 1961. Rouelle and Stahl—the phlogistic revolution in France. Chymia, 5 (7): 73-102.

Rappaport R. 1969. The Early disputes between Lavoisier and Monnet, 1777-1781. The British Journal for the History of Science, 4 (3): 233-244.

Rappaport R. 1973. Lavoisier's theory of the earth. The British Journal for the History of Science, 6 (3): 247-260.

Reti L. 1969. Van Helmont, Boyle and the Alkahest. //Reti L, Gibson W C. Some aspects of seventeenth-century Medicine and Science. Los Angeles: William Andrews Clark Memorial Library: 3-19.

Rheinberger H J. 1993. Experiment and orientation: early systems of *in vitro* protein synthesis. Journal of the History of Biology, 26 (3): 443-471.

Rheinberger H J. 1997. Toward a history of epistemic things: synthesizing proteins in the test tube. Stanford: Stanford University Press.

Roberts L. 1991. A word and the world: the significance of naming the calorimeter. ISIS, 82 (2): 198-222.

Rocke A J. 1978. Atoms and equivalents: The early development of the chemical atomic theory. Historical Studies in the Physical Sciences, 9: 225-263.

Rocke A J. 1984. Chemical Atomism in the Nineteenth Century: From Dalton to Cannizzaro. Columbus: Ohio State University Press.

Rocke A J. 1993. Group research in German Chemistry: Kolbe's Marburg and Leipzig Institutes. Osiris, 8: 52-79.

Rocke A J. 2005. In search of El Dorado: John Dalton and the origins of the atomic theory. Social Research, 72 (1): 125-158.

Roscoe H E, Harden A. 1896. A New View of the Origin of Dalton's Atomic Theory: A Contribution to Chemical History. London: Macmillan.

Sargent R M. 1986. Robert Boyle's Baconian inheritance: a response to Laudan's Cartesian thesis. Studies in the History and Philosophy of Science, 17: 469-486.

Sargent R M. 1994. Learning from experience: Boyle's construction of an experimental philosophy//Hunter M. Robert Boyle Reconsidered. Cambridge: Cambridge University Press: 57-78.

Sargent R M. 1995. The Diffident Naturalist: Robert Boyle and the Philosophy of Experiment. Chicago and London: The University of Chicago Press.

Sarton G. 1950. Boyle and Bayle, the sceptical chemist and the sceptical historian. Chymia, 3: 155-189.

Schaffer S. 1980. Natural philosophy// Rousseau G C, Porter R. The Ferment of Knowledge: Studies in the Historiography of Eighteenth-century Science. Cambridge: Cambridge University Press: 55-93.

Schaffer S. 1983. Natural philosophy and public spectacle in theeighteenth century. History of Science, 21: 151-183.

Schaffer S. 1984. Priestley's questions: An historiographic survey. History of Science, 22: 151-183.

Schaffer S. 1990. Measuring virtue: Eudiometry, enlightenment andpneumatic medicine// Cunningham A, French R. The Medical Enlightenment of the Eighteenth Century. Cambridge: Cambridge University Press: 281-318.

Schofield R E. 1961. Boscovich and Priestley's theory of matter//Wnyte L L. Roger Joseph Boscovich. S. J., F. R. S., 1711-1787. Studies in His Life and Work on the 250th Anniversary of His Birth. London: George Allen and Unwin: 168-172.

Schofield R E. 1964. Joseph Priestley, the theory of oxidation and the nature of matter. Journal of the History of Ideas, 25: 285-294.

Schofield R E. 1967. Joseph Priestley, natural philosopher. Ambix, 14: 1-15.

Schofield R E. 1997. The Enlightenment of Joseph Priestley: A Study ofHis Life and Work from 1733 to 1773. University Park P A: Pennsylvania State University Press.

Schofield R E. 2004. The Enlightened Joseph Priestley: A Study of His Life and Work from 1773 to 1804. University Park P A: Pennsylvania State University Press.

Shapere D. 1982. The concept of observation in science and philosophy. Philosophy of Science, 49: 485-525.

Shapin S. 1984. Pump and circumstance: Robert Boyle's literary technology. Social Studies of Science, 14: 481-520.

Siegfried R. 1963. The discovery of potassium and sodium, and the problem of the chemical elements. ISIS, 54 (2): 247-258.

Siegfried R. 1972. Lavoisier's view of the gaseous state and its early application to pneumatic chemistry. ISIS, 63 (1): 59-78.

Siegfried R. 1982. Lavoisier's table of simple substances: its origin and interpretation. Ambix, 29: 29-48.

Siegfried R. 1988. The Chemical Revolution in the History of Chemistry. Osiris 4: 34-50.

Siegfried R. 1989. Lavoisier and the Phlogistic connection. Ambix, 36: 31-40.

Siegfried R, Dobbs B J. 1968. Composition: a neglected aspect of the chemical revolution. Annals of Science, 24: 275-293.

Simon J. 2002. Analysis and the hierarchy of nature in eighteenth-century chemistry. British Journal for the History of Science, 35 (1): 1-16.

Smeaton W A. 1971. E. F. Geoffroy was not a Newtonian Chemist. Ambix, 18: 212-214.

Smeaton W A. 1977. Berthollet's Essai de statique chimique and its translations. Ambix, 24: 149-158.

Smeaton W A. 1978. The chemical work of Horace Benedict de Saussure (1740-1799) with the text of aletter written to him by Madame Lavoisier. Annals of Science, 35: 1-16.

Smeaton W A. 1987. Some large burning lenses and their use by eighteenth-century French and british chemists. Annals of Science, 44: 265-276.

Smith P H. 1994. The Business of Alchemy: Science and Culture in the Holy Roman Empire. Princeton: Princeton University Press.

Smith P H. 2009. Science on the move: recent trends in the history of early modern science. Renaissance Quarterly, 62 (2): 345-375.

Stroup A. 1992. A Company of Scientists: Botany, Patronage, and Community at the Seventeenth-century Parisian Royal Academy of Sciences. California: University of California Press.

Thackray A. 1966. The origin of Dalton's chemical atomic theory: daltonian doubts resolved. ISIS, 57 (1): 35-55.

Thackray A. 1970. Atoms and Powers: An Essay on Newtonian Matter-Theory and the Development of Chemistry. Harvard: Harvard University Press.

Thagard P. 1990. The conceptual structure of the chemical revolution. Philosophy of Science, 57: 183-209.

Thagard P. 2003. Pathways to biomedical discovery. Philosophy of Science, 70: 235-254.

Toulmin S E. 1957. Crucial experiments: Priestley and Lavoisier. Journal of the History of Ideas, 18 (2): 205-220.

Usselman M C，Rocke A J，Reinhart C，et al. 2005. Restaging Liebig：a study in the replication of experiments. Annals of Science，62（1）：1-55.

Walton M T. 1980. Boyle and Newton on the transmutation of water and air，from the root of Helmont's tree. Ambix，27：11-18.

Webster C. 1965. The discovery of Boyle's law and the concept of the elasticity of air in the seventeenth century. Archive for History of Exact Sciences，2：441-502.

Zucker A. 1988. Davy refuted Lavoisier not Lakatos. The British Journal for the Philosophy of Science，39（4）：537-540.

Zwier K R. 2011. John Dalton's puzzles：from meteorology to chemistry. Studies in History and Philosophy of Science：Part A，42（1）：58-66.

Zytkow J，Simon H. 1986. A theory of historical discovery：The construction of componential models. Machine Learning，1：107-137.

附　录

拉瓦锡 1772～1777 年实验记录

序号	反应物及反应类型	日期	预期实验目标和要求	实验手段及装置
	参照实验/逆实验	实验的成败	成败判断依据	在实验中出现的重大事件（备忘录）
1	钻石燃烧（Holmes，1989①：27）	1772.4.29	研究金刚石是否能够燃烧以及燃烧产物	坩埚、玻璃罩
	以前化学家所做的钻石燃烧实验	成功	金刚石能否燃烧	生成的气体通入石灰水中，石灰水变浑浊
2	磷的燃烧（Perrin and Lavoisier，1986：665-666）	不晚于1772年	比较磷的燃烧产物的质量与磷的质量	坩埚、玻璃罩、黑尔斯的气体化学装置
	以往化学家的磷的燃烧试验	成功	成功获取磷的燃烧产物	磷的燃烧产物（磷酸）比磷重
3	硫的燃烧（Perrin and Lavoisier，1986：665-666）	不晚于1772年秋季	硫的燃烧产物的质量与硫的质量之间的比较	坩埚、玻璃罩、黑尔斯的气体化学装置
	以往化学家的硫的燃烧试验	成功	成功获取硫的燃烧产物	硫的燃烧产物（硫酸）比磷重

---

① 附录下文中的引用如无特殊标明，均为该出处，附录下文仅提供页码。

序号	反应物及反应类型	日期	预期实验目标和要求	实验手段及装置
	参照实验/逆实验	实验的成败	成败判断依据	在实验中出现的重大事件（备忘录）
4	磷的燃烧（Perrin and Lavoisier, 1986: 656）①	1772.10.20	比较磷的燃烧产物的质量与磷的质量	坩埚、玻璃罩、黑尔斯的气体化学装置
	以往化学家的磷的燃烧试验	成功	成功获取磷的燃烧产物	磷的燃烧产物（磷酸）比磷重
5	铅丹的还原	1772.10.22～1772.11.1	收集弹性流体（二氧化碳）的数量	坩埚、玻璃罩、黑尔斯的气体化学装置
	斯塔尔的金属还原实验	成功	收集弹性流体（二氧化碳）的数量	某种空气对铅丹的一部分质量负责
6	铅/空气，氧化	1773.2.22	试验空气是否能够固定在金属里面，并寻找煅烧后质量增加的原因	陶质曲颈瓶、黑尔斯气体装置
	以往化学家做的煅烧实验	不成功	试验空气是否能够固定在金属里面，并寻找煅烧后质量增加的原因	曲颈瓶破裂
7	锡、空气，氧化	1773.2.22稍后	试验空气是否能够固定在金属里面/寻找煅烧后质量增加的原因	陶质曲颈瓶、黑尔斯气体装置
	以往化学家做的煅烧实验	不成功	成功地操作	拉瓦锡总结了1773年2月22日的经验，并采取一些改进的措施，例如将锡粉碎为小颗粒，并逐渐加热，但曲颈瓶还是破裂了
8	铅丹（四氧化三铅）、挥发性碱（氨水）	1773.2.22稍后	试验铅丹中所含的是否为固定空气	空气泵、试管
	似乎是拉瓦锡首创的	不成功，气体泄漏	试验铅丹中所含的是否为固定空气	当抽空气泵时出现了剧烈地冒泡，气体也漏出来了，拉瓦锡无法得出一个确定的结论
9	铅、空气，氧化	1773.3.29	铅的煅烧的完全程度	虹吸管、玻璃罩、火镜、黑尔斯气体装置
	以往化学家的煅烧实验	不成功	将铅完全煅烧	煅烧过程很快就结束，铅的质量没有增加（说明实验技术不够精致），水面有所增加（说明空气有所消耗）
10	锌、空气，氧化	1773.3.29	锌的煅烧的完全程度	虹吸管、玻璃罩、黑尔斯气体装置、火镜
	以往化学家的煅烧实验	不成功	将锌完全煅烧	锌的质量没有增加（说明实验技术不够精致）

① 原始文献见拉瓦锡的1772年10月20日的手稿。

序号	反应物及反应类型	日期	预期实验目标和要求	实验手段及装置
	参照实验/逆实验	实验的成败	成败判断依据	在实验中出现的重大事件（备忘录）
11	铅丹、焦炭，铅丹的还原实验	1773.3.29	目标不明确	虹吸管/玻璃罩、火镜、黑尔斯气体装置
	斯塔尔的铅丹还原实验	不成功	目标不明确	重复了拉瓦锡以前的成功实验，但拉瓦锡做这个实验目标不明确，最后不了了之
12	铅丹、焦炭，铅丹的还原实验（：25-26）	1773.3.30	测试空气是否来源于焦炭	虹吸管、玻璃罩、火镜、黑尔斯气体装置
	是之前拉瓦锡所做的铅丹的还原实验的重复，但拉瓦锡使用的焦炭只有上次的三分之一	成功	测试空气是否来源于焦炭	拉瓦锡猜测释放气体13.5立方英寸
13	铅、锡、空气，铅、锡的煅烧实验（：25-26）	1773.3.30	测试金属煅烧后的质量增加是否来源于空气	虹吸管、玻璃罩、火镜、黑尔斯气体装置
	之前拉瓦锡分别用铅与锡做的煅烧实验的重复，拉瓦锡认为铅与锡的混合物的煅烧会更为充分	成功	使煅烧更充分	反应仅进行了一刻钟，拉瓦锡就终止了反应，并测得有5.74立方英寸的空气被吸收
14	锌、空气，锌的煅烧实验（：26）	1773.3.30～1773.4.9	测试金属煅烧后的质量增加是否来源于空气	虹吸管/玻璃罩、火镜、黑尔斯气体装置
	之前拉瓦锡分别用铅与锡做的煅烧实验的重复，拉瓦锡认为铅与锡的混合物的煅烧会更为充分	不成功	精确地测定金属质量的增加	拉瓦锡不能确定金属是否有一部分被蒸发，使得对金属质量的增加无法有效地测定
15	焦炭、空气，焦炭的燃烧实验（：26）	1773.3～1773.4.9	测试铅的还原实验产生的空气是否部分来源于焦炭	虹吸管、玻璃罩、火镜、广口玻璃杯、黑尔斯气体装置
	以往化学家做的焦炭燃烧实验	成功	精确地测定金属质量的增加	焦炭燃烧时发出清脆的响声
16	硫、硝石、空气，爆燃实验（：28-29）	1773.4.9	目标不明确	虹吸管、玻璃罩、火镜、广口玻璃杯、黑尔斯气体装置
	以往化学家做的爆燃实验	不成功	能够爆燃	很快就烧完了，但并没有爆炸
17	铅、锌、空气，煅烧实验（：33-34）	1773.4.21以前	测试金属煅烧后的质量增加是否来源于空气	虹吸管、玻璃罩、火镜、广口玻璃杯、黑尔斯气体装置
	拉瓦锡以前做的混合煅烧实验	成功	测定吸收的空气的体积	拉瓦锡发现吸收的空气的体积是金属体积的125倍

序号	反应物及反应类型	日期	预期实验目标和要求	实验手段及装置
	参照实验/逆实验	实验的成败	成败判断依据	在实验中出现的 重大事件（备忘录）
18	铅丹（四氧化三铅）、铅黄（一氧化铅）、焦炭，铅的还原实验（：34-35）	1773.4.21 以前	测试金属煅烧后的质量增加是否来源于空气	虹吸管、玻璃罩、火镜、广口玻璃杯、黑尔斯气体装置
	这个实验可以理解为拉瓦锡的煅烧实验的逆反应	成功	测定释放的空气的体积	可以只用铅丹与铅黄的总质量的十二分之一质量的焦炭就能把铅轻易地还原出来，而释放的空气的体积是金属体积的至少 300 倍（在拉瓦锡的手稿中原为 200～400 倍，后删改为 300 倍）
19	硫酸、焦炭，硫的"合成"实验（：47）	1773.5.4	否定斯塔尔学说中对硫的解释，测试硫酸中是否含有空气	虹吸管、玻璃罩、火镜、铁制曲颈瓶、黑尔斯气体装置
	这个实验重复了斯塔尔的硫的"合成"实验	成功	测试硫酸中是否含有空气	拉瓦锡并不相信硫是简单物质，硫酸只是硫的一个组成部分。实验现象也证实了拉瓦锡的推测，硫酸在反应中释放出空气
20	硝酸、铁屑，置换实验（：48）	1773.5.6	测试硝酸中是否含有空气	虹吸管、玻璃罩、火镜、铁制曲颈瓶、黑尔斯气体装置
	这个实验重复了卡文迪许制备易燃空气（氢气）实验	不成功	测试硝酸中是否含有空气（实际上置换出来的是氢气、一氧化氮与二氧化氮等）	霍尔姆斯断定这个实验是拉瓦锡在笔记本中第一次记载了所有反应物与反应产物的质量
21	铵盐、铅丹，铅丹的空气释放实验（：52）	1773.5.10	测试铅丹中是否含有空气	虹吸管、玻璃罩、火镜、铁制曲颈瓶、布凯改进的布莱克气体装置
	这个实验重复了拉瓦锡之前的同种实验	不成功	测试铅丹中是否含有空气	拉瓦锡把铵盐、铅丹放入气体装置中抽空，出现了冒泡与沸腾，但气压计的刻度并没有显著变化
22	酒精，酒精的减压蒸馏实验（：52）	1773.5.10	测试酒精是否比水更容易煮沸	虹吸管、玻璃罩、火镜、铁制曲颈瓶、布凯改进的布莱克气体装置
	似乎是拉瓦锡自创的实验	不成功	测试酒精是否比水更容易煮沸	拉瓦锡把铵盐、铅丹放入气体装置中抽空，出现了冒泡与沸腾，但气压计的刻度并没有显著变化

序号	反应物及反应类型	日期	预期实验目标和要求	实验手段及装置
	参照实验/逆实验	实验的成败	成败判断依据	在实验中出现的重大事件（备忘录）
23	生石灰、水、空气，生石灰转化为熟石灰的实验（：54-55）	1773.5.10	测定熟石灰里面是否含有空气以及熟石灰的质量增加是否来源于水	虹吸管、玻璃罩、铁制曲颈瓶、铁制的大锅
	拉瓦锡重复的布莱克的实验，但霍尔姆斯指出了拉瓦锡的这个实验的独特之处：拉瓦锡注意了生石灰与生成的熟石灰的质量的比例	成功	测定熟石灰里面是否含有空气以及熟石灰的质量增加是否来源于水	拉瓦锡发现如果使用256格罗斯的纯的生石灰，即能生成329格罗斯的熟石灰。"生石灰与干燥后的熟石灰的比例因此是1000：1287，或者说，生石灰吸收了比四分之一多一点的水。"
24	糠、水、空气，糠的发酵实验（：54-55）	1773.5.15，持续了几天	测定糠里面是否含有空气以及熟石灰的质量增加是否来源于水	虹吸管、玻璃罩、铁制曲颈瓶、布凯改进的布莱克气体装置
	拉瓦锡以往做的有机化学实验；拉瓦锡使用蜡烛可能来自于普里斯特利的空气实验的启示	成功	测定糠里面是否含有空气以及熟石灰的质量增加是否来源于水	液面下降，说明糠的发酵过程中有气体产生。这种气体可使蜡烛熄灭
25	硝精（硝酸）、熟石灰、水，将熟石灰中的空气释放出来的实验（：54-55）	1773.5.18	发现酸与熟石灰的中和比	虹吸管、玻璃罩、小瓶、蒸馏瓶
	拉瓦锡重复的布莱克的实验，拉瓦锡在这个实验中校正过实验数据	成功	发现酸与熟石灰的中和比	拉瓦锡发现酸与熟石灰的中和比例为"13.82：40，接近三分之一，精确的比例为346：1000"，拉瓦锡将这个比例校正了两次，最终的比例为13.84：40
26	硝精（硝酸）、熟石灰、水，将熟石灰中的空气释放出来的实验（：54-55）	1773.5.18	发现酸与熟石灰的中和比例	虹吸管、玻璃罩、小瓶、蒸馏瓶
	拉瓦锡重复的布莱克的实验，拉瓦锡在这个实验中校正过实验数据	成功	发现酸与熟石灰的中和比例	拉瓦锡发现酸与熟石灰的中和比例为"13.82：40，接近三分之一，精确的比例为346：1000"，拉瓦锡将这个比例校正了两次，最终的比例为13.84：40

序号	反应物及反应类型	日期	预期实验目标和要求	实验手段及装置
	参照实验/逆实验	实验的成败	成败判断依据	在实验中出现的重大事件（备忘录）
27	铅丹（四氧化三铅）、铅黄（一氧化铅）、焦炭，铅的还原实验（：65-66）	1773.5.23 上午 11：06 开始	测试金属煅烧后的质量增加是否来源于空气	虹吸管、玻璃罩、火镜、广口玻璃杯、黑尔斯气体装置
	这个实验可以理解为拉瓦锡的煅烧实验的逆反应	成功	测定释放的空气的体积	从铅丹中还原出来的铅是 0.75 立方英寸，铅丹中铅负荷了 388 倍体积的空气，拉瓦锡在这个实验中第一次试图测定固定空气的体积与质量的比例
28	熟石灰、硝酸，中和实验（：76-79）	1773.6.7	实践天平计量方法	虹吸管、玻璃罩、火镜、广口玻璃杯、黑尔斯气体装置
	布莱克与拉瓦锡以往做过的中和实验	成功	实践天平计量方法	他通过反应物的总质量减去另一个反应产物的质量来得到固定空气的质量
29	磷、空气，磷的燃烧反应（：82-83）	1773.6.27	测定在磷酸中所含空气的比例	虹吸管、玻璃罩、火镜、广口玻璃杯、黑尔斯气体装置
	拉瓦锡以往做过的磷的燃烧实验	成功	测定在磷酸中所含空气的比例	拉瓦锡测定了 8 格令的磷燃烧吸收了 22.33 立方英寸的空气，拉瓦锡得出结论"每一格令的磷酸大约含有 3 立方英寸的空气"
30	铅丹、焦炭，铅丹的还原反应（：82-83）	1773.6.28	测定在铅丹中所含空气的比例	虹吸管、玻璃罩、火镜、广口玻璃杯、黑尔斯气体装置
	斯塔尔与拉瓦锡以往做过的铅丹的还原反应	不成功	测定在铅丹中所含空气的比例	拉瓦锡相信焊料已经熔解，所以他不是太相信这次实验的测量结果，不过他还是记载了"释放的空气为 415～440 立方英寸，至少为 2.5 格罗斯的质量"，并假定固定空气与空气是等重的
31	碳酸钾、乙酸，固定空气生成实验（：86-89）	1773.6.30	测定碱在释放出固定空气后，是否还吸收空气	虹吸管、玻璃罩、火镜、广口玻璃杯、黑尔斯气体装置
	布莱克以往做过的固定空气反应	不成功	测定碱在释放出固定空气后，是否还吸收空气	水银面有所下降，说明有气体生成，实际上是二氧化碳。拉瓦锡首次使用水银取代水上覆盖着油

序号	反应物及反应类型	日期	预期实验目标和要求	实验手段及装置
	参照实验/逆实验	实验的成败	成败判断依据	在实验中出现的重大事件（备忘录）
32	苏打、酸，苏打与酸的中和反应（：87-88）	1773.7.2	测定在苏打中所含空气的比例	虹吸管、玻璃罩、火镜、广口玻璃杯、黑尔斯气体装置
	拉瓦锡以往做过的中和反应	成功	测定在苏打中所含空气的比例	详细细节见引用①
33	苏打、酸，苏打与酸的中和反应（：87-88）	1773.7.2	测定在苏打中所含空气的比例	虹吸管、玻璃罩、火镜、广口玻璃杯、黑尔斯气体装置
	即拉瓦锡上个中和反应的翻版，上个实验是在非密闭条件下做的，这个实验是在密闭条件下做的	成功	测定在苏打中所含空气的比例	拉瓦锡计算出释放的空气的重量为4格罗斯11格令
34	苏打、酸，苏打与酸的中和反应（：92）	1773.7.4	测定在苏打中所含空气的比例	虹吸管、玻璃罩、火镜、广口玻璃杯、黑尔斯气体装置
	即拉瓦锡上个中和反应的翻版，但反应物的质量不同	不成功	测定在苏打中所含空气的比例	拉瓦锡计算出释放的空气的体积为83.13立方英寸。比他计算的理论值要高出12.67立方英寸，拉瓦锡对这个结果不太满意
35	苏打、酸，苏打与酸的中和反应（：93-94）	1773.7.4	测定在苏打中所含空气的比例	虹吸管、玻璃罩、火镜、广口玻璃杯、黑尔斯气体装置
	即拉瓦锡上个中和反应的翻版，但反应物的质量不同	不成功	测定在苏打中所含空气的比例	拉瓦锡计算出释放的空气的体积为141.94立方英寸。比他计算的理论值要高出将近7立方英寸，拉瓦锡对这个结果不太满意
36	苏打、酸，苏打与酸的中和反应（：93-94）	1773.7.4	测定在苏打中所含空气的比例	虹吸管、玻璃罩、火镜、广口玻璃杯、黑尔斯气体装置
	即拉瓦锡上个中和反应的翻版，但反应物的质量不同	不成功	测定在苏打中所含空气的比例	拉瓦锡计算出释放的空气的体积为141.94立方英寸。比他计算的理论值要高出将近7立方英寸，拉瓦锡对这个结果不太满意

① 拉瓦锡的小瓶子为4盎司3格罗斯2.5格令，放入4盎司的硝酸与7盎司1格罗斯66格林的水，干燥的苏打晶体的质量为4盎司1格罗斯34.5格令，反应物的总重为19盎司6格罗斯31格令，因为这个实验不是在密闭条件下做的，因此反应产物的总重有所减少，为19盎司0格罗斯68格令，损失的质量为5格罗斯35格令。

序号	反应物及反应类型	日期	预期实验目标和要求	实验手段及装置
	参照实验/逆实验	实验的成败	成败判断依据	在实验中出现的 重大事件（备忘录）
37	汞、硝酸，汞从硝酸中获得固定空气的反应（：93-94）	1773.7.4	测定汞从硝酸中获得固定空气的质量	虹吸管、玻璃罩、火镜、广口玻璃杯、黑尔斯气体装置
	拉瓦锡以往做的汞从硝酸中获得固定空气的反应	不成功	测定汞从硝酸中获得固定空气的质量	拉瓦锡发现容器质量的减少第一天不超过54格令，第二天则减少为18格令
38	磷、空气，磷的燃烧反应（：105-106）	1773.7.20	测定磷燃烧时吸收空气的质量	虹吸管、玻璃罩、火镜、广口玻璃杯、黑尔斯气体装置
	拉瓦锡以往做的磷的燃烧反应	不成功	测定磷燃烧时吸收空气的质量	反应物的总重为6盎司3格罗斯64.33格令，反应生成物的总重为6盎司3格罗斯70格令。重量增加了6格令
39	磷、空气，磷的燃烧反应（：106-107）	1773.7.20	比较磷在充满水蒸气的容器里燃烧时吸收空气的质量与在干燥容器里燃烧时吸收空气的质量	虹吸管、玻璃罩、火镜、广口玻璃杯、黑尔斯气体装置
	即上个拉瓦锡以往做的磷的燃烧反应的重复实验，但上次磷的燃烧是在干燥容器里进行的，这次是在充满着水蒸气的容器里进行的	成功	比较磷在充满水蒸气的容器里燃烧时吸收空气的质量与在干燥容器里燃烧时吸收空气的质量	吸收的空气数量与上个实验差不多，拉瓦锡得出结论："有没有水，都不增加或减少空气的吸收数量"
40	汞、碳酸钙，拉瓦锡所认定的"汞的煅烧"反应（：108-109）	1773.7.22	证实汞的真正的煅烧产物应该是汞与固定空气的结合	虹吸管、玻璃罩、火镜、广口玻璃杯、黑尔斯气体装置
	拉瓦锡自创的实验，他认为汞的真正的煅烧产物应该是汞与固定空气的结合	不成功	证实汞的真正的煅烧产物应该是汞与固定空气的结合	火熔化了容器，只剩下一些液态汞与红的、黑的金属升华物
41	铅丹、碳，拉瓦锡测定铅丹中含铅的比例（：108-109）	1773.7.22	测定铅丹中含铅的比例	虹吸管、玻璃罩、火镜、广口玻璃杯、黑尔斯气体装置
	拉瓦锡自创的实验，他将上次铅丹还原后的铅（实际上是铅与焦炭的混合物）进行煅烧，将剩余的焦炭烧掉，这样可以得到铅丹还原后铅的质量	成功	测定铅丹中含铅的比例	拉瓦锡计算出铅丹中所含铅的比例：6盎司的铅丹含有5盎司3格罗斯60格令的铅，100磅的铅丹含有89磅10盎司的铅

序号	反应物及反应类型	日期	预期实验目标和要求	实验手段及装置
	参照实验/逆实验	实验的成败	成败判断依据	在实验中出现的重大事件（备忘录）
42	铅丹、碳，拉瓦锡测定铅丹中含铅的比例（：110-111）	1773.7.22	测定铅丹中含铅的比例	虹吸管、玻璃罩、火镜、广口玻璃杯、黑尔斯气体装置
	拉瓦锡自创的实验，他将上次铅丹还原后的铅（实际上是铅与焦炭的混合物）进行煅烧，将剩余的焦炭烧掉，这样可以得到铅丹还原后铅的质量	成功	测定铅丹中含铅的比例	拉瓦锡计算出铅丹中所含铅的比例：6盎司的铅丹含有5盎司3格罗斯60格令的铅，100磅的铅丹含有89磅10盎司的铅
43	磷、空气，磷的燃烧反应（：123-122）	1773.8第一个星期	测定磷燃烧后增加的质量与酸燃烧时吸收空气的质量，并比较两者	虹吸管、玻璃罩、火镜、广口玻璃杯、黑尔斯气体装置
	拉瓦锡以往做的磷的燃烧反应	成功	测定磷燃烧后增加的质量与酸燃烧时吸收空气的质量，并比较两者	拉瓦锡发现磷燃烧后增加的质量大于酸燃烧时吸收空气的质量
44	磷、空气，磷的燃烧反应（：122-123）	1773.8.7	观察在有限的密闭容器里（空气质量恒定）增加磷的数量后的效应	虹吸管、玻璃罩、火镜、广口玻璃杯、黑尔斯气体装置
	即拉瓦锡上个做的磷的燃烧反应的重复实验，但拉瓦锡把磷的质量从上个实验使用的8格令增加到17.67格令	成功	观察在有限的密闭容器里（空气质量恒定）增加磷的数量后的效应	拉瓦锡发现在有限的密闭容器里（空气质量恒定），说明在上个磷的燃烧实验里空气已经消耗完，增加的磷并不参与反应
45	铅丹、碳，铅丹的还原实验。拉瓦锡测定铅丹（：129-130）	1773.10.19	测定释放空气的体积	虹吸管、玻璃罩、火镜、广口玻璃杯、黑尔斯气体装置/枪管
	即拉瓦锡铅丹的还原实验的重复实验。	不太成功	测定释放空气的体积	拉瓦锡曾经怀疑枪管上破了一个洞，但最终还是记载了实验的结果
46	铅丹、碳，铅丹的还原实验。拉瓦锡测定铅丹（：130）	1773.10.20	测定释放空气的体积	虹吸管、玻璃罩、火镜、广口玻璃杯、黑尔斯气体装置/枪管
	即拉瓦锡铅丹的还原实验的重复实验	成功	测定释放空气的体积	拉瓦锡测得最后释放出来的空气为448立方英寸，拉瓦锡通过称量尚未还原的铅丹的质量，将全部铅丹还原所释放的空气换算为566立方英寸

| 序号 | 反应物及反应类型 | 日期 | 预期实验目标和要求 | 实验手段及装置 |
	参照实验/逆实验	实验的成败	成败判断依据	在实验中出现的重大事件（备忘录）
47	铅、空气，铅的煅烧实验（：131）	1773.10.26	测试金属煅烧后剩余的空气的性质	虹吸管、玻璃罩、火镜、黑尔斯气体装置
	拉瓦锡以往用铅做的煅烧实验的重复实验	成功	测试金属煅烧后剩余的空气的性质	拉瓦锡将蜡烛放入铅煅烧后剩余的空气中，蜡烛熄灭
48	铅、空气，铅的煅烧实验（：131-132）	1773.10.27	比较金属煅烧中吸收的空气的质量与煅烧后金属增加的质量	虹吸管、玻璃罩、火镜、小容器、黑尔斯气体装置
	拉瓦锡以往用铅做的煅烧实验的重复实验	成功	比较金属煅烧中吸收的空气的质量与煅烧后金属增加的质量	拉瓦锡测得吸收的空气的质量为 2.5 格罗斯，而铅煅烧后的质量增加至少 1 格罗斯，拉瓦锡把两个质量的差异猜测为某些物质的蒸发，他后来把铅增加的质量改为 1.75 格罗斯，这样蒸发所带来质量的损失则减少为 0.75 格罗斯
49	铅、锡、空气，铅、锡的煅烧实验	1774.2.5 与 1774.2.15	测试铅、锡煅烧后质量的增加，以及相关的空气的变化。	不详
	拉瓦锡以往的金属煅烧实验的重复实验	不成功	测试铅、锡煅烧后质量的增加，以及相关的空气的变化	铅和锡的质量没有增加
50	铁的煅烧产物，铁的煅烧产物的还原实验	1774 年 3 月	不详	不详
	拉瓦锡以往的金属煅烧产物的还原实验的重复实验	不详	不详	不详
51	硝石、空气，硝石的爆燃实验	1774.3.23，1774.6	研究含硝空气（即一氧化氮）的性质	不详
	当时法国火药制造业的火药爆燃实验	不详	研究含硝空气（即一氧化氮）的性质	不详
52	汞灰、电，汞灰的还原实验①	1774.7.28	验证电流体能否使汞灰还原	不详
	米莱伯爵（le Comte de Milly）的汞灰还原实验的一个验证实验	不成功	验证电流体能否使汞灰还原	汞灰完全没有被还原，而是升华

---

① 这个实验是对于米莱伯爵（le Comte de Milly）的汞灰还原实验的一个验证实验。这个实验是布里松、波美、拉瓦锡与卡德在布里松的寓所里完成的。米莱伯爵曾经通过"电流体（electric fluid）"（实际上就是通过放电，十八世纪科学家把电视为一种流体）来还原汞灰（mercury precipitate per se）。

序号	反应物及反应类型	日期	预期实验目标和要求	实验手段及装置
	参照实验/逆实验	实验的成败	成败判断依据	在实验中出现的重大事件（备忘录）
53	大型火镜，可燃物质，特鲁戴勒（Trudaine）大型火镜的验证实验	1774.10.5 和 1774.10.15	验证特鲁戴勒（Trudaine）大型火镜对于金属煅烧是否有效	不详
	特鲁戴勒（Trudaine）大型火镜的验证实验	不详	验证特鲁戴勒（Trudaine）大型火镜对于金属煅烧是否有效	不详
54	汞灰（precipitate per se），汞灰分解实验	1774.11	验证汞灰加热分解释放的空气的性质	虹吸管、玻璃罩、火镜、小容器、黑尔斯气体装置
	1774 年 9 月 3 日，卡德曾向法国皇家科学院报告汞灰不需要焦炭即能被还原，拉瓦锡 1774 年 11 月的这次实验可能是拉瓦锡最早做的重复实验	不详	验证汞灰加热分解释放的空气的性质	这个实验具有重要的意义，以往认定金属得到燃素才能够还原，在实验室的操作中就必须添加焦炭，然而汞的还原却不需要焦炭
55	汞灰，汞灰的分解实验（Lavoisier, 1952: 166）	1775 年 2 月至 4 月	测试汞灰与焦炭反应生成的气体的性质	虹吸管、玻璃罩、火镜、小容器、黑尔斯气体装置
	拉瓦锡以往汞灰与焦炭反应生成的气体的重复实验	成功	将动物、蜡烛以及其他可燃的物质放入其中，观察蜡烛是否熄灭，动物是否死亡。观察这种气体是否会使石灰水变得浑浊，能否与固定碱或挥发性碱结合	摇一摇后，空气可以与水结合；把动物放入这种空气，很快就被杀死；蜡烛与所有的可燃物质放进去，很快就熄灭；可以使石灰水变得浑浊；它很容易与固定碱或挥发性碱结合，剥夺它们的苛性，使它们能够结晶
56	汞灰，汞灰的分解实验（Lavoisier, 1952: 166-167）	1775 年 2 月至 4 月	测试汞灰在不添加焦炭时反应生成的气体的性质	虹吸管、玻璃罩、火镜、小容器、黑尔斯气体装置
	拉瓦锡以往实验的重复实验	成功	将动物、蜡烛以及其他可燃的物质放入其中，观察蜡烛是否熄灭，动物是否死亡。观察这种气体是否会使石灰水变得浑浊，能否与固定碱或挥发性碱结合	摇动以后，这种空气也不与水结合；这种空气不能使石灰水变得浑浊，只能让水变得近似于混乱；这种空气根本不能与固定碱或挥发性碱结合；这种空气完全不能减少这些碱的苛性；这种空气可以再一次用来煅烧金属

序号	反应物及反应类型	日期	预期实验目标和要求	实验手段及装置
	参照实验/逆实验	实验的成败	成败判断依据	在实验中出现的重大事件（备忘录）
57	固定碱、碳，汞灰的分解实验（Holmes，1985：46）	1775.3	测试碳是否能够加速固定碱中的固定空气的分解	虹吸管、玻璃罩、火镜、小容器、黑尔斯气体装置
	拉瓦锡以往实验的重复实验	不成功	测试碳是否能够加速固定碱中的固定空气的分解	固定碱没有发生任何分解
58	汞灰，汞灰的分解实验（Holmes，1985：46）	1775.3.31	测试汞灰分解生成的气体的密度与性质	虹吸管、玻璃罩、火镜、小容器、黑尔斯气体装置
	拉瓦锡以往实验的重复实验	成功	测试汞灰生成的气体的密度；将一只小鸟放入盛有这种气体的容器里半分钟，观察小鸟是否出现痛苦或窒息的迹象	拉瓦锡测定汞灰分解生成的气体每一立方英寸的质量小于三分之二格令，与普通空气的密度相差不是太远。将一只小鸟放入盛有这种气体的容器里半分钟，小鸟没有出现痛苦或窒息的迹象，而且在被放出来之后自由地飞走了
59	硝气（一氧化氮）、空气，空气精华（goodness）实验（Holmes，1985：46）	1775.3.31	测试空气中加入硝气后空气体积的减少数量	虹吸管、玻璃罩、火镜、小容器、黑尔斯气体装置
	普里斯特利的空气精华（goodness）实验的重复实验	成功	拉瓦锡使用了 2 份（5.4 立方英寸）汞灰分解后收集的空气，并加入一份（2.7 立方英寸）硝气（一氧化氮），测试空气数量的减少量	空气的体积减少到 4.42 立方英寸。从今天来看，这个实验说明了 5.4 立方英寸汞灰分解后收集的空气含有 8.1－4.42＝3.68 立方英寸的氧气[①]
60	铅丹、氨水，铅丹与氨水加热实验	1775.4.8	主要是测试两者一起加热释放的是哪种空气	虹吸管、玻璃罩、火镜、小容器、黑尔斯气体装置
	拉瓦锡早期所做实验的重复实验	不成功	拉瓦锡在 1773 年曾猜测释放出的空气是生命空气或固定空气，在 1775 年的这个实验中拉瓦锡仍然坚持认为释放出的空气是生命空气或固定空气	释放出来的蒸气或空气既不能支持燃烧，也不能使石灰水变得浑浊。事实上释放出来的气体主要是氨气

① 拉瓦锡在手稿里写道："如果使用普通空气来做这个实验，根据普里斯特利的见解，只能消耗掉五分之一的空气体积，即 1.08 立方英寸。所以，毫无疑问，汞灰分解后收集的空气的性能明显好于空气"。

序号	反应物及反应类型	日期	预期实验目标和要求	实验手段及装置
	参照实验/逆实验	实验的成败	成败判断依据	在实验中出现的重大事件（备忘录）
61	易燃空气、空气、固定空气，易燃空气的燃烧实验	1775.4.8	主要是测试易燃空气在哪种空气里可以燃烧，以及燃烧后空气的成分	虹吸管、玻璃罩、火镜、小容器、黑尔斯气体装置
	这个实验可能是拉瓦锡的首创	成功	易燃空气显然在空气里能够燃烧，拉瓦锡主要是想知道易燃空气在固定空气里是否能够燃烧	易燃空气在固定空气中不能燃烧
62	汞灰，汞灰的分解实验	1776.2.13	测试汞灰分解生成的气体的性质	虹吸管、玻璃罩、火镜、小容器、黑尔斯气体装置
	拉瓦锡以往的重复实验	成功	将汞灰分解生成的气体与普里斯特利的"脱燃素空气"进行比较	拉瓦锡通过测试，确定收集到的气体是普里斯特利所说的"脱燃素空气"
63	汞、空气，汞的煅烧实验（Holmes，1985：56）	1776 年 4 月 7 日及其后来的一个星期	测试汞煅烧后空气的变化	虹吸管、玻璃罩、火镜、小容器、黑尔斯气体装置
	巴扬的汞的煅烧实验的重复实验	成功	由于汞并不活泼，拉瓦锡希望通过改进实验技术来提高煅烧的完全程度，并最终测定汞完全煅烧后空气减少的数量	在煅烧了一个星期之后，他发现了细颈烧瓶的空气减少了六分之一
64	汞、空气，汞的煅烧实验	1776 年 4 月 7 日及其后来的一个星期	测试汞煅烧后空气的变化	虹吸管、玻璃罩、火镜、小容器、黑尔斯气体装置
	巴扬的汞的煅烧实验的重复实验	成功	由于汞并不活泼，拉瓦锡希望通过改进实验技术来提高煅烧的完全程度，并最终测定汞完全煅烧后空气减少的数量	在煅烧了一个星期之后，他发现了细颈烧瓶的空气减少了六分之一
65	金属、空气、小鸟，金属煅烧后的空气测试实验	1776.10.13	测试金属煅烧后的空气的性质	虹吸管、玻璃罩、火镜、小容器、黑尔斯气体装置
	普里斯特利的空气好坏实验的重复实验	成功	测试金属煅烧后的空气的性质	小鸟最后窒息死亡
66	金属、空气、小鸟，金属煅烧后的空气测试实验	1776.10.16	测试金属煅烧后的空气的性质	虹吸管、玻璃罩、火镜、小容器、黑尔斯气体装置
	普里斯特利的空气好坏实验的重复实验，使用的空气就是10月13日小鸟死亡时所用的空气	成功	测试金属煅烧后的空气的性质	小鸟最后窒息死亡

序号	反应物及反应类型 参照实验/逆实验	日期 实验的成败	预期实验目标和要求 成败判断依据	实验手段及装置 在实验中出现的 重大事件（备忘录）
67	空气、小鸟，动物在密闭容器里呼吸的空气测试实验（Holmes，1985：64）	时间可能为 1776 年 4 月中旬到 10 月初	测试动物在密闭容器里呼吸、耗尽氧气后的空气的性质	虹吸管、玻璃罩、火镜、小容器、黑尔斯气体装置
	普里斯特利的空气好坏实验的重复实验	成功	测试动物在密闭容器里呼吸的空气的性质，拉瓦锡猜测这时的空气应该处于有毒①的状态	小鸟最后窒息死亡②
68	空气、苛性碱，空气测试实验（Holmes，1985：66）	时间可能为 1776 年 4 月中旬到 10 月初	测试动物在密闭容器里呼吸、耗尽氧气后的空气的化学性质	虹吸管、玻璃罩、火镜、小容器、黑尔斯气体装置
	上个实验之后空气的测试实验	成功	用苛性碱可以吸收固定空气的特性来测试空气的化学性质	空气的体积减小了六分之一。说明了动物呼吸后的空气有六分之一是固定空气，这说明动物呼吸后将氧气转换为二氧化碳
69	空气、知更鸟，动物在密闭容器里呼吸的空气测试实验（Holmes，1985：67）	1776 年 10 月	测试动物在密闭容器里呼吸、耗尽氧气后的空气的化学性质	虹吸管、玻璃罩、火镜、小容器、黑尔斯气体装置
	麻雀呼吸实验之后的重复实验。只不过上次是把玻璃罩倒置在水银液面上，这次将水银改为了水；将麻雀改为了知更鸟	成功	测试动物在密闭容器里呼吸的空气的性质，拉瓦锡猜测这时的空气应该处于有毒的状态	结果自然和麻雀一样，知更鸟最终死亡③

---

① "有毒的"在法语文献中的原文为 moffete，英语文献中的原文为 mephitic。

② 拉瓦锡将小鸟放入一个倒放在水银上的玻璃罩中，玻璃罩的容积为 31 立方英寸，充满了普通空气。小鸟起初并没有太多的异常，只是有点昏睡。但在一刻钟后小鸟开始呼吸困难，开始挣扎。55 分钟后小鸟在一阵痛苦的痉挛之后死亡。

③ 拉瓦锡在 12 点过 9 分将知更鸟放入玻璃罩中，下午 1 点 1 分 25 秒知更鸟在一阵痉挛之后死亡。其全部过程与麻雀的死亡过程大体相似，知更鸟起初处于沉闷状态，然后在氧气浓度下降到一定程度的时候，知更鸟出现窒息的症状，在一阵痛苦的挣扎之后，随着容器里氧气被耗尽，知更鸟的生命走到了尽头。

序号	反应物及反应类型	日期	预期实验目标和要求	实验手段及装置
	参照实验/逆实验	实验的成败	成败判断依据	在实验中出现的重大事件（备忘录）
70	脱燃素空气、麻雀，动物在密闭容器里呼吸的空气测试实验（Holmes，1985：67）	1776.10	测试动物在密闭容器里呼吸、耗尽氧气后的空气的化学性质	虹吸管、玻璃罩、火镜、小容器、黑尔斯气体装置
	知更鸟实验当天稍后做的重复实验，只不过是把以往实验中使用的普通空气换成了脱燃素空气	成功	测试动物在密闭容器里呼吸的空气的性质，拉瓦锡猜测这时的空气应该处于有毒的状态	麻雀在脱燃素空气中虽然最终仍然死亡，但存活的时间明显长于动物在空气中存活的时间，这是因为空气中氧气的含量只有五分之一①
71	蜡烛、空气，蜡烛的燃烧实验	1777.4	测试蜡烛燃烧后空气的损耗	虹吸管、玻璃罩、火镜、小容器、黑尔斯气体装置
	巴扬的汞的煅烧实验的重复实验	成功	测试蜡烛燃烧后空气的损耗	不详

---

① 拉瓦锡在 12 点过 25 分将麻雀放入玻璃罩中，在长达 1 个多小时的时间内麻雀保持着安静的状态，说明此时容器中的氧气还是比较充足的。下午 1 点 45 分钟麻雀逐渐出现窒息的症状，它在 3 点 25 分死亡。这个时候容器中空气的体积下降了四分之一，也就是 12 立方英寸或更多。